国家出版基金项目
NATIONAL PUBLICATION FOUNDATION

民机先进制造工艺技术系列

主 编 林忠钦

航空发动机高温合金
大型铸件精密成型技术

Precision Forming Technology of
Large Superalloy Castings for Aircraft Engine

孙宝德 王 俊 疏 达 等著

上海交通大学出版社
SHANGHAI JIAO TONG UNIVERSITY PRESS

内容提要

本书阐述了航空发动机用镍基高温合金大型复杂薄壁铸件精密成型全流程制造各个环节的基础理论与关键技术,如大型铸件铸造工艺设计、蜡模制备工艺、型壳制备技术、充型与凝固过程控制、铸造缺陷的预测与控制、尺寸精度控制以及先进调压铸造工艺等。

本书可供高等学校、科研院所以及相关行业从事精密铸造的教师、研究生、科技工作者与工程技术开发人员使用,也可供从事航空发动机设计与制造的相关科技人员参考。

图书在版编目(CIP)数据

航空发动机高温合金大型铸件精密成型技术 / 孙宝德等著. —上海:上海交通大学出版社,2016
(大飞机出版工程)
ISBN 978‐7‐313‐16296‐0

Ⅰ.①航… Ⅱ.①孙… Ⅲ.①航空发动机-耐热合金-铸件-精密成型-研究 Ⅳ.①V23

中国版本图书馆 CIP 数据核字(2016)第 308913 号

航空发动机高温合金大型铸件精密成型技术

著　　者:孙宝德　王　俊　疏　达　等
出版发行:上海交通大学出版社　　　　　地　　址:上海市番禺路 951 号
邮政编码:200030　　　　　　　　　　　电　　话:021‐64071208
出 版 人:郑益慧
印　　制:上海盛通时代印刷有限公司　　经　　销:全国新华书店
开　　本:787 mm×1092 mm　1/16　　　印　　张:21
字　　数:412 千字
版　　次:2016 年 12 月第 1 版　　　　　印　　次:2016 年 12 月第 1 次印刷
书　　号:ISBN 978‐7‐313‐16296‐0/V
定　　价:146.00 元

大飞机出版工程

丛书编委会

总主编

顾诵芬（中国航空工业集团公司科技委副主任、中国科学院和中国工程院院士）

副总主编

金壮龙（中国商用飞机有限责任公司董事长）

马德秀（上海交通大学原党委书记、教授）

编　委（按姓氏笔画排序）

王礼恒（中国航天科技集团公司科技委主任、中国工程院院士）

王宗光（上海交通大学原党委书记、教授）

刘　洪（上海交通大学航空航天学院副院长、教授）

许金泉（上海交通大学船舶海洋与建筑工程学院教授）

杨育中（中国航空工业集团公司原副总经理、研究员）

吴光辉（中国商用飞机有限责任公司副总经理、总设计师、研究员）

汪　海（上海市航空材料与结构检测中心主任、研究员）

沈元康（中国民用航空局原副局长、研究员）

陈　刚（上海交通大学原副校长、教授）

陈迎春（中国商用飞机有限责任公司常务副总设计师、研究员）

林忠钦（上海交通大学常务副校长、中国工程院院士）

金兴明（上海市政府副秘书长、研究员）

金德琨（中国航空工业集团公司科技委委员、研究员）

崔德刚（中国航空工业集团公司科技委委员、研究员）

敬忠良（上海交通大学航空航天学院常务副院长、教授）

傅　山（上海交通大学电子信息与电气工程学院研究员）

民机先进制造工艺技术系列

编 委 会

主 编

林忠钦（上海交通大学常务副校长、中国工程院院士）

副主编

姜丽萍（中国商飞上海飞机制造有限公司总工程师、研究员）

编 委（按姓氏笔画排序）

习俊通（上海交通大学机械与动力学院副院长、教授）

万　敏（北京航空航天大学飞行器制造工程系主任、教授）

毛荫风（中国商飞上海飞机制造有限公司原总工程师、研究员）

孙宝德（上海交通大学材料科学与工程学院院长、教授）

刘卫平（中国商飞上海飞机制造有限公司副总工程师、研究员）

汪　海（上海市航空材料与结构检测中心主任、研究员）

陈　洁（中国商飞上海飞机制造有限公司总冶金师、研究员）

来新民（上海交通大学机械与动力工程学院机械系主任、教授）

陈　磊（中国商飞上海飞机制造有限公司副总工程师、航研所所长、研究员）

张　平（成飞民机公司副总经理、技术中心主任、研究员）

张卫红（西北工业大学副校长、教授）

赵万生（上海交通大学密歇根学院副院长、教授）

倪　军（美国密歇根大学机械工程系教授、上海交通大学密歇根学院院长、教授）

黄卫东（西北工业大学凝固技术国家重点实验室主任、教授）

黄　翔（南京航空航天大学航空宇航制造工程系主任、教授）

武高辉（哈尔滨工业大学金属基复合材料与工程研究所所长、教授）

总　　序

　　国务院在 2007 年 2 月底批准了大型飞机研制重大科技专项正式立项,得到全国上下各方面的关注。"大型飞机"工程项目作为创新型国家的标志工程重新燃起我们国家和人民共同承载着"航空报国梦"的巨大热情。对于所有从事航空事业的工作者,这是历史赋予的使命和挑战。

　　1903 年 12 月 17 日,美国莱特兄弟制作的世界第一架有动力、可操纵、比重大于空气的载人飞行器试飞成功,标志着人类飞行的梦想变成了现实。飞机作为 20 世纪最重大的科技成果之一,是人类科技创新能力与工业化生产形式相结合的产物,也是现代科学技术的集大成者。军事和民生对飞机的需求促进了飞机迅速而不间断的发展和应用,体现了当代科学技术的最新成果;而航空领域的持续探索和不断创新,为诸多学科的发展和相关技术的突破提供了强劲动力。航空工业已经成为知识密集、技术密集、高附加值、低消耗的产业。

　　从大型飞机工程项目开始论证到确定为《国家中长期科学和技术发展规划纲要》的十六个重大专项之一,直至立项通过,不仅使全国上下重视起我国自主航空事业,而且使我们的人民、政府理解了我国航空事业半个世纪发展的艰辛和成绩。大型飞机重大专项正式立项和启动使我们的民用航空进入新纪元。经过 50 多年的风雨历程,当今中国的航空工业已经步入了科学、理性的发展轨道。大型客机项目其产业链长、辐射面宽、对国家综合实力带动性强,在国民经济发展和科学技术进步中发挥着重要作用,我国的航空工业迎来了新的发展机遇。

　　大型飞机的研制承载着中国几代航空人的梦想,在 2016 年造出与波音 B737 和空客 A320 改进型一样先进的"国产大飞机"已经成为每个航空人心中奋斗的目标。然而,大型飞机覆盖了机械、电子、材料、冶金、仪器仪表、化工等几乎所有工业门类,集成了数学、空气动力学、材料学、人机工程学、自动控制学等多种学科,是一个复杂的科技创新系统。为了迎接新形势下理论、技术和工程等方面的严峻挑战,迫切需要引入、借鉴国外的优秀出版物和数据资料,总结、巩固我们的经验和成果,编著一套以"大飞机"为主题的丛书,借以推动服务"大型飞机"作为推动服务整个航空科学的切入点,同时对于促进我国航空事业的发展和加快航空紧缺人才的培养,具有十分重要的现实意义和深远的历史意义。

2008 年 5 月,中国商用飞机有限公司成立之初,上海交通大学出版社就开始酝酿"大飞机出版工程",这是一项非常适合"大飞机"研制工作时宜的事业。新中国第一位飞机设计宗师——徐舜寿同志在领导我们研制中国第一架喷气式歼击教练机——歼教 1 时,亲自撰写了《飞机性能及算法》,及时编译了第一部《英汉航空工程名词字典》,翻译出版了《飞机构造学》《飞机强度学》,从理论上保证了我们飞机研制工作。我本人作为航空事业发展 50 年的见证人,欣然接受了上海交通大学出版社的邀请担任该丛书的主编,希望为我国的"大型飞机"研制发展出一份力。出版社同时也邀请了王礼恒院士、金德琨研究员、吴光辉总设计师、陈迎春副总设计师等航空领域专家撰写专著、精选书目,承担翻译、审校等工作,以确保这套"大飞机"丛书具有高品质和重大的社会价值,为我国的大飞机研制以及学科发展提供参考和智力支持。

编著这套丛书,一是总结整理 50 多年来航空科学技术的重要成果及宝贵经验;二是优化航空专业技术教材体系,为飞机设计技术人员培养提供一套系统、全面的教科书,满足人才培养对教材的迫切需求;三是为大飞机研制提供有力的技术保障;四是将许多专家、教授、学者广博的学识见解和丰富的实践经验总结继承下来,旨在从系统性、完整性和实用性角度出发,把丰富的实践经验进一步理论化、科学化,形成具有我国特色的"大飞机"理论与实践相结合的知识体系。

"大飞机"丛书主要涵盖了总体气动、航空发动机、结构强度、航电、制造等专业方向,知识领域覆盖我国国产大飞机的关键技术。图书类别分为译著、专著、教材、工具书等几个模块;其内容既包括领域内专家们最先进的理论方法和技术成果,也包括来自飞机设计第一线的理论和实践成果。如：2009 年出版的荷兰原福克飞机公司总师撰写的 *Aerodynamic Design of Transport Aircraft*（《运输类飞机的空气动力设计》），由美国堪萨斯大学 2008 年出版的 *Aircraft Propulsion*（《飞机推进》）等国外最新科技的结晶；国内《民用飞机总体设计》等总体阐述之作和《涡量动力学》《民用飞机气动设计》等专业细分的著作；也有《民机设计 1 000 问》《英汉航空双向词典》等工具类图书。

该套图书得到国家出版基金资助，体现了国家对"大型飞机项目"以及"大飞机出版工程"这套丛书的高度重视。这套丛书承担着记载与弘扬科技成就、积累和传播科技知识的使命，凝结了国内外航空领域专业人士的智慧和成果，具有较强的系统性、完整性、实用性和技术前瞻性，既可作为实际工作指导用书，亦可作为相关专业人员的学习参考用书。期望这套丛书能够有益于航空领域里人才的培养，有益于航空工业的发展，有益于大飞机的成功研制。同时，希望能为大飞机工程吸引更多的读者来关心航空、支持航空和热爱航空，并投身于中国航空事业做出一点贡献。

2009 年 12 月 15 日

序

　　制造业是国民经济的主体,是立国之本、兴国之器、强国之基。《中国制造2025》提出,坚持创新驱动、智能转型、强化基础、绿色发展,加快从制造大国转向制造强国。航空装备,作为重点发展的十大领域之一,目前正处于产业深化变革期;加快大型飞机研制,是航空装备发展的重中之重,也是我国民机制造技术追赶腾飞的机会和挑战。

　　民机制造涉及新材料成形、精密特征加工、复杂结构装配等工艺,先进制造技术是保证民机安全性、经济性、舒适性、环保性的关键。我国从运-7、新支线 ARJ21-700 到正在研制的 C919、宽体飞机,开展了大量的工艺试验和技术攻关,正在探索一条符合我国民机产业发展的技术路线,逐步建立起满足适航要求的技术平台和工艺规范。伴随着 ARJ21 和 C919 的研制,正在加强铝锂合金成形加工、复合材料整体机身制造、智能自动化柔性装配等技术方面的投入,以期为在宽体飞机等后续型号的有序可控生产奠定基础。但与航空技术先进国家相比,我们仍有较大差距。

　　民机制造技术的提升,有赖于国内五十多年民机制造的宝贵经验和重要成果的总结,也将得益于借鉴国外的优秀出版物和数据资料引进。因此有必要编著一套以"民机先进制造工艺技术"为主题的丛书,服务于在研大型飞机以及后续型号的开发,同时促进我国制造业技术的发展和紧缺人才的培养。

　　本系列图书筹备于2012年,启动于2013年,为了保证本系列图书的品质,先后召开三次编委会会议和图书撰写会议,进行了丛书框架的顶层设计、提纲样章的评审。在编写过程中,力求突出以下几个特点:① 注重时效性,内容上侧重在目前民机研制过程中关键工艺;② 注重前沿性,特别是与国外先进技术差距大的方面;③ 关注设计,注重民机结构设计与制造问题的系统解决;④ 强调复合材料制造工艺,体现民机先进材料发展的趋势。

该系列丛书内容涵盖航空复合材料结构制造技术、构件先进成形技术、自动化装配技术、热表特种工艺技术、材料和工艺检测技术等面向民机制造领域前沿的关键性技术方向,力求达到结构的系统性,内容的相对完整性,并适当结合工程应用。丛书反映了学科的近期和未来的可能发展,注意包含相对成熟的内容。

本系列图书由中国商飞上海飞机制造有限公司、中航工业成都飞机工业(集团)有限责任公司、沈阳飞机设计研究所、北京航空制造工程研究所、中国飞机强度研究所、沈阳铸造研究所、北京航空航天大学、南京航空航天大学、西北工业大学、上海交通大学、西安交通大学、清华大学、哈尔滨工业大学和南昌航空航天大学等单位的航空制造工艺专家担任编委及主要撰写专家。他们都有很高的学术造诣,丰富的实践经验,在形成系列图书的指导思想、确定丛书的覆盖范围和内容、审定编写大纲、确保整套丛书质量中,发挥了不可替代的作用。在图书编著中,他们融入了自己长期科研、实践中获得的经验、发现和创新,构成了本系列图书最大的特色。

本系列图书得到 2016 年国家出版基金的资助,充分体现了国家对"大飞机工程"的高度重视,希望该套图书的出版能够真正服务到国产大飞机的制造中去。我衷心感谢每一位参与本系列图书的编著人员,以及所有直接或间接参与本系列图书审校工作的专家学者,还有上海交通大学出版社的"大飞机出版工程"项目组,正是在所有工作人员的共同努力下,这套图书终于完整地呈现在读者的面前。我衷心希望本系列图书能切实有利于我国民机制造工艺技术的提升,切实有利于民机制造行业人才的培养。

2016 年 3 月 25 日

前　言

航空发动机被誉为"工业之花"、高端制造业"皇冠上的明珠",是一个国家科技、工业和国防实力的重要标志。不仅如此,航空发动机产业空间也非常广阔,根据英国罗罗公司的预测,未来20年全球民用航空发动机市场规模将达到1.4万亿美元,军用航空发动机市场规模达到4300亿美元。发达国家一直将航空发动机列为优先发展的战略性产业,严格控制其核心技术向国外出让或转移。目前世界上仅有英、美、俄等少数国家可独立研制航空发动机,全球民用航空发动机市场几乎完全被欧美企业垄断。

作为飞机的心脏,航空发动机是其机动性、航程、可靠性、经济性及环境影响的决定因素之一。当今,高推重比、超声速巡航、低全寿命成本、非常规机动性、低油耗、低污染等优异性能是世界范围内飞行器发展的趋势和目标,这个目标主要是依靠提高发动机的性能来实现。就上述提高推重比和减少油耗的要求,提高发动机涡轮进口温度和减轻结构质量是最有效的实现途径,这就要求发动机热端部件的关键材料及其制造技术必须不断创新。为此,美国和西欧等航空发达国家都制定了全面的规划、基础研究及技术开发计划,积极开展科学研究,探索并积累了丰富的材料数据与制造工艺技术。

我国将自主研制大型民机列为"国家中长期科学和技术发展规划纲要(2006—2020)"确定的十六个重大专项之一,并于2007年由国务院批准正式立项实施,但与之配套的大型商用航空发动机的自主研制才刚刚起步。2015年政府工作报告中首次提出要实施航空发动机、燃气轮机等重大项目。在国家安全战略和国产化替代的推动下,预计航空发动机重大专项有望获得国家重大政策扶持,并带来巨大的产业链拉动作用。但目前我国在商用航空发动机设计和制造的各个环节均基础薄弱,尤其是材料、关键零部件、制造设备等,距离国际先进水平尚有相当差距。

高温合金大型复杂薄壁铸件作为民用飞机动力系统的关键承力构件,正朝着尺寸大型化、结构复杂化、型面薄壁化、组件整体化方向快速发展,成型难度极大,疏松、变形、尺寸超差等缺陷难以控制,具有极大的技术挑战性。我国此类大型复杂薄壁铸件的精密成型理论与技术基础非常薄弱,与国际先进水平有着很大的差距,成为制约我国航空发动机研制的瓶颈问题之一。

自2008年以来,上海交通大学在上海市民机创新工程的支持下,瞄准国家在大飞机重大专项中对精密铸件的重大需求,通过资源整合和人才的培养和引进,建成了国内一流的高温材料精密铸造工程实验室,并在上海市科委支持下成立了上海市先进高温材料及其精密成形重点实验室。科研团队近年来相继承担了国家973、大飞机重大专项材料配套、上海市重大基础研究、商发技术开发等重大项目,通过基础研究与技术攻关,不仅取得了大量理论成果与关键技术突破,而且为我国航空航天关键装备研制出合格的大型薄壁复杂铸件。

本书是项目组多年来研究工作的系统总结和提炼。内容不仅涵盖了高温合金大型铸件精密成型全流程的关键工艺与控制理论,也介绍了高温合金精密铸造领域的一系列新技术、新方法和新进展,如金属凝固过程同步辐射X射线实时成像、显微疏松精细结构的三维CT重构、基于状态空间法的铸造全过程误差流建模等。本书是集体智慧的结晶,第1章绪论,由孙宝德、疏达和康茂东执笔;第2章大型铸件精密成型铸造工艺设计,由王国祥执笔;第3章蜡模的变形与模拟,由何博和汪东红执笔;第4章大型铸件精铸用陶瓷型壳制备技术,由李飞、王飞和吕和平执笔;第5章大型铸件的充型与凝固过程控制,由张佼、戴永兵、王国祥、黄太文、杨光裕、刘林和张军执笔;第6章大型铸件铸造缺陷的预测与控制,由王俊、疏达、高海燕、韩延峰、唐新华、何树先、康茂东和凌李石保执笔;第7章大型铸件精度控制方法,由来新民、金隼和刘畅辉执笔;第8章先进调压铸造工艺,由董安平、祝国梁和邢辉执笔。全书由孙宝德统稿、修改、补充并审定。

感谢已故的中国工程院院士 胡壮麒 先生在生前对本书的审阅与推荐。感谢林忠钦院士和谢建新院士对本书的支持与提出的宝贵意见。感谢项目组的所有老师和研究生付出的辛勤劳动和努力。

感谢国家科学技术学术著作出版基金对本书的资助。感谢上海交通大学出版社对本书的出版给予的大力支持。

由于作者水平有限,书中的瑕疵在所难免,恳请读者批评与指正。

孙宝德

2016年9月

目　录

1 绪 论

1.1 航空发动机对高温合金大型铸件的需求

航空发动机被公认为世界上最为精密和复杂的机械系统,是一个国家科技和工业实力的综合体现,被誉为飞机的"心脏",它的材料、结构设计和制造技术的进步对航空工业的发展起着关键性的作用[1],发展先进航空发动机已成为我国航空工业最为迫切的需求之一。

自1956年第一炉高温合金 GH3030 试炼成功,我国高温合金的研究、生产和应用已经历了60年的发展历程[2]。高温合金的各种牌号绝大部分与发动机型号直接挂钩,航空发动机和航天技术的发展直接带动和促进了我国高温合金的研究和开发。随着航空发动机的发展,各种材料在发动机中的用量不断变化。尽管各种高性能新材料不断出现,但从总的趋势来看,是从钢、铝时代逐渐发展成冷端以钛为主、热端以镍为主的镍、钛、钢"三国鼎立"的时代。K系列镍基高温合金为普通精密铸造合金,是在650℃以上温度范围和较大复杂应力条件下长期工作的一类金属材料,如 K4169、K417G、K405、K419、K419H、K4537 等。这类合金的突出优点是初熔温度较高,抗冷热疲劳性能优异,抗氧化腐蚀性能好等,常用于发动机热端部件,如国外80%以上的后机匣采用 Inconel718 合金(与 K4169 合金成分基本相同)。后机匣是航空发动机最主要的承力结构部件,承载发动机的全部推力和振动载荷,其质量的好坏极大地影响着航空发动机的性能、长时寿命和可靠性,与叶片、涡轮盘、涡轮轴并列为航空发动机四大关键部件。

早期航空发动机关键承力件受限于成型技术,通常采用加大铸件壁厚,简化铸件设计,将复杂薄壁结构交由后续机械加工完成,大型复杂薄壁构件往往由分体的传统铸件、锻件和钣金件等焊接形成承力结构件,该工艺方法存在的不足是研制周期长、原材料用量大以及整体性能差。以美国为代表的工业强国,早在20世纪70年代采用熔模精密铸造技术就可以批量生产直径1 m以上的机匣类大型铸件,其显著优点是整体性好、可靠性高、制造成本低和减重效果明显。随着大型客机发动机性能与可靠性的不断提高,新一代高推重比航空发动机对结构设计要求非常苛刻,要求大量采用高结构效率的整体化、轻量化和空心薄壁化等复杂结构[3],对机匣类大型结构件的结构刚度、轻量化、可靠性以及承温能力提出了更高的要求,促使该类关键结构件制备技术向整体精铸方向发展。整体精铸技术已经成为世界航空发动机大型结构件制造技术的主流技术路线,并已成为先进航空发动机迈向轻量化、精密化和长寿命发展的重要技术基础之一。目前世界上尺寸最大、壁厚最薄的 Inconel718 合金后机匣精铸件直径达到 1.93 m,壁厚仅 1.5 mm,铸件重量达534 kg,浇注重量达到 1 900 kg,代表了镍基高温合金精密铸造的最高水平。

我国航空企业在大型铸件精密成型领域与发达国家还存在不小差距,仍然缺乏足够的技术储备,在面对高质量大型复杂薄壁承力结构铸件时往往束手无策。直到 20 世纪末,国内北京航空材料研究院等开始研制并掌握了直径 570~800 mm 后机匣的整体精铸技术。2000 年以后,我国才开始研制直径 1 m 左右后机匣的整体精铸件,国内一些大学科研院所和企业通过基础研究和技术攻关,初步掌握了直径超 1 m、壁厚 2 mm 左右的高温合金大型铸件的整体精密铸造技术。但总体来说,国内在高温合金涡轮后机匣的批量制造水平上仍比国际先进水平落后约 20年。大型铸件整体精密铸造技术的落后已成为我国航空发动机研制中的瓶颈问题之一。

随着先进航空发动机结构设计的持续进步,未来承力结构件结构上将向尺寸更大、壁厚更薄和结构更加复杂的方向发展,以中航商发某型发动机涡轮后机匣为例,设计外法兰尺寸超过 1.5 m,最小壁厚小于 1.8 mm,结构更加复杂,存在大量变截面部位,其内部质量和可靠性要求也更高,成型方法为整体精密成型,其研制难度远远超过在研项目,现有工艺技术将难以成型该类铸件,亟需开展相关基础设施的建设以及大型铸件精密成型的基础研究与关键技术开发,攻克大型客机发动机用高温合金后机匣的制造难题。

1.2　精密铸造的类别及适应性

精密铸造主要分为熔模铸造(失蜡铸造)、陶瓷型铸造、金属型铸造、压力铸造和消失模铸造等。陶瓷型铸造是用耐火材料、黏结剂和催化剂等配制的陶瓷质耐火材料形成表层的铸型进行铸造的方法,其特点有可生产表面粗糙度为 $Ra = 3.2 \sim 12.5 \mu m$ 的铸件、尺寸精度可达 CT5~CT8,陶瓷型耐火度高,高温性能稳定、不受铸造合金、铸件质量和尺寸的限制、工艺简单,投资少,见效快,广泛用于塑料模、玻璃模、橡胶模、压铸模、锻压模、冲压模、金属型、芯盒和切削工具等表面形状不易加工铸件的生产。

金属型铸造是用金属铸型进行铸造的方法,其特点为生产的铸件力学性能高、铸件精度高及表面光洁度好、工艺出品率高、工序简单、易于实现机械化和自动化,但是模具费用高、退让性差、易造成铸件浇不足而导致开裂;一般多用于铝合金、锌合金和镁合金铸造。

压力铸造简称"压铸",将金属液在高的比压下高速压射入压铸模中,凝固成为铸件。其特点为能生产尺寸精度高、表面光洁度好、薄壁铸件、生产工序少,但铸件内部致密性差,仅适用于低熔点的锌、铝和镁合金,其产品覆盖汽车、摩托车、通信、家电、五金制品和电动工具等领域。

消失模铸造亦称"实型铸造",是一种模型(通常由聚苯乙烯泡沫塑料制成)不需从型腔中取出的铸造方法,具有型砂不需要添加黏结剂、没有分型面和拔模斜度、尺寸精度高、表面光洁度好等特点,适用于铜合金、铝合金、镁合金和铸铁合金,汽车发动机缸盖、排气管、进气管、曲轴、轮毂、刹车盘等构件可采用该技术生产。

熔模铸造又称失蜡铸造,其在孕育人类文明、推动社会进步以及人类认识自然、改造自然的历史进程中发挥了巨大的基础性作用。熔模铸造的历史可以追溯到四千多年以前,埃及、中国和印度是最早的起源国家。例如,我国古代铸造出了各种精细花纹和文字的钟鼎及器皿等制品,如春秋晚期的王子午鼎和铜禁,战国的曾侯乙尊盘,汉代的铜错金博山炉等。熔模铸造主要铸造工艺包括制作蜡模、组树、制壳、脱蜡、焙烧和浇注成型[4]。现代熔模精密铸造技术在工业生产中的实际应用是从20世纪40年代美国用其制造航空发动机叶片开始的。当时航空喷气发动机的发展,要求制造像叶片、叶轮、喷嘴等形状复杂、尺寸精确以及表面光洁的耐热合金构件。然而耐热合金材料难于机械加工,构件形状复杂,不能或难以用其他方法制造,需要寻找一种新的精密成型方法,于是借鉴古代流传下来的失蜡精密铸造,经过对材料和工艺的一系列改进,熔模精密铸造方法在古代工艺的基础上获得重要的发展。作为一项先进的近净成型技术,其主要优点包括:可制造具有复杂内腔结构,高熔炼温度,高化学活性的金属铸件[5],尺寸精度可达到名义尺寸的5‰,粗糙度水平为 $Ra=0.8\sim3.2\ \mu m$;铸造成型成本低;并具有广泛的材质适应性和优异的生产柔性。可以说,熔模精密铸造技术的不断改进和完善为航空工业关键零部件的研制与生产创造了有利的条件,而航空工业的发展也推动了熔模精密铸造的进一步开发和应用,该技术相继在汽车、机床、船舶、内燃机、汽轮机、电信仪器、武器、医疗器械、工艺美术品以及刀具等行业中发挥着巨大作用。近十年来,熔模精密铸造技术一直以较高的速度向前发展,世界各主要工业国熔模精密铸用用量平均以7%～12%的速度递增,特殊用途的熔模铸件以30%的惊人速度递增。例如,欧美等发达国家的航空、航天和工业燃气轮机领域用高附加值铸件产值占总产值百分比已超过70%[6]。

1.3　大型铸件熔模铸造难点

从国内外整体发展趋势来看,航空发动机用大型结构件正朝着尺寸更大、壁厚更薄、结构更加复杂的方向发展。以大型客机发动机验证机设计的K4169后机匣和ZTC4中介机匣为例,其设计直径分别为1.4 m和1.2 m,铸件的大部分厚度不超过2 mm,壁厚差超过10倍,薄壁面积占整体构件表面的80%以上。结构方面,两种机匣均设计有数量众多的空心支板、凸台、装配座、加强筋等异形部位。后机匣需控制的尺寸超过300多个,而中介机匣需控制的尺寸达570个。这些结构特点使大型铸件在充型、凝固过程中呈现出不同于中小型铸件的特殊性,如尺寸大型化带来的"大尺寸效应",结构复杂化带来的"变截面效应",型面薄壁化带来的"薄壁效应"。目前我国的 K4169 大型铸件的制造成品率低,疏松、变形和尺寸超差等铸造缺陷已成为大型铸件的主要缺陷形式。总体来看,国内在镍基高温合金大型铸件的精密成型技术上主要面临以下两个主要难点:凝固缺陷预测与抑制和铸件精度控制。

1) 凝固缺陷预测与抑制

由于航空发动机机匣类铸件的尺寸大型化、型面薄壁化与结构复杂化,导致凝固缺陷的预测与抑制成为大型铸件精密成型技术的一个难点。铸件的尺寸大型化使铸件浇注过程中熔体充型的流动路径大大增加,充型过程难以控制,极易导致欠浇、冷隔等缺陷;整个铸造系统的温度场分布也会随之变得不均匀,热节呈现数量大、分布广的特点,导致补缩困难,出现较多疏松缺陷。铸件的结构复杂化使壁厚突变导致的热裂问题显得越发突出。而铸件的型面薄壁化,造成具有宽结晶温度间隔的高温合金熔体在薄壁结构中充填阻力增加,同时薄壁处同与之相连的厚大部位的凝固顺序难以调整,特别是铸件的厚大部位潜热释放导致薄壁重熔等特殊现象,并因此形成薄壁疏松与有害脆性相等凝固缺陷。由于结构复杂化造成的热节分散,导致大型复杂薄壁铸件晶粒尺寸分布不均匀,各部位力学性能差异明显,为铸件后续使役安全性埋下了隐患。因此,随着铸件的大型化、薄壁化与复杂化,其成型过程中出现的"大尺寸效应""变截面效应"和"薄壁效应"成为凝固缺陷的主要诱因。

2) 铸件精度控制

熔模精密铸造工艺过程具有工艺流程长、影响因素复杂、铸件精度控制难等特点。对于大型铸件而言,从模具制造、蜡模组装、型壳制备、焙烧至合金浇注成型,历经几十道工序,涉及上千个工艺参数,每一工序中所包含的工艺参数都将对铸件尺寸精度产生影响,误差的累积和传递不容忽视,这是大型铸件精度难以控制的重要原因。随着铸件尺寸大型化、型面薄壁化、结构复杂化,铸造精度控制难度进一步加大。其一,大型蜡模因自重与尺寸增大,导致涂挂和淋砂过程中因运动及受力不均而引起的形变程度加大,是铸件尺寸精度超标的诱因之一;其二,大型陶瓷型壳因具有数百公斤的自身重量且焙烧过程中存在相变,浇注和凝固过程中需要承受金属液静压力,其高温蠕变引起的变形与尺寸超差极大地影响着铸件的最终尺寸精度;其三,因大型铸件的结构特征,即"大尺寸""截面突变"和"大面积薄壁",引起铸件在冷却过程中会发生多约束下的非线性变形,使铸件形状与尺寸精度难以控制。传统的经验试错方式已无法满足上述大型铸件尺寸精度控制的要求,因此必须结合大型铸件自身特点,以模拟仿真结合典型件铸造实验研究铸件误差形成机制,实现大型铸件熔模铸造过程容差的稳健控制。

熔模精密铸造技术的特点决定了该技术更适用于大批量、中小尺寸的精密零件成型。因此,过去有关的工艺设计理论和方法大多针对中小型零件的制造,而对于大型结构件的熔模精密铸造而言,长期缺乏相应的工艺设计理论、凝固缺陷形成机理与控制方法以及全流程制造误差定量控制方法。具体地说有以下3个方面。

1) 大型铸件的工艺设计理论

航空发动机大型复杂薄壁铸件,由于结构设计及轻量化的要求,其特征结构处的外形和尺寸已经超越了传统铸件设计理念。如经典的设计理论中,变截面处要求铸件壁厚差不能大于3倍,否则有可能由于应力集中引起铸件变形和开裂。而中介机匣的最大壁厚差达到12倍,后机匣的最大壁厚差也超过了10倍,是传统铸件工艺设计的难点。再如,中介机匣和后机匣中薄壁面积都超过了80%,大面积薄壁会带来充型困难、薄壁疏松、有害脆性相等缺陷,大面积薄壁也是经典设计理论中需要尽量避免的。另外,铸件的大型化和复杂化使铸件凝固和冷却过程中的收缩受到很大限制,非线性变形成为新的难题,在工艺设计中除了浇冒系统,还可能需要加入限制变形的整体加强筋设计。因此,传统工艺设计理论不再适用于机匣类大型铸件的工艺设计,急需研究探索新的大型铸件工艺设计理论。

2) 凝固缺陷形成机理与控制方法

大型铸件特有的结构特征带来了"大尺寸效应""变截面效应"和"薄壁效应",导致铸件凝固顺序、温度场、溶质场的分布发生改变,传统的缺陷形成机理不能直接用于描述特殊结构下的缺陷形成过程,如薄壁处疏松和反偏析的形成就不符合常规,需要建立新的动力学方程描述这类特殊结构和效应下缺陷的形成机理及相应的凝固缺陷控制方法。特别是针对大型铸件最难控制的疏松缺陷,压力下充型和补缩是解决这一问题的最佳途径,反重力或调压铸造的实质是补缩不再仅靠重力下流体的流动充填孔洞实现,而是靠压力来保持补缩通道的畅通,从这个意义上讲,调压铸造更适合用来制备大型复杂薄壁铸件。然而,高温合金在压力下充型和凝固时的流体流动和结晶行为、枝晶间微观流动对疏松消除的作用机制及工艺参数优化鲜有报道,是一个需要深入系统研究的重大课题。

3) 全流程制造误差定量控制方法

大型复杂薄壁高温合金铸件从压蜡模具设计与制造、蜡模压制、蜡模组装、型壳淋砂成型至干燥焙烧等全制造流程中各类误差源形成、累积和传递的规律复杂,传统铸件成型精度控制和容差设计主要依赖工程定性经验和试验修正,成本高、周期长、稳定性差,难以应对新一代航空发动机关键构件快速研发的迫切需求。由于铸件结构特征的三个效应,铸件在冷却过程中会发生多约束下的非线性变形,使件的形状和尺寸难以控制。迫切需要研究铸造全流程中制造误差形成机制、传递规律和控制方法,建立制造误差数值仿真的系统模型,实现铸造全流程中上千个工艺参数的定量分析和公差精确分配,从而突破传统定性分析和经验试错的技术瓶颈,确保航空发动机大型铸件成型精度的快速提升和铸件质量的稳健控制。

1.4　大型铸件精密成型技术研究现状

1.4.1　大型复杂薄壁铸件虚拟制造

虚拟制造(virtual manufacturing, VM)是实际制造过程在计算机上的虚拟实现,即对产品设计、工艺规划、加工制造等进行统一建模,采用计算机仿真与虚拟现实技术,在计算机上实现产品开发、制造以及管理与控制等制造的本质过程,以增强制造过程各级的决策与控制能力。虚拟制造技术在物理实现之前,就能使人们感受到未来产品的性能或运行状态,从而可以做出前瞻性的决策与优化方案。

精密铸造是一种流程长,工序多,对生产环境、产品质量要求极高的近净形制造技术,由于不可避免的时间和材料成本,精密铸造的运行成本很高。随着人们对高温熔体的流动和凝固行为研究的进一步深入,以及计算机性能和虚拟现实技术的发展,精密铸造相关领域的数值化研究得到了长足的发展,在精铸研究甚至生产领域已经出现了一些用虚拟设计、虚拟制备来代替冗长昂贵的实验验证的实例,相关的研究在国内国际上也得到了很大的发展,并且研究热度持续不减。面向铸造的虚拟平台的建设,在理论上和实际上都已经可行。

"虚拟制造"的核心概念刚刚提出,就受到了世界的瞩目。近几年,几乎所有工业发达国家均着力于虚拟制造的研究与应用。在美国,国家标准与技术协会(National Institute of Standards and Technology, NIST)正在建立虚拟制造环境(称之为国家先进制造测试床);在欧洲,许多大学和研究机构通过相互间的合作并联合企业进行虚拟制造技术的研究工作。从世界范围看铸造过程虚拟制造技术的发展大体经历了 3 个发展阶段。20 世纪 60 年代是尝试阶段,开始开展以导热偏微分方程为基础的铸件凝固温度场数值模拟。20 世纪 70 年代和 80 年代前期是以温度场数值模拟为主要内容,涉及材料热物理性能参数、界面条件、潜热处理等及缩孔、缩松等缺陷判据与质量预测。20 世纪 80 年代后期和 90 年代是实用化和研究工作进一步深化的阶段,研究专注于铸造残余应力、晶粒组织模拟和合金材料性能计算等。20 世纪 90 年代中期,一大批功能强大、性能完备的商品软件投放市场,在众多铸造过程模拟软件中,已有许多可用于熔模铸造,ProCast 就是其中的代表。1994 年美国国家航空航天总局在调查评估的基础上推荐该软件为美国航空航天领域铸造过程 CAE 首选软件。美国 Howmet、PCC、普惠(Pratt Whitney)、GEAE 及英国 Rolls-Royce 等世界著名的航空航天精铸企业纷纷选择 ProCast 作为铸造工艺分析和新产品开发的重要工具。

目前虚拟铸造技术主要应用于铸件设计、浇注充型或造型过程的数值模拟及结果的可视化和铸造生产过程的仿真优化等领域。

1) 铸件设计与快速成型

美国威斯康星大学的虚拟工程设计与原型的集成计算辅助研究(Integrated

Computer Aided Research on Virtual Engineering Design and Prototyping, ICARVE)实验室研制了一套虚拟铸造平台。该系统使用立体眼镜来观察三维图像,用语言建立各种几何模型,用数据手套来确定几何体的尺寸和位置。目前,ICARVE 实验室已经利用这个系统成功地完成了注塑和压铸零件的设计,该系统的目标是达到传统 CAD 方法 10~30 倍的设计效率。

增材制造技术是 20 世纪 90 年代国际上新发展起来的一项高科技成果,它是集计算机、光、电、精密仪器和材料等现代化诸多学科于一体的先进制造技术,适用于在实际中遇到的传统方法无法加工的非对称的、有不规则曲面的或结构复杂而又是精细结构的零件、模具等。快速自动成型是一种全新概念的制造技术,它摒弃了传统机械加工方法,根据计算机 CAD 生成的零件几何信息,控制三维数控成型系统。通过激光或其他方法将材料堆积而形成与计算机中几何形状完全一致的零件实体。目前已投入使用的成型方法主要有光敏液相固化法(SLA)、激光选区烧结法(SLS)、熔融堆积成型法(FDM)、分层实体制造(LOM)、光掩膜法(SGC)。

2) 浇注充型数值模拟及结果可视化

许多商品化的浇注过程模拟软件,都具有利用二维图像技术开发的计算结果可视化模块,使用户可以更直观地观察模拟结果,分析铸件的成型过程。清华大学[7]在铸造过程的温度场数值模拟以及缩孔缩松预测、充型过程模拟、三维应力分析、微观组织预测等方面的关键技术研究及实用化方面都取得了突破性进展,可以对铸钢、铸铁及有色合金铸件进行温度场、流场、应力场的预测,并对铸件中可能出现的缺陷(如缩孔、缩松、热裂等)的位置及尺寸进行较为准确的预测。

闫海等[8]针对航空发动机机匣建立了有限元数值分析模型。基于 MSC. MARC 软件的分析功能,运用有限元方法研究了机匣类薄壁部件铸造毛坯的变形,模拟了温度场、应力场及变形情况,同时对温度场、应力场及其对变形的影响进行了定性分析,为实际机匣类部件减小变形提供依据。

张丹等[9]基于数值模拟结果将结构优化领域中的形状优化方法应用于浇冒口的设计过程,建立设计、分析和优化的集成系统。针对铸造工艺建立了优化模型,并给出设计变量的灵敏度分析公式,首次利用全局收敛法(GCM)自动获取优化过程的搜索方向和搜索步长。最后给出一个冒口优化设计的算例,证明该优化模型和算法的可靠性,在保证铸件质量的同时达到了材料损耗最小的目的,实现了浇冒口系统参数的自动化设计。

薛祥等[10]在动量方程、连续性方程、体积函数方程和能量守恒方程基础上,编制了铸件三维充型过程流体流动与传热的耦合模拟计算程序,实现了镍基合金叶片充型过程的温度场模拟,利用判据对镍基合金叶片凝固过程中缩松、缩孔出现的位置进行判断。李殿中等[11]比较了不同的缩孔缩松判据函数,并利用 Niyama 判据函数预报了 IN738 真空熔模壳型铸造薄壁板类铸件的缩孔和缩松出现的可能。

针对计算机反复试错耗费较多的时间这一问题,美国 Finite Solutions 公司提出将多变量优化运算软件链接到 AF Solid 凝固模拟软件中,进行二次开发,使模拟与优化一步完成,从而使计算机模拟的效率大为提高。

3) 铸造生产过程的仿真优化

也即对生产率、生产周期、设备利用率以及物流等信息进行仿真分析,如车间和工段的生产过程仿真,可以对生产能力进行分析,进行生产设计或者设备资源的优化配置等。通过计算机仿真分析可以对生产过程的各种情况进行虚拟运行,分析现有生产系统中制约生产率的瓶颈所在,预测新的生产调度方案的可行性。这些工作可以帮助企业优化生产过程,减少投资的盲目性,提高生产效率,充分发挥企业潜力。

虽然这方面的研究尚处于起步阶段,但是在国内外铸造行业中具有广阔的应用前景、较高的应用价值和较大的发展潜力。德国的铸造设备制造商 Laempe 公司利用离散事件仿真和机器人模拟技术为 Waupaca 铸造公司的制芯生产线进行了工程分析。瑞典铸造协会也为大型企业提供铸造虚拟生产分析,完成了一系列生产仿真工作,如一个完整的铸铝厂从熔化到产品发送的虚拟生产分析。美国的 FSC 公司成功地利用虚拟制造技术完成了生产系统的投资改造,并避免了不必要的熔化设备的投资。

1.4.2　大型复杂薄壁铸件精密制造技术

国外在 20 世纪前半叶就开始研究航空、航天发动机用镍基高温合金的真空熔炼、精密铸造技术,并于 20 世纪 70～80 年代在大型铸件用合金设计与熔模铸造工艺技术方面获得了突破性进展,一系列的高性能镍基高温合金铸件产品迅速获得产业化应用。英国 AE 公司在新型发动机上应用了一系列精铸件,这些精铸件的外形尺寸一般在 300～600 mm,最小壁厚达到 0.8～1.5 mm,而且可以对晶粒尺寸进行控制,辅以热等静压技术,使铸件的疲劳寿命大幅度改善。美国 Hitchiner 公司、PCC 公司和 Howmet 公司为美国通用电气公司发动机铸造了一系列的大型薄壁整体铸件,其中涡轮后机匣铸件采用的材料即为 Inconel718C 合金,最薄的截面尺寸为 1.25～1.75 mm,外形直径达 1.930 m,浇铸重量达 2 040 kg。目前,大型铸件精密铸造中的冶炼工艺及设备大多采用真空感应浇铸炉(vacuum induction degassing and pouring furnace, VIDP)。通过模式设计,该系统具有很大的灵活性,易于实现精炼、去气、真空去渣、即时化学成分控制、底浇等特殊浇注工艺。

我国高温结构材料及其精密铸造技术的研究单位主要有北京航空材料研究院、沈阳铸造研究所、中科院金属研究所、钢铁研究总院、西北工业大学、哈尔滨工业大学、上海交通大学等。

国内外围绕大型复杂薄壁铸件精密制造技术,主要从大型复杂薄壁铸件充填行为与凝固组织控制、凝固缺陷形成机理与控制以及铸件尺寸精度控制三个方面开展研究。

1) 大型复杂薄壁铸件充填行为与凝固组织控制

铸件充填与凝固过程中熔体宏微观流动与枝晶生长动力学一直是凝固领域的前沿问题,也是薄壁结构完整充填的关键影响因素。由于金属合金的高温性和不透光性,使得凝固过程一直以一个"黑箱"出现,人们一直期待着可以直观地观测分析熔体充填、凝固过程,更好地调控铸造工艺参数,以获得形体完整、质量优良的铸件。

X射线的透过性使得X射线成像成为冶金学家期望的工具。早期X射线的强度较低,无法达到科研及工程的需要。早在1974年,日本的学者就开始利用高能X射线研究Si晶体的熔化与凝固过程,由于当时X射线能量较低,成像所采用的显像管摄像机分辨率非常低,因此只能从大概轮廓上分析晶体的变化过程。

同步辐射自1947年发现以来,由于其具有高光通量、高能量、高空间和时间分辨率、高准直度等特点和优势,一直作为物理学领域的研究手段。到20世纪80年代,第二代同步辐射光源诞生,同步辐射逐步成为跨领域跨学科的通用研究工具。1984年日本人Nittono O.和1985年法国人Grange D.发表了利用同步辐射成像分别研究Sn和Al-Cu合金的成果,揭开了同步辐射用于凝固领域的序幕。

如图1-1所示,早期受限于同步辐射性能和信号接收分析能力,X射线成像不能得到比较清晰的实时原位图像,对凝固过程研究的帮助并不大,甚至不能够与透明有机物凝固过程模拟的贡献相比。随着第三代同步辐射光源的建设和运行,以及电子、光学、机械、计算机等学科的飞速发展,2000年后同步辐射的能力大幅度提高。与此同时,应用同步辐射研究金属合金凝固过程的工作在全世界广泛展开。

日本Yasuda H.等人在SPring-8光源上研究了Al-Si合金凝固过程中微区偏析的问题;在欧洲同步辐射装置(European Synchrotron Radiation Facility,ESRF)光源支持下,荷兰的Faraji M.等人在Al-Si合金凝固形核动力学及晶粒细化方向上开展了研究[12],法国的S. Terzi分析了凝固过程中Al-10wt%Cu①合金枝晶粗化的机理,法国人Bogno A.等研究Al-Cu合金等轴晶结构枝晶化的过程[13],德国人Olga Shuleshova等原位观察研究了Ti-Al合金凝固过程[14],德国人Lengsdorf R.研究了Al-Ni合金在不同重力条件下的枝晶生长特点。这些研究展现了同步辐射在金属熔体凝固过程研究的应用正在逐步走向深入。

在低熔点模型合金凝固过程研究的基础上,Yasuda H.等人在SPring-8进行了铁基合金枝晶组织生长变化的研究[15],Husseini等人在APS束线上利用原位成像进行了镍基高温合金晶体结构分析和缺陷监测的试验[16]。这些工作为高熔点合金的组织形成与演变以及凝固组织结构表征和缺陷分析的同步辐射成像研究奠定了实验基础。

随着上海第三代同步辐射光源的建成使用,我国利用同步辐射手段开展材料

---

① 本书中wt%表示质量分数——编者注。

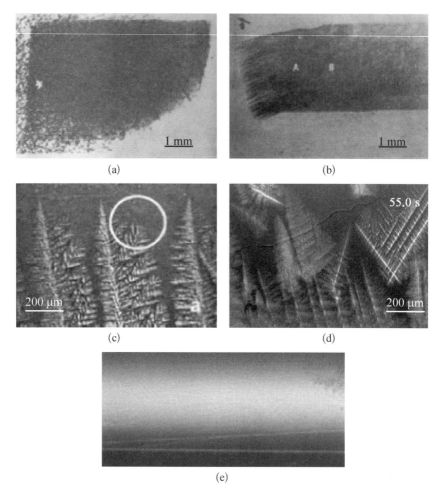

图 1-1 合金定向凝固同步辐射成像研究

(a) 1985 年法国 Grange G. (Al - 10wt%Cu)　(b) 1992 年法国 Grange G. (Al - 10wt%Cu)
(c) 2007 年荷兰 Ruvalcaba D. (Al - 10wt%Cu)　(d) 2010 年上海交通大学 (Al - 10wt%Cu)
(e) 2011 年上海交通大学 (K4169 合金)

研究的工作迅速展开,但在合金凝固过程的研究工作尚未得到长足的发展。自 2010 年初开始,上海交通大学利用上海同步辐射光源成像和小角散射线站开展了一系列的 Al-Cu 合金凝固组织演变和熔体结构研究[17,18],在枝晶组织演变方面取得了有意义的成果,在高温合金凝固过程成像研究方面,取得了初步进展。

随着计算机技术的发展,基于有限元和有限差分的充型与凝固过程宏观模拟与基于相场法的枝晶生长动力学微观模拟成为凝固领域的研究新热点。充型与凝固过程宏观模拟主要集中在熔体静压力、浇注温度、充型速度、合金成分、凝固方向与重力方向的关系等参数对金属/铸型界面处的温度场分布的影响。枝晶生长动力学相场法微观模拟主要集中于简单合金体系中的枝晶尖端形态、晶体取向选择及生长速度。

　　上述研究在充型和凝固基础理论上取得了丰硕的成果,但还存在一些不足,不能直接用于大型铸件的精密成型过程。总体看,上述研究针对的凝固体系简单,未考虑多成分组元的影响,更没有涉及铸件结构特征对充型及凝固行为的影响;尤其压力对宏微观流场的作用及其对枝晶臂间距、枝晶倾转和凝固组织的形成机制还缺乏相关的数学模型。

　　20世纪80~90年代,国内以西北工业大学、中科院金属所、清华大学、哈尔滨工业大学、大连理工大学等为代表的研究机构,对凝固的基础科学问题开展了深入系统的研究。有关充型与凝固过程的研究同样集中于透明有机物模拟与热力学计算方面,围绕凝固学科的核心科学问题——固液界面的稳定性和凝固组织形成原理,特别是针对远离平衡的凝固过程,建立了凝固过程中的形核与界面形态学模型。中科院金属所胡壮麒院士团队[19]研究开发了我国早期的空心涡轮叶片制备工艺及DZ38合金系列材料,系统研究了 Al、P、B、Ti、Re、C、Co、W、S、Si、Zr 等合金元素对镍基单晶高温合金(DD8、K17G、DZ38、GH761、DD32 等)组织与性能的影响,分析了单晶合金在高周疲劳、低周疲劳条件下的蠕变行为机理,研究了 γ' 相粗化对高温性能的影响,同时研究了热处理工艺、预压工艺对高温合金使役持久性能影响的规律,研究了合金熔体精炼净化、熔体结构以及熔体过热度对合金性能的影响。在铸造合金方面,周尧和、曾建民等[20]利用数学建模和水力模拟实验研究了铝合金反重力铸造和调压铸造下充型过程中的熔体自由液面变化、外加压力场对凝固过程的影响以及铸造工艺参数对温度场分布的影响。介万奇等[21]在大型铝合金与镁合金的反重力铸造领域开展了大量研究,在液态、半固态成型与组织精确控制、多元多相合金凝固理论及其铸造成型、大型复杂薄壁结构件的系列化反重力铸造装备技术等方面取得重要进展。傅恒志、刘林等[22]在高温合金的非平衡凝固、亚快速凝固定向组织及组织超细化等领域开展了大量研究,建立了枝胞转换的理论框架,提出通过细晶铸造抑制铸件疏松的思路。

　　国内在相场法枝晶生长模拟方面也开展了大量研究工作。柳百成等[23]定量研究了相场模型中过冷度、温度对相场的耦合系数、各向异性系数等参数的影响,讨论了枝晶形貌转化规律,研究了生长速度与晶粒形貌及相场参数的联系,分析了枝晶生长尖端的分叉及侧向分枝的产生原理。陈长乐等[24]基于 Tong 和 Beckermann 等提出的耦合流场的相场模型,采用有限差分法对纯金属凝固过程进行二维模拟计算,研究了不同对流速度对金属枝晶生长的影响;他们还利用 Lan 和 Shih 耦合流场的相场模型模拟等温条件下 Ni-Cu 二元合金的枝晶生长过程及溶质场的分布情况,并采用 Simple 算法计算压力场,发现对流作用下的枝晶生长不对称性。中科院金属所李殿中等[25]采用自适应有限元方法求解相场模型的控制方程,模拟了计算域较大、界面层厚度较薄的情况下过冷镍熔体中单个完整等轴晶的演化过程,使相场模型模拟结果更接近于真实物理模型,并探讨了二次枝晶臂的演化机理。兰州理工大学王智平等[26]利用耦合溶质场的相场模拟研究了 Ni-Cu 二元合金枝晶生长过程中固相溶质扩散系数 D_s 对枝晶形貌和微观偏析等的影响。

2）凝固缺陷形成机理与控制

凝固过程固液界面前沿的糊状区中，枝晶间的微观流动对枝晶的长大过程、凝固微观组织和成分分布影响巨大。国外的研究集中于熔体在枝晶间的微观流动能力与枝晶臂间距及液相分数之间的关系，并建立了有限元数学模型，预测出枝晶间微观缩松产生的位置、大小与数量[27]。实验方面除了利用透明合金模拟枝晶间熔体的流动状态以及与枝晶相互作用，还利用外加物理场的方式控制枝晶间的流动特性，达到控制偏析、破碎高次枝晶、细化凝固组织的目的。

Nastac、Stefanescu[28]研究了 Inconel718C 合金铸件凝固动力学模型和 NbC/Laves 等有害相形成和演变的预测模型，结果表明，凝固过程对 Laves 相中碳的分布和偏析、元素的再分配及高温力学性能有显著影响。Cieslak 等[29]研究了Inconel718C 合金凝固过程中的元素偏析行为，发现元素偏析产生 γ/Laves 和 γ/MC 共晶组织。Overfelt 等[30]的研究表明，凝固过程中补缩不足将引发糊状区内产生大的拉伸应力，该应力通过枝晶网架的塑性变形与枝晶间液态金属中微孔的形核释放。针对 Inconel718C 合金在糊状区的拉伸实验与热力学计算表明，高应变速率引起的非均匀变形与应力集中效应将导致低应变水平的断裂，研究还确定了液态金属中应力导致的疏松孔洞的形成机制，并获得了不同应变速率条件下的临界应力门槛值。Penya 等[31]利用贝叶斯网络方法构建了精密铸造过程中微观疏松的形成与产品质量控制模型。

国内西北工业大学、中科院金属所、南京理工大学、上海交通大学等科研院所针对高温合金的凝固缺陷开展的相关研究，主要集中在母合金冶金质量控制、冷却速度和浇注温度等工艺参数优化、施加电磁搅拌和添加细化剂进行晶粒细化等方面。在高温材料的组织控制方面，中科院金属研究所胡壮麒院士领导的团队，自 20世纪 80 年代起就开始了对镍基、钴基高温合金的组织结构与性能优化展开研究。北京航空材料研究院颜鸣皋、曹春晓等在高温结构材料，尤其是钛合金的微观结构分析、合金强化机理、超塑性理论方面开展了大量研究，但关于高温合金及钛合金大型铸件凝固组织及其缺陷控制的研究相对较少。

胡壮麒院士团队着重研究了 K465、In718 等合金组织性能以及铸造工艺对组织和性能的影响，并特别针对 K417G 铸造高温合金研究了其尺寸效应对组织和性能的影响，并在航空发动机用增压器等零件上取得重要进展。陈伟等[32]研究了凝固速度等铸造工艺参数对 Inconel718C 合金凝固显微疏松形成倾向性、成分偏析、合金组织及性能稳定性的影响，结果表明，随凝固冷却速率的降低，显微疏松形成倾向性降低，合金持久寿命稳定性提高，但晶粒尺寸增大，平均持久寿命降低。熊玉华等[33]研究了 K4169 合金锭的微观组织细化对缩松和元素偏析的影响。研究表明，降低浇注温度，一次枝晶轴长度和二次枝晶间距越小，铸件中等轴晶的比例增加到 90% 以上，同时减少了铸件中的缩松和主要元素的偏析，但 MC 型碳化物和

Laves 相的尺寸、数量和形貌在晶粒细化前后变化不大。王玲等[34]的研究表明,冷却速度越低,In718C 的凝固组织中 Nb、Mo 偏析越严重。汤鑫等[35]研究了高温合金的细晶铸造热工艺及其对疲劳寿命的影响。结果表明,合理控制型壳温度和浇注温度,可获得 100%细晶铸件,使铸件的低周疲劳寿命提高 2~3 倍。

综上,尽管国内在高温结构材料凝固组织控制与缺陷抑制方面已开展了一定研究,但对于高温合金大型铸件的缺陷形成动力学机制,尤其是与大型铸件特有的"大尺寸效应"、"薄壁效应"、"变截面效应"相关联的缺陷形成机理与抑制原理缺乏系统研究。

3)铸件尺寸精度控制

精密铸造复杂系统的容差分析与铸件精度控制方法正成为国内外学术研究的新趋势。大型铸件的精密成型工艺过程极其复杂,从模具设计与加工、蜡模压制与组装、型壳涂挂与焙烧、熔体充型与凝固,直至型壳脱除与铸件后处理等一系列环节,每个环节均会产生一定的误差。采用传统的经验试错方法实现大型铸件尺寸精度与变形控制,仅能保证某个工序、某个局部结构的精度满足要求,但不能保证整体铸件的精度要求,难免造成时间和成本的大量消耗。因此迫切需要建立相关理论对大型铸件尺寸偏差和变形进行预测和指导,从而针对大型铸件整个铸造过程建立精确的工艺与精度控制体系。

蜡模的变形与尺寸偏差是造成铸件精度超差的首要原因,无论是理论研究还是生产实践,蜡模的精度控制均为首要环节。Bonilla 等[36]报道了基于固体膨胀/收缩理论和热传导理论的蜡模压制过程的数值模拟结果,建立了蜡模材料热物性、压型特性及压蜡工艺参数与蜡模精度的仿真模型。Sabau 等[37]则基于蜡料本身的热物理和热机械特性,着重研究了蜡料在压型中的流变学特性,构建了蜡模变形的本构方程。这些研究对蜡模压制工艺与质量控制具有一定指导意义,但这些研究的对象多为尺寸较小且形状简单的蜡模,对具有大面积薄壁和截面突变等结构特征的大型蜡模体系,其变形与尺寸偏差机制及相应的容差设计与预测还未见报道。

陶瓷型壳及其制造过程是影响铸件精度的又一要素。制备陶瓷型壳的新材料和新技术层出不穷,但关于型壳尺寸精度控制方面的研究则鲜有报道。型壳对铸件尺寸等误差的影响研究,多与熔体浇注过程结合在一起。较早的研究大多集中在描述型壳与金属液之间热传递过程的模拟仿真,但仅依靠型壳与金属材料的热交换系数,还不能模拟最终的铸件尺寸精度。Song 等[38]采用三维非线性耦合的热-机械模型分析了铸造过程中型壳对铸件尺寸精度的影响,并采用实验较好地验证了模拟和分析结果。Rafique 等[39]在前人研究的基础上,采用包含所有材料的热交换系数的标准传输方程,建立了熔体充型与凝固过程中型壳与熔体的热传导模型,用于预测浇铸过程中铸件尺寸误差。然而,对于熔模铸造过程中陶瓷型壳与熔体的相互作用及其与大型铸件特殊结构的关系,截面突变与大面积薄壁等特征结构处误差产生的理论研究尚无系统报道。

对于铸件的精度，国内主要依靠中小铸件的经验数据进行控制。相关研究主要集中在蜡模和型壳的精度控制，重点分析了制模过程中压型、模料和制模工艺参数对蜡模质量的影响，提出改善蜡模质量的措施，并对型壳制造工艺中黏结剂性能、耐火材料性能及制壳工艺参数进行了优化。林忠钦等[40]提出考虑零件形状误差和材料误差耦合作用的非线性误差分析模型，开发了复杂系统误差分析软件系统，并在汽车、飞机和列车等领域得到了应用。但总体看来，复杂系统误差分析方法还没有在铸件的精密成型领域得到应用。

4) 高温合金精密铸造中国专利分析

以"高温合金"和"铸造"为检索式，共检索到 1985—2012 年我国专利数量为 95 项（见图 1-2）；以"高温合金"和"精密铸造"为检索式，共检索到 1985—2012 年我国专利数量为 42 项。

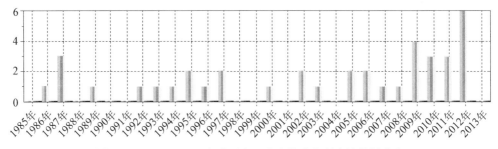

图 1-2　1985—2012 年我国高温合金铸造专利申请数量分布

从检索结果来看，中国在高温合金精密铸造领域的专利总数较少，2005 年以后专利申请数量呈增长趋势。从分布领域来看看，专利主要集中在冶金、化工等行业，专利所属单位包括上海交通大学、中科院金属研究所、钢铁研究总院等。其中与高温合金精密铸造"工艺"和"方法"相关的专利仅有不到 10 项，例如"一种真空行波电磁细化高温合金精密铸造装置""铸造高温合金细化剂及使用它的高温合金铸造方法""高温合金复杂薄壁铸件调压精密铸造装置"及"高温合金复杂薄壁铸件精密铸造方法"等。针对大型复杂薄壁铸件的精密铸造两项专利为上海交通大学凝固科学与技术研究所申请并已公开。

5) 高温合金精密铸造世界专利分析

利用 SooPAT 检索工具，以"nickel、superalloy、casting、engine"为检索式对 99 个国家的专利进行检索，共检索专利 1 580 项。申请数量前 10 位的申请人如表 1-1 所示。其中仅美国通用电气公司(Gen Electric，GE，US)一家单位申请的数量达到 453 项，占专利总数的 35.98%，GE 公司在航空发动机行业为世界领军企业。排名比较靠前的还有 United Technologies Corp.、Howmet Res. Corp.、Siemens、PCC 等。

表 1-1 申请数量前 10 位的申请人

	申 请 人	专利数		百 分 比
1.	GEN ELECTRIC	453		453(35.98%)
2.	UNITED TECHNOLOGIES CORP	201		201(15.97%)
3.	Howmet RES CORP	64		64(5.08%)
4.	HONEYWELL INT INC	35		35(2.78%)
5.	SIEMENS WESTINGHOUSE POWER	28		28(2.22%)
6.	Howmet CORP	22		22(1.75%)
7.	PCC AIRFOILS INC	17		17(1.35%)
8.	ROLLS ROYCE PLC	15		15(1.19%)
9.	SIEMENS AG	15		15(1.19%)
10.	SIEMENS POWER GENERATION INC	14		14(1.11%)

按照专利国分布可以发现大部分专利集中在美国、日本、俄罗斯和中国等国家,特别是航空发动机强国美国和俄罗斯的专利数量较多。从专利内容上分析,大部分专利集中在焊接、涂层、单晶和合金熔炼等,没有检索到大型复杂薄壁铸件研制技术的专利。

因此,我国要想在大型客机发动机高温材料铸件精密成型方面取得研制突破,必须依靠自主创新,建立自己的研制平台,形成具有自主知识产权的研制技术。

1.4.3 大型复杂薄壁铸件质量与可靠性检测

铸件的常规检测方法,可以保证铸件的外观尺寸、形状、表面质量、合金成分和力学性能等达到要求。但铸造过程影响因素众多,铸件内部质量存在诸多不确定性因素:气孔、夹杂、析出相、疏松以及热裂等缺陷的存在,严重影响了铸件的使用性能及服役安全性。这对于大型客机发动机用铸件而言尤为重要。目前铸件内部质量分析方法主要包括:超声检查方法,荧光磁粉检测方法,X 射线照相检测方法以及工业 CT 等。其中 X 射线照相检测方法准确度较高,得到广泛应用。

随着高能射线工业 CT 技术的发展,工业 CT 逐渐成为大型工件进行内部缺陷无损检测的有效手段,被广泛应用于航天、航空、兵器、核电、机械制造等行业。但是,上述的检测手段空间分辨率有限(超声为 0.1 mm,X 射线照相为 0.2 mm,CT 为 0.03 mm),而且不能确定实体缺陷的成分及种类。

随着对材料的研究深入和研究手段的发展,人们逐渐认识到铸件中的显微疏松和夹杂,细小析出相成分组成等都与铸件的高温蠕变性能、持久性能和疲劳性能息息相关,这些缺陷是上述无损检测手段所不能探测的。人们急需知道疏松的尺寸与空间分布状态、夹杂的空间尺寸与种类、析出相的成分与性质,以确定铸件的冶金质量以及对其服役性能的影响。更进一步，对于航空发动机用铸件的合金（例如 Ti-6Al-4V 和 Ni 基高温合金）都是多晶多相材料，由于不同晶粒晶格取向存在差异，不同相之间性能存在差异。多晶多相材料的形变响应取决于不同取向的晶粒的相互作用，以及与各不同相相关的各向异性。因晶粒间或相间弹性模量和延展性的差异造成的应变分配和拉压硬化不对称性，对合金的高温蠕变性能和持久性能造成重大影响。因此阐明多晶多相材料的应变过程也是保证航空发动机用铸件冶金从而提高铸件使用安全性的另一关键所在。

世界上高速发展的同步辐射技术推动了这一研究的快速发展。英国 C. Puncreobutr 等[41]利用高能 X 射线研究了大块状铝合金试样中各种缺陷的存在形态及缺陷的演变过程（见图 1-3）。

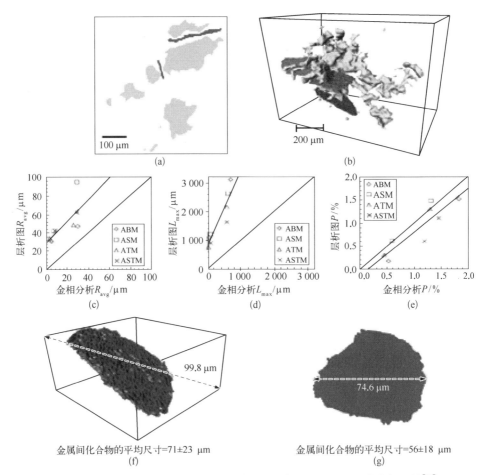

图 1-3　铝合金块状材料凝固缺陷：气孔、化合物相二维和三维分析比较[41]

(a) A319 铝合金数字化光学显微镜下气孔和金属间化合物的二维形态　(b) 相同样品缺陷真正的三维形态　(c) 缺陷等效半径 R_{avg}　(d) 缺陷最大长度 L_{max}　(e) 孔隙率百分比，$P\%$　(f) 三维盒状缺陷尺寸标注　(g) 金属间化合物的平均尺寸

由此可见,利用高能 X 射线成像和衍射,可以准确有效分析铸件缺陷及破坏处的 3D 分布状态,更好地评估航空发动机部件的使用性能。

牛津大学 Korsunsky A. M. 教授等[42]利用钻石光源的同步辐射光束线 I12 - JEEP 的高能量白光束,使用能量色散 X 射线衍射设置,研究了四点梁弯曲的 Ti - 6Al - 4V 样品。使用由 23 个探头组成的"马蹄形"探测器收集从弯曲的多晶(Ti - 6Al - 4V)合金样品衍射的数据,利用 Pawley 精修法确定了弹性应变。最终获得多晶(Ti - 6Al - 4V)合金的拉伸压缩致应变不对称性相对于晶粒取向的定量数据,为分析(Ti - 6Al - 4V)合金的使用性能提供了关键数据。同样来自牛津大学的 Hofmann F. 教授等[43]在 ESRF 的 ID15A 利用白光的高能透射多色劳厄衍射,分析了镍基合金中晶粒的晶体结构,同时他还根据高能 X 射线衍射提出了两种用于分析大块多晶合金材料中晶粒尺度层面的晶格取向及应变分布的方法。英国曼彻斯特大学 Leo Prakash D. G. 教授等利用 ESRF 的 ID15B 束线测定了尺寸达到 40 mm×40 mm×22 mm 大块(Ti - 6Al - 4V)合金拉压载荷下的应变变化规律,法国科学家 le Graverend J. B. 研究了细小析出相对非等温蠕变和蠕变疲劳行为的影响,样品的尺寸达到了 14 mm×6 mm×2 mm。

罗尔斯·罗伊斯公司是全球三大航空发动机制造商之一,在航空发动机研发制造领域占有非常重要的位置。自 2007 年英国国家光源——Diamond 光源建站之初,就与光源合作,建成了一线分时使用的 I12 - JEEP 线站,用于航空发动机关键部件原位实时成像缺陷分析和原位实时衍射应力应变分析。此线站在 2010 年底开始投入使用后,首先就为波音 787 梦想飞机的引擎进行了分析和测试,如图 1 - 4 所示。

(a) (b)

图 1 - 4 梦想波音 787 飞机引擎在 Diamond 光源 I12 - JEEP 线站测试
(a) 待测发动机组件 (b) 光源与罗·罗公司的专家

随着我国上海光源的建成使用,我国在高能同步辐射方面逐渐开展了相关研究,以上海光源二期线站的建设为契机,发展我国自主高空间分辨和时间分辨的原位实时缺陷分析、应力应变分析及高温蠕变性能分析,成为重大基础设施建设的一个重要部分。

1.5   国内外技术发展趋势

1.5.1   大型复杂薄壁铸件虚拟制造

虚拟制造技术能够保证更加多快好省地把实际铸件生产出来,因此它能使企业具有很强的市场竞争力。由于受到用户的追捧,其发展也比较迅速。当前在模具制造与快速模型制备等方面有如下发展趋势。

1) 一体化

在三维特征造型系统上直接进行模具的设计,能够实现模具各部分的虚拟装配,自动检查干涉情况,能够完成走刀规划和加工模拟,可以自动生成代码,迅速快捷地生产出高质量的铸造模具。这一过程,既可以大大加快模具开发的设计速度,又可以减轻设计人员繁重的计算方面的工作,而使设计者有更多的时间进行创造性的工作。

2) 快速原型制造

利用快速原型制造技术,能够快速提供铸件的模样,可以显著缩短新产品开发周期,降低试制成本。与数控加工、铸造、金属冷喷涂、硅胶模等制造手段一起,快速自动成型已成为现代模型、模具和零件制造的强有力手段。熔模精密铸造技术和快速成型技术的有机结合,实现了生产的低成本和高效益,达到了铸件生产的个性化、多样性、快速铸造的目的。

3) 并行工程

在铸造模具设计的一开始就综合并行考虑模具的加工、装配、使用直至报废处理的所有环节,可以将设计错误降低到最低。随着远程设计与制造不断发展,铸造工装的异地设计、异地制造已成为现实,远程设计与制造技术能够充分发挥不同国家、不同地区的各种资源优势,达到最佳配置。

4) 铸件成型过程微机的检测与控制

主要功能有金属液流动性检测、铸型性能检测、造型线主辅机工作状态的监控。铸造行业计算机检测与控制系统将越来越强调在线监控,强调集成化与智能化。

1.5.2   大型复杂薄壁精密铸件制造技术

随着发动机性能与可靠性的不断提升,关键热端部件的结构也发生了巨大的变化,不仅朝着整体、薄壁空心方向发展,而且正逐步向结构承载与气体导流的结构功能一体化方向发展,这些都要求构件在具有更高承载能力的同时,必须具有更高的尺寸精度、更好的尺寸稳定性与表面光洁度、更优异的疲劳性能和使用寿命。无疑,这些新需求对镍基高温合金的近净形熔模精密铸造体系提出了更高的要求。

表1-2为国内外在高温合金大型精密铸件制造水平的对比,从中不难看出我国与先进国家存在着巨大差距。以铸造成型工艺方法的选择为例,由于为了避免铸件薄壁部分产生欠浇缺陷,国内选择了离心浇注技术,并建设了大型真空离心铸造设备,而国外则从高温合金充型行为与凝固特性的基础研究出发,合理解决了重力铸造遇到的困难,不仅避免了离心铸造带来的合金偏析、组织不均匀、尺寸精确定位等技术难题,也避免了离心铸造设备的大投入问题。

表1-2 国内外镍基高温合金大型精密铸件制造水平对比

	国 内	国 外
铸件尺寸	1 m 左右	2 m 左右
最小壁厚	1.8 mm	1.5 mm
铸造精度	公差 CT6,粗糙度 $Ra=3.2$	公差 CT5,粗糙度 $Ra=1.6$
单件浇铸重量	<500 kg	2 000 kg
铸造方法	离心、重力	重力
选用合金	K4169	Inconel718C、GTD222、RENE220、IN-939
使用温度	650℃	650~850℃

注:国外水平数据来源于美国PCC公司。

2000年以后,国外在超大面积薄壁铸件的完整充型及大型铸件内部显微缺陷控制等方面开展了大量研究,以进一步减轻铸件的重量,提高其长期服役性能。2010年,以美国PCC公司为代表的国际顶级航空发动机大型精密铸件制造商已开始探索最小壁厚为1 mm超薄大型涡轮后机匣整体精铸技术,目前的技术成熟度已达到6~7级,为新一代高性能航空发动机的轻量化设计与制造提供了技术基础。

多年来,国外在大型结构件的熔模铸造技术和装备方面始终对中国实行严格的技术封锁,相应的技术资料也很少公开报道。上海交通大学在973项目的支持下,系统深入地研究了多场耦合下的大型铸件充型行为与凝固组织控制、大型铸件铸造缺陷形成机理与控制方法、复杂铸造系统误差形成机理及铸件精度控制等基础问题;初步揭示了合金成分、温度对高温合金熔体结构及其凝固行为的影响规律,发展了熔体超温处理与凝固组织控制技术,提出了大型铸件重力铸造工艺浇注系统优化设计方案;建立了K4169大型铸件的显微疏松和有害脆性相形成判据,初步建立了K4169后机匣铸件的典型缺陷图谱,揭示了大型铸件特征结构—缺陷—力学性能的关联关系;揭示了蜡模压制过程中误差形成机制,开发了高性能背层型壳新材料及其制备技术。2009 年成功研制出直径约 1.1 m，最小壁厚约 2.2 mm 的后机匣铸件，解决了国内大型涡轮后机匣铸件"从无到有"的问题。2010 年起，国内厂家已可以制造出后机匣整体精密铸件，为我国航空发动机的轻量化设计提供了重要技术基础。但是，与国外相比，国内后机匣铸件的轻量化和长期服役性能还有很大差距，特别是整个机匣内部的组织均匀性差，不同区域的本体疲劳寿命相差悬殊，严重影响后机匣及整个发动机的可靠性，亟待整体铸造工艺技术的全面提升。同时，研究结果也表明采用重力铸造方法，对于厚度 1 mm 的薄壁，也仅能保证 100 mm×100 mm 面积的完整充型。因此，要制造更大更薄的机匣类铸件，必须探索全新的方法与工艺。

英国伯明翰大学等研究机构对新型铸造工艺进行了深入研究，比较了重力铸造与真空辅助反重力铸造等铸造工艺过程，发现真空辅助反重力铸造可提高材料利用率，提高铸件性能。全英熔模铸造贸易协会的 Anon 指出，反重力铸造用于航空部件的生产，可以提高生产效率和降低生产成本，是一个值得推广的技术。

美国金属铸造技术股份公司发明了新型的反重力低压惰性气体保护铸造工艺 (CLI)用于镍基高温合金铸造，此专利授权给著名的 Hitchiner 公司用于航空零件生产。与真空熔炼、重力浇铸的零件相比，该工艺生产制备的铸件含氧量稍有增加，但可以控制在 50 ppm 以内，拉伸和断裂性能均符合客户要求。Hitchiner 公司利用此技术制备出直径 889 mm，高度 635 mm 的 Inconel718 合金汽轮机扩散器壳体等镍基高温合金的铸件。Howmet 公司利用此技术制备出了最大重量达到47 kg 的钛合金铸件，最大铸件尺寸接近 900 mm。美国还形成了以北爱荷华大学与田纳西工业大学为代表的反重力铸造工艺及控制技术研究中心，在铸造过程自动控制等方面取得了技术上的领先。

国内在高温合金反重力铸造研究与应用方面差距巨大，图 1-5 给出了国外利用反重力铸造已经开发出的高温合金大型铸件的尺寸与重量范围，而我国尚未开展此类技术的研究。

把容差设计概念引入熔模铸造过程的误差分析与控制研究，将促进大型铸件尺寸精度控制理论与技术的发展。在复杂系统的容差设计基础研究方面，国外的研究主要集中在复杂制造系统尺寸偏差建模与预测。近十年来美国橡树岭国家实验室、爱迪生材料科技中心一直将铸件精度控制列为专题研究项目。

早期的复杂产品误差分析一般基于多参数线性系统建模。Gilbert 采用线性化的尺寸偏差分析模型分析了尺寸公差在装配过程中的累积效应。20 世纪 90 年代中期，基于非线性系统的误差建模理论受到广泛重视。Inoue 等研究了伴有相变的温度变化过程中，温度、相变、热应力三者之间的耦合效应，建立了耦合效应条件下的本构方程。1997 年，Hu 首先提出偏差流理论，用以分析和预测多种偏差输入在整个装配过程中的传递机制。Shi 和 Jin 采用控制论中的状态空间法建立了描述多工序偏差传递的状态方程，显著提升了制造精度的控制水平。

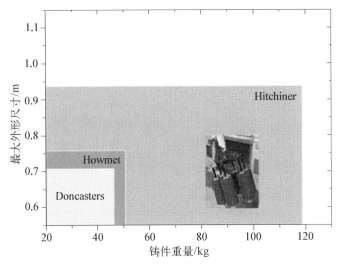

图 1-5 高温合金反重力类铸造工艺水平比较

目前,有关大型铸件凝固缺陷的形成原因分析,较少涉及基于铸件结构特性的凝固缺陷形成动力学机制,在外力场对凝固缺陷抑制的作用机理和影响规律研究方面还缺乏必要的研究手段和深入系统的基础研究。实际上,结构特性会导致流场、温度场和溶质场均发生较大变化,凝固过程参量和缺陷的形成存在交互作用,不容忽视。另外,多种力场作用导致多场耦合下的凝固过程在远离平衡条件下进行,对凝固组织及缺陷的调控可能产生有利的影响,通过真空增压或调压成型工艺有望改善疏松等凝固缺陷,深入开展相关研究具有重要意义。

1.5.3 大型铸件的质量检测与可靠性检测

随着科技进步,国外开始研究用数字化 X 光技术代替传统的 X 光底片曝光技术。2008 年初,美国空军组织了包括飞机制造厂家 Boeing、Lockheed,飞机发动机供应商 GE、RR、PW、Honeywell,航空铸件生产厂家 Howmet、PCC 等在内的诸多公司开始正式对数字化 X 光在航空铸件上的应用进行研究。经过一年多的努力,目前已完成了数字化影像的参考标准的制备。同时高能工业 CT 也成为大型铸件无损检测的主要手段。

除此之外,基于同步辐射光源的以快速成像、原位分析模拟条件下的铸件应力应变分布为目的的研究平台,在过去的 5 年中一直快速发展,并已在块状工程材料研究、部件内部信息探测,以及在冶金/晶体学领域的基础研究领域取得较多的研究成果。国际著名的四大同步辐射光源日本 SPring-8、欧洲法国的 ESRF、美国的 APS 和 SSRL 都建成了以工程应用为目的的高能工程束线,如欧洲光源 ESRF 的 ID15 光束线,是一个专门面向工业材料和部件研究的光束线站,使用超导 Wiggler 和 Undulator 复合光源,X 射线光子能量最高可达 750 keV,包含两个实验站:

ID15A用于能散衍射、高能微衍射和原位动态成像,主要研究领域为工程材料、材料表面及藏于材料内部的界面,应用领域为材料工程、冶金和航空航天工程;ID15B主要用于高分辨角散衍射和高能散射研究,同时配备高温高压气体加载系统,可提供给气-固和液-固催化反应等原位研究。英国Diamond光源在建的I12光束线站也是一个专门面对工程材料应用的光束线站,采用超导Wiggler光源,X射线光子能量范围为50~150 keV,包含两个实验站:EH1位于实验大厅内,主要用于衍射和成像研究,已于2009年9月对用户开放;EH2位于实验大厅外,为大尺度工程和加工实验提供了空间,非常适合于分析金属等高密度材料,主要用于大型工业材料和航空发动机部件的原位研究。日本SPring-8光源,除直接标明产业应用的5条光束线外,产业部门自建光束线有4条以上,主要用于新药开发、光电材料开发、工程材料的结构、应力测量等;美国的APS、NSLS等光源也有多条高能光束线站用于材料研究,其中NSLS X17光束线包含5个实验站,实验方法包括高能衍射、散射等,主要研究领域为材料科学。

因此,在我国建设高能、高空间分辨及高时间分辨、具备高精度支撑平台、几种分析手段集中的工程束线以服务航空发动机材料研究、部件制备工艺研究和航空发动机部件服役安全性能评测的平台势在必行。

1.6 本书各章节的重点及要解决的主要问题

本书第2章主要解决大型铸件精密成型铸造工艺设计,包括从结构图到铸件图设计、铸件的浇注系统设计与优化。第3章主要基于蜡料物理性能测试和有限元模拟计算,获得大型复杂薄壁铸件蜡模制备工艺。第4章介绍型壳体系的选择、制备工艺方法、型壳的性能以及检测方法。第5章基于合金元素对熔体结构和热物理性能研究,优化合金成分;借助水力学模拟探讨铸件充型规律;采用同步辐射技术,再现铸件薄壁和变截面位置微观组织演化规律。第6章针对大型铸件铸造缺陷问题,首先介绍了大型铸件无损检测方法,并进行了无损检测优化;其次基于大型铸件本体解剖,构建了大型铸件缺陷的结构效应,建立了显微疏松缺陷和Laves相形成预测判据,提出了基于微观缺陷抑制的浇注系统优化原则;最后,对大型铸件补焊修复方法和修复工艺进行了介绍。第7章针对大型铸件的变形与尺寸超差问题,研究了蜡模制备、型壳制备、充型凝固及铸件热处理全过程综合误差的传递规律、多工艺参数稳健控制方法以及误差源检测与溯源技术,形成了面向成型精度控制的容差设计和工艺参数控制系统方法,并构建了大型铸件精密铸造系统中误差检测、评价、诊断及控制的技术体系,建立了大型铸件误差流仿真的新理论,提出了大型铸件误差的定量分析、工艺优化、精确检测和快速诊断等新技术和新方法。第8章针对薄壁复杂铸件成型问题,研制了高温合金调压铸造设备,研究了调压铸造工艺对薄壁充型与凝固组织的影响规律,并采用调压铸造方法试制了以高温合金浮动瓦片件为代表的超薄壁复杂铸件。

参考文献

[1] 涂冰怡,赵明,商体松,等.航空发动机先进结构与关键制造技术[J].航空制造技术,2014 (07):53-56.

[2] 谢锡善.我国高温材料的应用与发展[J].机械工程材料,2004(01):2-8.

[3] 黄卫东.新一代飞机和发动机对材料成型技术的挑战与对策.探索创新交流——中国航空学会青年科技论坛文集[C].2004.

[4] 李传政.熔模铸造[J].铸造设备研究,1984,2:73-75.

[5] 吕志刚.我国熔模精密铸造的历史回顾与发展展望[J].铸造,2012,61(4):347-356.

[6] Williams R, Richard H. Global investment casting market conditions beginning to stabilize after 2009 lows[J]. Incast, 2011, 1:8-9.

[7] 潘冬,许庆彦,柳百成.镍基高温合金熔模铸件凝固过程宏/微观多尺度模拟[J].中国有色金属学报,2010,20(2):329-338.

[8] 闫海,张以都,王宝昆,等.关于机匣类部件铸造毛坯变形的数值分析[J].军民两用技术与产品,2009(04):41-43.

[9] 张丹,张卫红,李付国.基于数值模拟的形状优化方法在冒口设计中的应用[J].铸造,2004,53(2):129-132.

[10] 薛祥,尹成明,周彼德,等.精密铸造三级动叶片缩松和缩孔缺陷的预测[J].铸造,2002,51(4):228-231.

[11] 李殿中,苏仕方,王君卿,等.缩孔缩松判据函数及其在 IN738 合金板类铸件中的应用[J].铸造,1998(06):13-17.

[12] Faraji M, Wright J P, Katgerman L. In-situ observation of the nucleation kinetics and the mechanism of grain refinement in Al-Si alloys (Part I)[J]. Materials Letters, 2010, 64 (9):1016-1018.

[13] Bogno A, Nguyen-Thi H, Reinhart G, et al. Growth and interaction of dendritic equiaxed grains: in situ characterization by synchrotron X-ray radiography [J]. Acta Materialia, 2012.

[14] Shuleshova O, Loser W, Holland-Moritz D, et al. Solidification and melting of high temperature materials: in situ observations by synchrotron radiation [J]. Journal of Materials Science, 2012, 47(11):4497-4513.

[15] Yasuda H, Nagira T, Yoshiya M, et al. In-situ observation of peritectic solidification in Sn-Cd and Fe-C alloys. In 3rd International Conference on Advances in Solidification Processes[C]. 2012, 27.

[16] Husseini N S, Kumah D P, Yi J Z, et al. Mapping single-crystal dendritic microstructure and defects in nickel-base superalloys with synchrotron radiation[J]. Acta Materialia, 2008, 56(17):4715-4723.

[17] Dong Q, Zhang J, Dong J, et al. Anaxial columnar dendrites in directional solidification of an Al-15 wt% Cu alloy[J]. Materials Letters, 2011, 65(21-22):3295-3297.

[18] Dong Q, Zhang J, Dong J F, et al. In situ observation of columnar-to-equiaxed transition in directional solidification using synchrotron X-radiation imaging technique[J]. Materials Science and Engineering A — Structural Materials Properties Microstructure and

Processing，2011，530：271-276.

[19] 胡壮麒，康亚俊，张济山，等. 微量元素对定向凝固 IN738 合金的影响 CDZ38G 合金的发展[J]. 材料工程，1992，(S1)：102-108.

[20] 曾建民，周尧和. 航空铸件成形新技术——调压精铸法[J]. 航空制造工程，1997，(10)：18-19.

[21] 李新雷，郝启堂，介万奇. 大型镁合金构件低压铸造成形装备技术[J]. 稀有金属材料与工程，2014，43(3)：703-706.

[22] 刘林，张军，沈军，等. 高温合金定向凝固技术研究进展[J]. 中国材料进展，2010，29(7)：1-9.

[23] 赵代平，荆涛，柳百成. 相场模型参数对枝晶形貌的影响[J]. 金属学报，2003，39(8)：813-816.

[24] 陈志，陈长乐，郝丽梅. 相场参数对强制流动下枝晶生长影响的模拟研究[J]. 稀有金属材料与工程，2009，(07)：1209-1213.

[25] 陈云，康秀红，李殿中. 自由枝晶生长相场模型的自适应有限元模拟[J]. 物理学报，2009，58(1)：390-398.

[26] 王智平，肖荣振，朱昌盛，等. Ni-Cu 二元合金定向凝固的相场法数值模拟[J]. 稀有金属材料与工程，2006，(S2)：369-373.

[27] Carlson K D, Beckermann C. Prediction of shrinkage pore volume fraction using a dimensionless *Niyama* criterion[J]. Metallurgical and Materials Transactions A，2009，40(1)：163-175.

[28] Nastac L, Stefanescu D M. Computational modeling of NbC/Laves formation in INCONEL 718 equiaxed castings[J]. Metallurgical and Materials Transactions A，1997，28(7)：1582-1587.

[29] Knorovsky G A, Cieslak M J, Headley T J, et al. Inconel 718：a solidification diagram[J]. Metallurgical Transactions A，1989，20(10)：2149-2158.

[30] Whitesell H S, Overfelt R A. Influence of solidification variables on the microstructure, macro segregation, and porosity of directional solidified Mar-M247[J]. Materials Science and Engineering A，2001，318(1-2)：264-276.

[31] Penya Y K, Bringas P G, Zabala A. Advanced fault prediction in high-precision foundry production. In 6th IEEE International Conference on Industrial Informatics[C]. 2008：1570-1575.

[32] 陈伟，李长春，李辉，等. 铸造工艺对一种铸造高温合金性能及其稳定性的影响[J]. 铸造，2005，(09)：871-874.

[33] 熊玉华，杨爱民，李培杰，等. 浇注温度和细化剂对 K4169 高温合金微观组织的影响[J]. 航空材料学报，2001，21(4)：5-8.

[34] 王玲，董建新，李传起. 冷速对 IN718 凝固过程中偏析和 Rayleigh 数的影响[J]. 北京科技大学学报，2007，29(12)：1222-1227.

[35] 汤鑫，刘发信，杨爱德，等. K417 合金细晶铸造热参数的研究[J]. 材料工程，1995，(07)：23-25.

[36] Bonilla W, Masood S H, Iovenitti P. An investigation of wax patterns for accuracy improvement in investment cast parts[J]. International Journal of Advanced Manufacturing Technology，2001，18(5)：348-356.

[37] Sabau A, Viswanathan S. Material properties for predicting wax pattern dimensions in investment casting[J]. Materials Science and Engineering, 2003, 362(1-2): 125-134.

[38] Song Y H, Yan Y N, Zhang R J, et al. Three dimensional non-linear coupled thermo-mechanical FEM analysis of the dimensional accuracy for casting dies in rapid tooling[J]. Finite Elements in Analysis and Design, 2001, 38(1): 79-91.

[39] Rafique M M A, Iqbal J. Modeling and simulation of heat transfer phenomena during investment casting[J]. International Journal of Heat and Mass Transfer, 2009, 52(7-8): 2132-2139.

[40] 林忠钦,来新民,金隼,等. 复杂产品制造精度控制的数字化方法及其发展趋势[J]. 机械工程学报,2013,49(6):103-113.

[41] Puncreobutr C, Lee P D, Hamilton R W, et al. Quantitative 3D characterization of solidification structure and defect evolution in Al alloys[J]. JOM, 2012, 64(1): 89-95.

[42] Korsunsky A M, Song X, Hofmann F, et al. Polycrystal deformation analysis by high energy synchrotron X-ray diffraction on the I 12 JEEP beamline at Diamond Light Source [J]. Materials Letters, 2010, 64(15): 1724-1727.

[43] Hofmann F, Song X, Jun T S, et al. High energy transmission micro-beam Laue synchrotron X-ray diffraction[J]. Materials Letters, 2010, 64(11): 1302-1305.

2 大型高温合金铸件精密成型工艺设计

2.1 概述

2.1.1 大型高温合金精铸件应用范围

航空发动机的性能优势是建立在精巧的连续回旋转子结构上的,其研制难点也围绕这一个核心展开。现代飞机不断提高的战术技术指标对航空发动机提出了越来越高的要求。高温、高压、高转速而又要求高可靠性、环保性、耐久性和维护性是其基本特点。在这些苛刻要求的推动下,航空发动机经过长时间的发展已经成为人类有史以来最复杂最精密的工业产品[1]。航空发动机是飞机机动性、可靠性、经济性和环境影响的决定因素,其性能的提高是飞机发展的基础。

高温合金广泛运用于航天航空领域,不仅可以用于制造发动机的涡轮盘、合金叶片及各种结构件,而且其大型结构铸件也大量运用于航空发动机,其中铸造高温合金是其主力。现代飞机发动机上超过30%(质量分数)的关键零部件由In718合金制成[2](国内相应合金牌号为K4169)。目前,中温服役、等轴晶高温合金铸件仍然应用量最大。随着科技的进步,航空工业正趋于高性能低成本方向发展,大型薄壁铸件代替拼装件的造价和性能上的优势使得其应用日益广泛[3]。随着航空工业的发展,航空发动机日渐趋于精巧而复杂,发动机零件上的多层薄壁、狭小内腔和深孔窄槽结构越来越多。

航空发动机中,以镍基高温合金后机匣为代表的大型精铸件承载着发动机的推力和振动载荷,其质量直接影响航空发动机性能、寿命和可靠性。此类铸件具有尺寸大、结构复杂、壁厚差大、薄壁面积大、尺寸精度要求高等特点。随着飞机性能不断提升,发动机推重比不断提高,关键热端部件的结构和材料也发生了巨大的变化,结构向整体、薄壁空心方向发展,要求使用的材料在具有更高承载能力的同时,还要有更好的力学性能和尺寸稳定性、更持久的使用性能和更低的成本。新的需求也推动了大型高温合金精铸件的快速发展。

2.1.2 国内外发展现状

熔模铸造最大的优点就是由于熔模铸件有着很高的尺寸精度和表面光洁度,

所以可减少机械加工工作量,只是在零件上要求较高的部位留少许加工余量即可,甚至某些铸件只留打磨、抛光余量,不必机械加工即可使用,是一种少余量或无余量加工技术。由此可见,采用熔模铸造方法可大量节省机床设备和加工工时,大幅度节约金属原材料。熔模铸造方法的另一优点是,它可以铸造各种合金的复杂铸件,特别是可以铸造高温合金铸件。如喷气式发动机机匣的支板,其流线型外廓与薄壁内腔,用机械加工工艺很难形成。用熔模铸造工艺生产不仅可以做到批量生产,保证了铸件的一致性,而且避免了机械加工后残留刀纹的应力集中。

国外在高温合金大型复杂薄壁结构件整体精铸技术领域已经形成了系列化技术[4-7]。美国 Hitchiner 公司、PCC 公司和 Howmet 公司为美国 GE 发动机铸造了一系列的大型薄壁整体铸件,其中的涡轮机用机匣铸件采用的材料为 Inconel718C 合金,最薄的截面厚度为 $1.25 \sim 1.75$ mm,轮廓尺寸达 1.93 m,浇铸重量达 $2\,040$ kg;除了薄壁大尺寸以外,铸件的一般线性尺寸公差是 CT4～CT6 级,特殊线性尺寸公差高的可达 CT3 级,而熔模铸件表面粗糙度值也越来越小,可达到 $R_a = 0.8$ μm。

进入 21 世纪以来,中国航空工业快速发展,各种先进飞机不断被研制出来,但形成鲜明对比的是中国航空发动机制造落后严重制约着飞机的发展。长期依赖于购买国外航空发动机对中国的国家战略安全形成了巨大的威胁,成为中国迫切需要解决的难题之一。

铸造技术是航空发动机制造的重要基础之一。但由于铸造过程的设计、控制及工艺流程往往依赖于经验判断,铸件的质量难以保证,废品率较高。受制于国外技术封锁,国内研究和生产单位认识到,先进技术是不能靠引进的,随着研制单位在技术方面稳步积累、持续创新改进,我们需要建立自主知识产权的大型复杂薄壁铸件精密铸造体系。

2.1.3 熔模精铸流程

熔模铸造是用熔模材料制成熔模模样件并组成模组,然后在模组表面涂敷多层耐火材料,待干燥固化后,将模组加热熔出模料,经高温焙烧后浇入金属液即得熔模铸件[8-10]。

常规的精铸过程包括:制压型→压制蜡模→制型壳→脱蜡→焙烧→浇注→清理→修磨→入库。

大型薄壁精铸件的铸造流程如图 2-1 所示,与常规的精铸过程基本相同,但是在具体工序中还是有特殊的地方。精铸流程按照工作场所的不同,大致可分为以下 4 个工部。

1) 制模(压蜡模、清理蜡模、检验蜡模、蜡模组合)
2) 制壳(涂料、脱蜡、焙烧)
3) 浇注(合料、浇注零件)

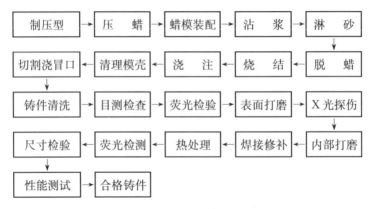

图 2-1　熔模精铸流程图

4) 清理与检验(清理模壳、切割、吹砂、打磨、检验)

采用熔模精密铸造方法,首先需要制备与所需铸件形状完全一致的蜡模。在制模之前,需要准备压型,即用于压制模样的型。一般用钢、铝合金等制成,小批量生产时可用易熔合金、环氧树脂、石膏等制成。蜡模形状由压型围成的内部空腔决定。根据铸件的复杂程度,压型可制成水平分型、垂直分型等。若蜡模有内腔或有难以脱模的外部几何特征,则需要制作型芯。型芯可以用钢、铝合金等金属制成,可反复多次使用,并且强度高,不易变形,易保证蜡模的尺寸精度。由于铸件的轻量化,产生了大量的空心薄壁结构的铸件。此类铸件多拥有结构复杂的内腔,无法脱模,只能采用水溶性型芯,简称水溶芯,其特点是遇水或酸化水溶解或溃散;更复杂细小的内腔还需要用到陶瓷芯,如空心叶片等内腔。在压蜡前,将型芯预先放入压型,使用压蜡机将融化的型蜡注入压型的空腔内,经保压冷却,即可得到需要的蜡模。传统的精铸难以铸造大型尺寸的铸件,原因之一是压蜡机吨位不够,无法一次成功压制整体蜡模。上海市先进高温材料及其精密成型重点实验室(隶属上海交通大学)等单位采用分体蜡模方式,将尺寸超过 1 000 mm 的蜡模分成 10 多块,分别制成蜡模分块,然后采用特定的工装,将 10 多块蜡模块组成整体的蜡模,成功地在 100 t 压蜡机上制作出符合要求的蜡模。

为了保证蜡模的尺寸精度,制模车间需要设在恒温的室内。

蜡模制成后,进入制壳工部,即制作熔模铸型。按使用黏结剂的不同,可分为硅酸乙酯黏结剂型壳、硅溶胶黏结剂型壳、硅酸乙酯-硅溶胶复合型壳。以上型壳生产的铸件表面粗糙度值小、尺寸精度高,但是原材料较贵,铸造费用高,所以适合应用于铸造高温合金铸件;由于水玻璃型壳铸出的铸件表面粗糙度值大,尺寸精度低,所以大型复杂薄壁铸件一般不使用水玻璃黏结剂型壳。

在熔模模组上,反复进行沾浆淋砂,即涂上黏结剂,然后在淋砂机内挂上耐火材料,待干燥后再涂上黏结剂,然后挂砂。为了保证模壳的质量,这个过程需要在恒温恒湿的车间内进行。以上过程进行十几次后,模壳将具有一定的强度。

将封浆并干燥后的模壳放入高压蒸汽脱蜡釜,在高温高压下,熔出熔模,即可得到单壳铸型。将型壳送入焙烧炉焙烧,经 1 000℃左右高温长时间焙烧后的型壳强度进一步提高,能够承受浇注时金属液的压力及冲刷。待焙烧完成,即可进行浇注。

浇注前,将称量好的母合金锭放入真空感应炉的坩埚中,抽真空,加热熔化。待金属熔体熔炼完成后,从焙烧炉中取出高温模壳,迅速转移到真空炉中将高温金属液在重力作用下注入模壳空腔,随后解除真空,将铸件连同模壳一起取出,在室温下冷却。

浇注完成后,大型薄壁高温合金精铸件的清理与检验要比常规精铸件多出更多步骤,也更加复杂。在清理模壳、切割浇冒口后,进行目测检查,工艺孔补焊、打磨、X 射线、荧光检验。若存在铸造缺陷,将缺陷部位挖除后,进行焊补,再热处理,然后继续 X 射线、荧光检验,直至没有任何铸造缺陷。有些铸件还需要进行热等静压处理。

热等静压处理就是根据帕斯卡原理,在高压密封容器内以高纯氩气为介质对装入其内的铸件在高温下施以各向均等的静压力从而使铸件内部的孔穴压合而成为致密铸件。实验表明,经过热等静压的高温铸件其力学性能,尤其是疲劳性能有较显著提高。

综上所述,大型薄壁精铸件的生产流程长,工艺过程复杂,工序繁多,质量影响因素很多,给控性和控形带来巨大的挑战,尤其是控形问题,误差在压型的制造、制模、制壳、浇注、清理过程中均会产生并累积,压型、蜡模、模壳以及母合金材料均会影响到最终的收缩率,所以生产中必须对材料及工艺严格控制。

2.2　大型复杂薄壁件熔模精铸浇冒口系统的作用与设计原则

为了保证铸件生产的高效率,低成本及质量稳定,须对浇注及凝固过程进行有效控制。即保证洁净的金属液在铸型型腔中无湍流地快速充填的同时,实现由铸件至冒口方向的顺序凝固。从充型和凝固的角度考虑,机匣类大型铸件面临的主要问题是如何针对其复杂的结构特征进行充填方式和凝固顺序的工艺设计。后机匣铸件中的复杂结构主要可以分解为两类,即大面积薄壁和变截面结构。在充型过程中,由于型腔狭窄,大面积薄壁可能出现充型不完整的问题;另一方面,型腔截面发生突变可能引起熔体流动的紊乱,导致气泡卷入等问题,影响充填的稳定性和铸件的致密性。在凝固过程中,大面积薄壁结构相对于厚壁具有更大的冷却速度,而型腔厚度的突变对于枝晶生长方向及稳定性也有重要影响。这些因素给机匣类大型铸件获得均衡凝固组织带来较大的难度。

2.2.1　大型薄壁铸件临界尺寸

合金液体在充型过程中,铸件结构带来的阻力主要是摩擦阻力和表面张力。

表面张力是流体内分子吸引力的作用结果,它是物质本身的特性,与温度和相界面间的物质性质相关。在处理薄壁间的流动过程时,必须考虑表面张力所引起的附加压力。

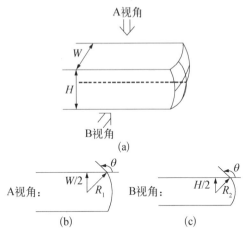

图 2-2　曲率半径和铸型尺寸的关系图

(a) 选取两个视角的铸型　(b) A 视角的曲率半径与尺寸的关系　(c) B 视角的曲率半径与尺寸的关系

根据 Young-Laplace 方程[11]:

$$\Delta p = \sigma\left(\frac{1}{R_1} + \frac{1}{R_2}\right) \quad (2-1)$$

式中:σ 是表面张力,R_1,R_2 是流体液面曲率半径。曲率半径和铸型尺寸的关系如图 2-2 所示。

在这里假设:① 液流与顶部平板的润湿角等于液流与平板侧面的润湿角;② 在整个充型过程中,润湿角假定是不变的,而实际上润湿角是和充型速率以及升液管压力有关。

由上面得出:

$$R_1 = -\frac{W}{2\cos\theta} \qquad R_2 = -\frac{H}{2\cos\theta} \qquad (2-2)$$

式中:W 和 H 分别指流道的宽和壁厚,θ 为润湿角。

联合式(2-1)和式(2-2),得到

$$p = -2\sigma\cos\theta\left(\frac{1}{W} + \frac{1}{H}\right) \qquad (2-3)$$

如果假设合金液体与型腔壁面完全不润湿,此时拉普拉斯力可简写为

$$p = -2\sigma\left(\frac{1}{W} + \frac{1}{H}\right) \qquad (2-4)$$

流体抵抗剪切变形的性质,称为黏性。流体做均匀流动时,由于黏性作用,过流断面上的流速分布并不均匀,相邻两流层间存在相对运动,从而使流体流层之间及流体与边界之间存在切应力(摩擦力),形成流动阻力。这种在均匀流段上产生的流动阻力称为沿程阻力或摩擦阻力。

对于平行平板的流道,流动摩擦压降计算式为

$$\Delta p = 12L\mu\bar{v}/H^2 \qquad (2-5)$$

式中:Δp 为流体摩擦压降;L 为流道长度;μ 为流体动力黏度;$\bar{v}$ 为平行流道中的平均流速;H 为平板间距。

对于薄壁铸件，韦伯 We 准则（表面张力）为主要准则，弗劳德 Fr 准则为次要准则。因此可将 $We/Fr=1$ 对应的壁厚称为临界壁厚。

$$临界壁厚 \delta_{\mathrm{c}} = \sqrt{\frac{\sigma}{\rho g}} \qquad (2-6)$$

式中：σ 为合金表面张力；ρ 为密度；g 为重力加速度。

在 1 500℃时镍基高温合金 K4169 的各项取值为

$$\sigma = 1.75\,\mathrm{N/m},\ g = 9.81\,\mathrm{m/s^2},\ \rho = 7\,210\,\mathrm{kg/m^3}$$

则得到

$$\delta_{\mathrm{c}} \approx 4.9\,\mathrm{mm}。 \qquad (2-7)$$

即对于镍基高温合金，当壁厚小于 4.9 mm，即可看做是薄壁铸件。

对于大型薄壁铸件，雷诺 Re 准则发展成为主要准则，即黏滞力成为阻碍流体的最大阻力。

$$\frac{黏滞力}{表面张力} = \frac{12L\mu\bar{v}/H^2}{2\sigma\left(\dfrac{1}{W} + \dfrac{1}{H}\right)} = \frac{6L\mu\bar{v}\,W}{\sigma H(W+H)} > 1 \qquad (2-8)$$

$$\frac{LW}{H(W+H)} > \frac{\sigma}{6\mu\bar{v}} \qquad (2-9)$$

式中：μ 为动力黏度，$\bar{v}$ 为平行流道中的平均流速。

由式（2-9）可知，当平板厚度满足薄壁铸件条件时，平板宽度对流态变化影响很小，因此可以将大型薄壁看做是已充填路径（平板长度）与特征结构尺寸（平板厚度）比值之间的关系。

镍基高温合金在 1 500℃时，$\mu = 6.75\,\mathrm{mPa \cdot s}$，$\sigma = 1.75\,\mathrm{N/m}$，取 $\bar{v} = 0.2\,\mathrm{m/s}$，平板间距 $H = 1\,\mathrm{mm}$，平板宽度 $W = 200\,\mathrm{mm}$ 时，得到

$$L > 0.217\,\mathrm{m} \qquad (2-10)$$

即对于镍基高温合金在壁厚满足薄壁条件的基础下，宽度为 200 mm，长度为 217 mm，厚度为 1 mm 的平板可看做大型薄壁铸件，如表 2-1 所示。

表 2-1　镍基高温合金大面积薄壁特征尺寸

平板厚度/mm	平板宽度/mm	充型速度/(m/s)	临界长度/mm
$H = 1$	$W = 200$	0.2	217
$H = 2$	$W = 200$	0.2	436

2.2.2　铸件设计与并行工程

当前,计算机凭借其强大的计算能力、图形处理能力和存储能力等突出优点,已经成为制造业不可或缺的先进工具。铸造业已经普遍采用计算机辅助设计(CAD)、计算机辅助工程(CAE)、计算机辅助加工(CAM)等技术。

熔模精密铸造生产具有许多优点,但其同时具有工序多,工艺过程复杂,生产周期长,铸件质量影响因素较多等缺点。这在一定程度上制约了精密铸造的应用和发展。随着计算机技术的快速发展,计算机技术在精铸中的应用,从精铸件的结构设计、工艺制定到压型设计与制造、蜡模成型、型壳制造、型芯的制造等,给精铸件的生产带来了巨大变革。

1) 数值模拟技术在熔模精铸件结构设计及工艺制定中的应用

熔模铸件向更轻、薄及精整化方向发展,近年来提出了净形或近净形化铸造,以发挥熔模铸造的优势,满足现代工业对高质量零件的需求。这就要求熔模精铸件的结构更加合理,制定的工艺方案更加优化,对精铸技术提出了越来越高的要求。

传统的精铸件生产工艺,包括以下 5 个步骤。

(1) 铸件用户给铸造厂下达设计蓝图。

(2) 铸造厂作预算并从利于生产和降低成本的角度对设计提出改进意见。

(3) 铸造厂设计铸造工艺装备。

(4) 铸造厂向模具车间或造型车间下达工装图纸。

(5) 浇注铸件,铸件检验。

在铸件结构设计、压型设计、注蜡工艺参数制定、浇注系统等过程,传统的生产主要依靠工程技术人员的实际工作经验,缺乏科学的理论依据。特别对于复杂件和重要件,生产中往往要反复地修改铸件结构、压型或铸造工艺方案来达到最终的技术要求。

CAE 仿真分析软件的应用,部分取代了物理试验。CAE 仿真技术已经逐步深入到产品开发、性能仿真、制造工艺和生产管理等各个环节。CAE 仿真技术不仅给产品开发提供了结构强度、轻量化设计、运动学校核、疲劳寿命和碰撞安全等全生命周期的有效保障,同时也大大降低了传统产品开发的试验费用和时间,节省了企业产品开发的成本。

计算机具有强大的计算能力和图形处理能力,能将数值分析技术、数据库技术、可视化技术与经典传热、流动和凝固理论相结合,通过模拟铸件充型、凝固及冷却,分析精密铸造过程的流场、温度场和应力场,预测铸件组织和铸造缺陷,如冷隔、缩孔、热裂和变形等。因此可以利用计算机技术对铸件的结构工艺性、铸造工艺进行模拟,为技术人员合理设计铸件结构和工艺方案提供有效依据,避免传统的依靠经验进行结构设计和工艺制定的盲目性,缩短生产准备周期,节约试制成本。

2) 并行工程在精铸业中的应用

计算机技术的不断发展和普及,并行工程在精铸业中的应用将会逐渐广泛,将成为精铸业未来的发展趋势。

并行工程就是将精铸件用户与精铸厂之间建立起紧密联系的电子数据通信机制,使用户和铸造厂之间进行并行的产品和工艺设计。用户通过网络向铸造厂下达精铸件的电子化模型图,铸造工程师可从计算机屏幕中看到所生产零件的三维图像,确定几组工艺方案后在计算机上进行工艺方案的数值模拟,显示出不同工艺条件下可能存在的问题,如热裂、缩孔等,铸造工程师再迅速将有缺陷的电子化模型数据文件传递给用户和设计师,以便做出改进而获得高质量铸件。同样,压型、熔模、型壳制造的过程也可以实现并行,这样铸造厂越早介入产品研发,就可以更大程度地缩短研制、开发生产周期,事半功倍,降低成本,提高产品的市场竞争力[12]。

3) 计算机技术在精铸过程中的应用范围

计算机在精铸业中的应用,克服了精铸生产过程的缺点,使得精铸生产技术更加灵活,适应性更强,更适应现代工业对铸件快速、优质、复杂的要求。

（1）计算机技术数值模拟技术在熔模精铸件结构设计及工艺制定中的应用,为技术人员设计较合理的铸件结构和确定合理的工艺方案提供了有效的依据。

（2）快速样件制造技术在压型及熔模制造中的应用,使压型和熔模制造周期大为缩短。

（3）用3D打印技术直接制造型壳,较传统制壳显著减少制壳过程所用时间。

（4）利用计算机控制激光制作陶瓷型芯,可以生产出复杂的陶瓷型芯。

随着计算机技术的不断发展和普及,并行工程和集成技术在精铸业中的应用将会逐渐广泛,将成为精铸业未来的发展趋势。

2.2.3 浇注系统设计原则

对于大型复杂薄壁高温精铸件的铸造方法的选择,由于离心铸造存在的一些问题,如易导致成分偏析等,其应用逐步减少。而重力铸造方法应用日趋广泛,本文主要讨论重力铸造条件下浇注系统的基本设计原则。

1) 浇注位置的确定

确定浇注位置时应考虑以下原则：① 铸件的重要部分应尽量置于下部；② 重要加工面应朝下或呈直立状态；③ 使铸件的大平面朝下,避免夹砂结疤类缺陷。对于大的平板类铸件,可采用倾斜浇注,以便增大金属液面的上升速度,防止夹砂结疤类缺陷。倾斜浇注时,依铸型大小,浇注系统总压头 H 值一般控制在 $200\sim 400$ mm 范围内；④ 应保证铸件能充满。对具有薄壁部分的铸件,应把薄壁部分放在下半部或置于内浇道以下,以免出现浇不到、冷隔等缺陷；⑤ 应有利于铸件的补缩；⑥ 避免用冷铁等激冷方法,冷铁在精铸过程中极难放置；⑦ 应使浇注位置和铸件冷却位置相一致,避免浇注后再次翻转铸型。

2) 分型面的选择

对于熔模精铸,采用整体模壳浇注,不存在分型的问题。但是在制作蜡模时,仍需分型面。分型面是指两半压型相互接触的表面。分型面一般在确定蜡模压射位置后再选择。分型面的优劣,在很大程度上影响蜡模的尺寸精度、成本和生产率,应仔细分析、对比、慎重选择。分型面的选择原则如下:① 应使蜡模全部或大部分置于同一半型内;② 应尽量减少分型面的数目,分型面数目少,蜡模精度易保证,且压型数目少;③ 分型面尽量选用平面;平直分型面可简化压型制造难度,易于保证蜡模精度;④ 便于下芯、合型和检查型腔尺寸;⑤ 不使压型过高;分型面通常选在蜡模最大截面上,以使压型不致过高。

3) 浇注系统设计的基本原则

浇注系统设计一般应遵循以下原则:① 引导金属液平稳、连续地充型,避免由于湍流过于强烈而造成夹卷空气、冲刷型芯,产生金属氧化物夹杂和模壳碎屑;② 充型过程中的流动方向和速度可控,保证铸件轮廓清晰、完整;③ 在合适的时间内充满型腔,具有挡渣、溢渣能力,净化金属液;④ 调节铸型内的温度分布,有利于强化铸件补缩、减少铸造应力、防止铸件出现变形、裂纹等缺陷。

4) 浇注系统的类型[13]

浇注系统类型的选择是正确设计浇注系统的重要问题之一。它与铸件的合金成分、结构、大小、技术要求和生产要求有关。

(1) 按液态金属导入铸件型腔的位置分类。

a. 顶注式(又称上注式)浇注系统。以浇注位置为基准,金属液从铸件型腔顶部引入的浇注系统称为顶注式浇注系统。

顶注式浇注系统具有以下优点:液态金属从铸型型腔顶部引入,在浇注和凝固过程中,铸件上部的温度高于下部,有利于自下而上顺序凝固,能够有效地发挥顶部冒口的补缩作用;液流流量大,充型时间短,充型能力强;浇注系统和冒口消耗金属少,浇注系统易于切割清理。

顶注式浇注系统最大的缺点是,液态金属进入型腔是从高处落下,对铸型冲击大,容易导致液态金属的飞溅、氧化和卷入气体,形成氧化夹渣和气孔缺陷。

顶注式浇注系统适于质量不大、高度不高、形状简单的中小铸件。

b. 底注式(又称下注式)。浇注系统的内浇口设在铸件底部的称为底注式浇注系统。

其优点为:合金液从下部充填型腔,流动平稳;无论浇道比多大,横浇道基本处于充满状态,有利于挡渣。

这种浇注系统的缺点为:充型后铸件的温度分布不利于自下而上的顺序凝固,削弱了顶部冒口的补缩作用;铸件底部尤其是内浇口附近容易过热,使铸件易产生缩松、缩孔、晶粒粗大等缺陷;充型能力较差,对大型薄壁铸件容易产生冷隔和浇不足的缺陷;金属消耗量大。底注式浇注系统的这些缺点,通过有关工艺措施可加以解决,例如采用快浇和分散的多浇道、用发热冒口等措施。

底注式浇注系统广泛应用于铝镁合金等有色铸件的生产,也适用于形状复杂要求高的各种黑色铸件。

c. 中注式浇注系统。

这种浇注系统的液态金属引入位置介于顶注式与底注式之间,其优点、缺点也介于顶注式与底注式之间。它普遍应用于高度不大、水平尺寸较大的中小型铸件。在铸件质量要求较高时,应控制合金液的下落高度即下半型腔的深度。

d. 阶梯式浇注系统。在铸件不同高度上开设多层内浇道的称为阶梯式浇注系统。

结构设计合理的阶梯式浇注系统具有以下优点:金属液自下而上充型;充型平稳;型腔内气体排出顺利;充型后上部金属液温度高于下部,有利于顺序凝固和冒口的补缩,充型能力强,易避免冷隔和浇不足等铸造缺陷。另外,利用多内浇道,可减轻内浇口附近的局部过热现象。

阶梯式浇注的主要缺点是:要求正确的计算和结构设计,否则,容易出现金属液同时从上下各层内浇口进入型腔的混乱流动现象,或底层进入金属液过多,形成下部温度高的不理想的温度分布。阶梯式浇注系统,广泛应用于高度大的大中型铸钢件、铸铁件的浇注。

(2) 按浇注系统各单元截面面积比例分类。

浇注系统按直浇道、横浇道、内浇道截面面积的比例关系,可分为封闭式、开放式和半封闭式 3 种。

a. 封闭式浇注系统。

直浇道、横浇道和内浇道的截面面积依次缩小(即 $A_直 > A_横 > A_内$)的浇注系统称为封闭式浇注系统。液态金属在这种浇注系统中流动时,由于浇道截面积越来越小,流速越来越大,从内浇道进入型腔的液流流速很大,对型腔产生冲击,易引起喷溅和剧烈氧化。但此种浇注系统在充型的最初阶段直至整个充型过程,直浇道都保持充满状态,金属液中的渣子易于上浮到浇道上部,避免进入型腔。此外,这种浇注系统所占体积较小,可减小合金的消耗。

b. 开放式浇注系统。

直浇道、横浇道和内浇道截面积依次扩大的浇注系统(即 $A_直 < A_横 < A_内$)称为开放式浇注系统。开放式浇注系统的特点和封闭式相反,其主要优点是金属液在横浇道和内浇道中流速较慢,在进入型腔时流动平稳。不足之处是横浇道在充填初期不易充满,在开始阶段浮渣作用较差。

c. 半封闭式浇注系统。

$A_直 < A_内 < A_横$ 的浇注系统称为半封闭式浇注系统。其优缺点介于开放式和封闭式之间,液流比较平稳,充型能力和挡渣能力比较好,适合于一般小型、结构简

单铸件。

在浇注系统设计中,其浇道比对铸件质量有较大的影响,所以正确选择浇道比也是浇注系统设计中一个重要内容。

在生产实践中,浇道比的选择已积累了不少经验,也有不少专著文献。但由于铸件结构、生产工艺等具体条件不同,很难归纳出一个行之有效、简单易行的确定方法。

5) 浇注系统各基本单元的尺寸结构设计

在浇注系统的类型和引入位置确定以后,就可进一步确定浇注系统各基本单元的尺寸结构。传统大都采用水力学近似或经验公式计算出浇注系统的最小截面面积(即阻流截面),再根据铸件的结构特点、几何形状等确定浇道比,最后确定各单元的尺寸和结构。应用计算机技术后,用模拟仿真检验各单元的尺寸和结构并优化。

(1) 按流体力学公式计算浇注系统最小截面面积。

以流体力学为基础的计算方法,是把合金液视作普通流体,浇注系统视为通道,对于半扩张式浇注系统,其最小截面面积为直浇道底部的横截面面积。如果以浇口杯中的合金液面为一端,直浇道出口处为另一端,在两个断面之间应用伯努利方程则可推导出计算浇注系统最小断面积的公式为

$$A_{\min} = G/0.043\,3\gamma\tau\mu\sqrt{H_p} \qquad (2-11)$$

式中: G 为名义充填铸型的液体金属质量(kg), A 为直浇道出口处的截面积(cm^2), μ 为流量消耗系数, τ 为浇注时间(s), γ 为液体金属的密度(g/cm^3), H_p 为平均计算静压头(cm)。

对于封闭式浇注系统,其最小截面面积为内浇道的截面面积,用伯努利方程也可推导得到以上计算公式。按此公式确定式中各因素数值,即可算出浇注系统的最小截面积。

在确定了参数之后,就可用上式求出浇注系统的最小截面积(比如计算收缩式浇注系统,最小截面积应是内浇道出口处的截面积),再按浇注系统类型,明确最小截面积位于直浇道、横浇道还是内浇道,这样就把最小截面积和浇注系统的某个组元关联,再根据合适的浇口比($A_{直} : A_{横} : A_{内}$),就可以把直浇道、横浇道和内浇道的截面积全部计算出来,即可初步确定浇注系统的具体尺寸。由于在最初计算时预定的 G 、 r 的数值是估算值,并且各单元断面积的实际比例与选定的也有出入,所以计算结果还需经过实验计算和调查。

(2) 截面比设计法。

实践证明,对于易氧化的合金铸件,内浇道的位置、数量、形状和大小对铸件质量影响很大,采用上述方法,有时不能满足实际生产要求。因此,在生产实践的基础上成功地总结出利用"反推法"来确定浇注系统元的尺寸。

所谓"反推法",就是根据铸件的具体生产工艺、首先确定内浇道量及其截面积的大小,然后根据内浇道的总截面积和已选定的浇道比,再确定单元的尺寸和结构,其具体步骤如下:

a. 根据铸件结构特点,选择浇注系统的类型和结构形式。

b. 根据合金种类、铸件结构特点和生产工艺等具体情况,凭经验确定内浇道量和总截面积。一般都根据现场生产经验数据,通过归纳和总结,制订出表式,供设计同类铸件的浇注系统时选用。

c. 根据与内浇道相连接的铸件壁厚,选择内浇道的厚度、宽度和长度。

d. 根据铸件特点选择浇道比,确定横浇道、直浇道等各单元的尺寸。

6) 冒口尺寸设计

冒口尺寸采用模数法计算。

铸件的凝固时间取决于铸件的体积与传热表面积的比值,其比值称为凝固系数,简称模数。用式(2-12)表示。

$$M = V/A \qquad (2-12)$$

式中:M 为模数,V 为体积,A 为传热表面积。

为了使铸件和冒口凝固时达到顺序凝固的条件,则冒口的模数 M 必须大于铸件被补缩部位的模数。在真空浇注条件下,由于缺少大气压力,冒口的补缩只是依靠金属的重力进行。因此,在真空条件下,冒口的模数应当是被补缩部位铸件模数的 1.5 倍以上。

2.3 生产装备

根据高温合金的熔炼特点,需要在真空条件下熔炼,所以真空炉是必需装备。根据经验,金属液的浇注重量为铸件重量的 4 倍以上,所以对于 100 kg 的铸件,需要 400 kg 以上的熔炼炉。针对大型复杂薄壁结构件整体精铸特点,大型铸件直径超过 1 000 mm,加上模壳厚度以及适当的操作间隙,浆桶及脱蜡釜的直径应超过 1 500 mm。沾浆淋砂时还需要机械手抓取蜡模组合在浆桶里沾浆并放置到淋砂机内淋砂,根据铸件大小,机械手的有效载荷需要在 500 kg 以上,尤其是沾淋背层砂的机械手;若采用手工撒砂,工人劳动强度大,还存在模壳不均匀,并且重复性难以保证的问题,难以保证大型精密铸件的模壳质量。另外,对于分体制备蜡模而言,需要 100 t 的压蜡机,可参考美国 MPI 公司的 MPI51660 型压蜡机的参数,而压制整体蜡模,则需要更大的压蜡机。

大型复杂薄壁结构件整体精铸必需的装备如下。浇注设备:500 kg 及以上真空感应电炉。浆桶:直径 1 500 mm 及以上,至少需要面层浆桶与背层浆桶各一个。脱蜡釜:直径 1 500 mm 及以上。压蜡机:锁模力 100 t 及以上。焙烧炉:炉口宽度 1 700 mm 及以上。

2.4　工艺设计

大尺寸薄壁复杂结构铸件的铸造工艺设计需要充分考虑其特点。薄壁铸件在充型过程中具有熔体热传输快,液位上升速度快,流动过程中表面张力造成的阻力大等特点;凝固过程中具有熔体凝固速度快,枝晶网络形成时间与补缩时间窗口窄,最远处熔体温降大等特点,如图2-3所示。

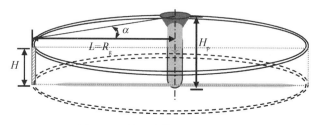

图2-3　大尺寸薄壁件凝固过程

为保证最边缘薄壁结构充填完整、补缩完全,通过同步辐射原位实时研究特征结构处的凝固特性与铸造参数之间的对应关系,在原有的基于浇口设计的铸造工艺基础上,设计适合薄壁铸件的工艺参数。

假设熔体浇入型腔后,沿内浇道和型腔成层流前进,浇注前模壳的温度各点相同。熔体流过模壳后,高温熔体与模壳形成热交换,很短时间内模壳表层与熔体的温度趋于一致。由于模壳导热率较低,而且浇注速度较快,假定尚未和熔体接触的模壳保持原温度不变。

薄壁处的凝固顺序:熔体充满型腔后开始凝固,局部不会形成定向凝固,整体底部温度低于顶部。

根据浇注过程、熔体在流动路线上的温度变化,可以用来分析最远端薄壁处的熔体温度变化情况。

浇口到最远薄壁的流动距离设为 L,充填高度为 H。铸件的回转半径设为 R_g,如果铸件为回转体,则 $L \geqslant R_g$,为简便起见,设 $L = R_g$。K_M 为模壳与熔体间的导热系数,K_m 为熔体本身的导热系数。

假设,模壳起始温度为 T_M,等和熔体接触后,模壳温度与熔体温度 $T(x)$ 相同。则单位质量的熔体从浇口流到最终的薄壁位置,其温度在不同径向位置时的分布如式(2-13)所示。

$$T_0 - x\frac{\mathrm{d}T}{\mathrm{d}x} = T(x),\ x = L,\ T(x) = T_t \qquad (2-13)$$

其在流动到最终位置时的散热情况如下:

$$(T_0 - T_t) \cdot C = \frac{L}{v} \cdot K(T_0 - T_M) \qquad (2-14)$$

式中：L 为熔体的流动距离；v 是熔体在型腔中自由液面条件下的流动速度。S_g 为内浇口总面积，单位时间内浇注质量为 m，则

$$v = \sqrt{2gH_p} \qquad\qquad (2-15)$$

同时，$v = \dfrac{m}{S_g \cdot g}$

假设熔体流动过程中始终保持为层流状态，在流动过程中单位熔体单位时间内的热量守恒状态为

$$C\frac{\mathrm{d}T}{\mathrm{d}x} = K_M(T_0 - T(x)) - K_m\frac{\mathrm{d}T}{\mathrm{d}x} \qquad\qquad (2-16)$$

左边项为单位体积单位质量的熔体热量的散失，右边第一项为熔体向模壳传出的热量，第二项为单位体积单位质量的温度较高的熔体单元向本熔体单元传入的热量。联立上述 3 个算式，可以得到 T_t。

当熔体流动到型腔最终的位置时，熔体经降温后的温度必须保证能完整充填。根据试验数据拟合的公式：

$$t_{2\,\mathrm{mm}} = 3.143\,12\times10^{-9}\times T_t^{3.303\,19} \qquad\qquad (2-17)$$

由式（2-17）可以设定枝晶网络形成时间：即熔体全部充满后到枝晶网络形成的时间，根据零件尺寸和形状的特性，可以设定 $t_{2\,\mathrm{mm}}$。为保证铸件的晶粒尺寸，尽量降低浇注温度。

至此，可以根据设定的枝晶网络形成时间，推出熔体温度 T_t，并根据此温度，推算出浇注速度与模壳和浇注温度，以及直浇道的高度。

上述设计的准确性建立在枝晶网络形成时间的原位、实时监测数据基础上，以及相关假设之上。实际浇注数据与原位分析表明，该设计参数具有一定的参考价值。

2.4.1 大型复杂薄壁铸件的重力铸造工艺方案设计

高温合金熔模铸造最常用的浇注方法是重力浇注，可以分为从熔炼炉直接浇注和翻转炉浇注两种。目前大多数高温合金铸件都是在真空感应炉内直接浇注。高温合金铸件质量的好坏，除母合金质量必须符合要求外，主要取决于浇注工艺参数的合理应用，见图 2-4。

1）大型复杂薄壁铸件高温合金重力铸造浇注系统设计

后机匣类零件如示意图所示尺寸大、结构复杂，壁厚薄，是典型的大型复杂薄壁铸件。根据后机匣的结构特点，截面突变且为大面积薄壁件，充型较为困难，所以在设计时采用底注式开放浇道。同时，为了利于补缩，设置上层浇道，将后期的金属液直接导入冒口。

（1）金属液上升速度确定。

a. 浇注时间。

图 2-4 后机匣铸件实体图

铸型完成充填的时间就是浇注时间,它是浇注系统设计的一个重要技术指标。浇注时间越长,所需浇注温度就越高。但浇注时间太短,又会在型腔中造成涡流,产生铸造缺陷。因此,任一铸件都存在一个最优的浇注时间。

浇注时间取决于铸造合金种类、铸件复杂程度、截面厚度和尺寸大小。铸件的浇注时间一般采用经验公式计算,建立在各铸造生产单位和实验研究人员的实践经验基础上,很难由理论推导出来。

由于铸件厚度在很大程度上受铸件表面积和铸件体积之比的影响,所以在计算最优浇注时间时,除考虑铸件自身重量外,铸件厚度也是一个重要参数。通常在考虑铸件重量时,浇注系统尚未设计完全,另外,有观点认为金属液在开始进入型腔前,浇注系统已经完全充满,所以一般不考虑将浇注系统重量计算在内。但如果铸件浇注系统尺寸和实际铸件尺寸相差不大,则在计算浇注时间时需要考虑将浇注系统重量包括在内。

对于浇注质量小于等于 450 kg 的复杂薄壁铸件

$$t = K_1 \sqrt[3]{W} \tag{2-18}$$

式中: t 是浇注时间,单位为 s; W 是铸件连同浇道与冒口的重量,单位为 kg; K_1 是常数。

表 2-2 不同壁厚铸件 K_1 的推荐值

δ/mm	K_1
1.5～2.5	1.62
2.5～3.5	1.68
3.5～8.0	1.85
8.0～15.0	2.20

b. 金属液在型腔中的上升速度。

金属液的充型速度与铸件质量关系极大,充型速度太快和太慢,都会影响铸件质量。充型速度太快,合金液进入型腔时势必出现冲击喷溅和滞流现象,造成铸件的氧化夹渣和气孔缺陷;反之,充型速度太慢,则铸件容易产生冷隔和欠铸等缺陷,尤其是充型困难的大型薄壁结构件。因此要求金属液在充型的过程中要有足够的充型速度和足够的金属液流量。其表示为

$$V = c/t \tag{2-19}$$

式中:c 为铸件的浇注高度,单位为 mm,t 为铸件浇注时间,单位为 s。

一般大型铸件的浇注时间应符合表 2-3。

表 2-3 最小上升速度与铸件壁厚的关系

铸件壁厚/mm	<4	4~10	10~40	>40
最小速度值/(mm/s)	30~100	20~30	10~20	8~10

(2) 平均压头 H_P 的确定。

平均压力头一般由公式(2-20)确定:

$$H_P = H_o - \frac{P^2}{2C} \tag{2-20}$$

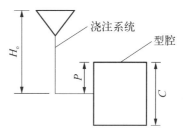

图 2-5 平均压力头计算公式中各物理量示意图

式中:H_P 为平均计算压力头,单位为 mm;H_o 为阻流截面以上的金属压力,单位为 mm;P 为阻流截面以上的型腔高度,单位为 mm;C 为铸件在浇注位置总高,单位为 mm。

从图 2-5 中容易得到:

对于底注式:$P = C$,故,$H_P = H_o - \dfrac{P}{2}$;

对于顶注式:$P = 0$,故,$H_P = H_o$。

实践表明,直浇道过低使充型及液体补缩压力不足,易出现铸件棱角和轮廓不清晰、浇不到、上表面缩凹等缺陷。尤其是对高温合金大型铸件,金属液体要保持有足够的残余压力头 H_M,这样在金属凝固过程中可以得到来自浇口杯、直浇道液体的有效补缩。由于高温合金铸件浇注是在真空状态下进行的,因此残余压力头应当有足够的高度。下式是金属液残余压力头与压力角之间的关系:

$$H_M = L \cdot \tan\alpha \tag{2-21}$$

见图 2-3 示意图。式中:L 为铸件最远点至直浇道中心线的水平距离,单位为 mm;α 为压力角,单位为°。

由于在真空状态下,金属凝固过程中需要得到的补缩能量主要来自液态金属的重力势能。因此,对于表 2-4 中压力角的选取要适当放大,在真空状态下应当取表中压力角的 1.5 倍。

表 2-4　压力角选取与铸件尺寸的关系

铸件壁厚/mm	3～5	5～8
L/mm	压力角	
600	13～14	9～10
800	12～13	9～10
1 000	11～12	9～10

2) 高温合金浇注参数的影响

(1) 浇注温度的影响。

浇注温度对铸造高温合金铸件的树枝晶和晶粒尺寸、疏松以及 $\gamma+\gamma'$ 共晶组织的尺寸和数量均有明显影响。高温合金铸造的浇注温度通常选择在其液相线温度以上 100～150℃。浇注温度太低,铸件成型不好,会产生欠铸或冷隔,形成疏松。但浇注温度过高,会导致树枝晶粗大,晶粒尺寸明显增大,$\gamma+\gamma'$ 共晶组织粗大,疏松严重。而且由于浇注温度高,铸件偏析严重。对于大型复杂薄壁后机匣,浇注温度的影响更复杂,因为后机匣有很多截面突变结构,较高的浇注温度,厚截面往往容易产生疏松和较严重的偏析,而较低的浇注温度,薄截面处疏松严重。因此,通过实验选择合适的浇注温度是非常重要的。

(2) 浇注速度的影响。

浇注速度对铸件质量有明显影响,浇注速度太慢,容易出现浇不足、冷隔和激冷晶粒等缺陷;如果浇注速度过快,熔体容易冲出浇口杯。浇注速度较快,有利于铸件成型,但容易卷入气泡和夹杂。合适的浇注速度应该是:对于厚大铸件或底注式浇注系统,应采用浇注速度先快后慢,使浇口杯中有一定高温合金液体,从而有利于减少铸件缩孔和缩松;对于薄壁的小型铸件,浇注速度应以先慢后快较好,这样有利于减少气孔和夹杂等缺陷。高温合金的浇注速度,如果需要陶瓷过滤器浇注,一般控制浇注速度使内浇口流量控制在 0.9 kg/s 左右;如果不需要过滤,则浇注速度可以慢一些,一般为 0.6 kg/s 左右。

(3) 模壳温度的影响。

模壳温度的高低也是影响高温合金铸件质量的重要工艺参数。高温合金精密铸造通常都采用热型浇注。并且模壳预热温度不能太低,因为在浇注温度一定的条件下,模壳温度太低,铸件不容易充满,产生冷隔、气孔和夹杂等缺陷。模壳温度也不能太高,模壳温度太高使高温合金熔体过冷度更小,形核率低,晶粒粗大,从而降低合金的塑性和韧性。要根据模壳情况和合金要求选定合适的模壳焙烧温度。

（4）铸造凝固冷却速度的影响。

铸造高温合金铸件的凝固速率主要受浇注温度及模壳温度和填砂与否的影响，相应影响合金的铸态组织和力学性能。浇注温度和模壳焙烧温度的影响见上节介绍。一般来说，浇注温度低，或模壳温度低，凝固越快。但模温太低造成熔体温度梯度过大，导致形成柱状晶。

当型壳放入填砂箱中，在真空环境与大气环境中，高温合金浇入铸型中的凝固速度是不同的。与单壳浇注相比，在大气环境中填砂铸型保温效果良好，冷却速度慢，晶粒粗大；而单壳模壳由于大气下的对流散热效果良好，铸件的凝固速度要快一些，相应晶粒细小一些。相反，在真空条件下，单壳铸型浇注的凝固速率较慢，而填砂模壳因砂子吸收走了铸件放出的热量，冷却速度较快，铸件的晶粒细小。

2.4.2 铸造工艺模拟

在传统经验设计的基础上，利用数值模拟技术，验证浇冒口设计的合理准确性，是否达成工艺设计目标；基于模拟结果，探索最优浇冒口系统。这个过程在铸件设计阶段就开始进行，该铸件的铸造工艺难度将有效降低，有利于缩短开发周期。本节说明实际铸造过程中更为细节的模拟。

数值模拟的前提是赋予计算机具体的铸件模型、浇注系统的三维模型，以及边界条件。即将具体的铸件与浇冒口系统三维建模后，赋予软件系统铸件合金成分及模壳材料，输入浇注温度、模壳温度、环境温度、浇注速度、热传导系数等，软件将铸件、浇冒口，连同模壳一起在空间上离散化，划分成细小的单元格，结合在时间上离散，对每个小单元进行计算，最终得出金属液在充型和凝固过程中的流场和温度场演变特点，自动给出一些判据，通过工程师的判断分析，进一步优化浇冒口的设计。

1）铸件，浇冒口系统建模

采用三维设计软件，例 UG NX，Pro/E，CATIA，SolidWorks，Solidedge，CAXA等 CAD 软件，绘制出铸件及浇冒口系统的 3D 模型，并通过 stl 等接口导入铸造CAE 软件中。

2）铸造工艺参数，边界条件的输入

铸件材料：Inconel718（液相线温度为 1 337℃；固相线温度为 1 255℃）。

模壳材料：刚玉。

铸造工艺：熔模铸造（重力条件下）。

工艺参数：合金浇注温度为 1 500℃；模壳温度为 1 000℃；浇注时间为 12 s。

3）模拟结果分析

（1）铸件的充型过程和分析。

查看充型过程不同时刻的流动形态和温度、速度等信息，注意金属液在充型过程是否存在温度低于液相线等状况。若温度低于液相线，则可能存在冷隔，浇不足等潜在危险;金属液流动中存在涡流,则可能夹渣、夹杂等不能上浮;两股金属液在型腔内相碰撞,则可能存在熔接痕,也有可能存在冷隔;最后,查看浇注结束后金属液温度分布情况,金属液在型腔内的温度分布是否顶部温度高、底部温度低,是否有利于补缩。

(2) 凝固过程分析。

查看铸件各部分的凝固进展顺序图,在铸件凝固过程中,冒口是否保持液态并最后凝固,补缩通道是否连通。

(3) 判据的应用。

a. Niyama 判据:

Niyama E.(新山英辅)评价了流动阻力对缩松产生的影响,适用于铸钢等中心缩松缺陷判定,是一种综合性的预测方法。Nyiama E. 提出的 $G/\sqrt{R}$ 法,即 Niyama 判据,它表示温度梯度与冷却速率之间的关系[14]。计算公式如下:

$$Niyama = G/\sqrt{R} \qquad (2-22)$$

式中: Niyama 为无量纲量,G 为温度梯度,R 为冷却速度。

在金属凝固时,液态收缩和液-固相线之间的体积收缩即凝固收缩是形成缩孔及缩松的主要原因。当补缩通道流畅、枝晶没有形成骨架时,体积收缩表现为集中缩孔(一次或二次),且位于铸件可流动单元的上部;而当枝晶形成骨架、宏观补缩通道被堵塞时,被枝晶分割包围的液体部分的体积收缩表现为缩松(枝晶范围内)。固态收缩对缩孔、缩松的形成影响不大,因此可不考虑固态收缩。随着凝固的进行,单元固相分数不断增加,液相分数不断减少,当单元固相率大于临界流动固相率时,该单元便成为不可流动单元,因此就不能参与宏观补缩。因此每进行一步计算都应判断哪些单元是可流动单元,哪些是不可流动单元,然后从上向下减去流动单元,使流动单元减少数等于缩孔单元的增加数,所有缩孔单元的集合就成为一次或二次缩孔,而单元坐标则反映了缩孔的位置。当枝晶凝固形成骨架时,枝晶包围的液体体积收缩将形成缩松,对于缩松出现部位,可用 Niyama E. 提出的 $G/\sqrt{R}$ 判据进行判断,当单元的 $G/\sqrt{R}$ 值小于某一临界值时,该单元便是可能出现缩松的单元。所有可能出现缩松的单元的集合就表示了缩松的分布范围。对二维温度场来说,需计算每一个节点相邻 26 个单元的 G、R 值,取 $G/\sqrt{R}$ 存最大者代表枝晶间补缩能力。当 $G/\sqrt{R}$ 小于某一临界值时单元出现缩松,否则不出现。这个临界值与铸件大小有关,新山英辅认为 $G/\sqrt{R}$ 在临界值为 1.0,但李文珍等研究发现,$G/\sqrt{R}$ 的值与铸件的大小有关,其临界值为 0.8~1.10,大件取上限,小件取下限[15]。

在大型铸件模拟中,设定 Niyama 判据的临界值为 0.8,当大于该值时在标尺下显示为灰色,即呈现此颜色的部位没有缩松;小于该值时,证明该区域不能被补缩,会产生缩松。

b. *Porosity* 判据：

Porosity 判据是对铸件缩孔加以判断的有效途径。通过凝固模拟来计算此过程结束后的缩孔率。将 *Niyama* 判据和 *Porosity* 判据一同使用可以有效地预测铸件中的缩孔、缩松，为优化铸造工艺、降低铸件废品率提供了可靠的保证。

Porosity 缩孔判据，缩孔判据设定值为 0.001～10，可以用颜色标尺对应着 0.001%～10% 的缩孔率，如蓝色的区域表示缩孔率为零即没有缩孔，而白颜色区域就说明缩孔率很高其值接近 10%，相应的缩孔率均可在颜色标尺上找到对应值。将 *Niyama* 判据与缩孔判据一同使用来分析铸件的缺陷问题是可以信赖的。

c. *FSTIME* 判据：

FSTIME 判据表示铸件每个区域达到临界固相分数所耗费的时间，以此来判断收缩产生的原因及解决方法。临界固相分数的值根据金属液的成分而变化，金属成分越接近共晶，金属凝固区间越小，该值越大。一般认为，金属液达到临界固相分数后，内部树枝晶将搭接而不再具有流动性。铸件内部某个部位的 *FSTIME* 时间大于周边任何一点的 *FSTIME*，则该处将存在缩孔或疏松倾向。

d. *HOTSPOT* 判据：

HOTSPOT 判据显示的是凝固过程中形成热节的时间，单位为 s，也描述了可能产生缩松的区域。

热节分析判据所显示模拟结果，同样颜色标尺对应着时间值，凝固时间较长处即残留金属液的聚集区，热节的产生部位，凝固时会产生缩孔缩松。通过综合分析凝固结束时间判据和热节分析判据可知，对于大型铸件，如果不加冒口，铸件热节部位将会产生缺陷。

2.5　大型铸件的形状与尺寸控制

大型铸件的质量控制分为控性与控形两部分。蜡模以及铸件的收缩率，自由收缩及受阻状态下是不同的，不同的受阻情况下其收缩也不相同。对于小件，不同收缩率造成尺寸变化不大，但对大型铸件，其变化较大，足以造成铸件超差报废，铸件变形也很容易造成型位超差而导致铸件报废。

2.5.1　变形的影响因素[16]

熔模精铸工艺过程复杂，工序繁多，影响尺寸精度的因素很多，铸件尺寸精度将受到铸件结构、材质、制模、制壳、焙烧、浇注等多种因素的影响。

（1）浇铸温度的影响：浇注温度越高，收缩率越大；浇注温度低，收缩率小。

（2）铸件结构的影响：① 铸件壁厚，收缩率大；铸件壁薄，收缩率小；② 自由收缩率大，受阻收缩率小。

（3）制壳材料的影响：若采用锆英砂、锆英粉、上店砂、上店粉，因其膨胀系数小,仅为 $4.6 \times 10^{-6}/℃$,因此,可以忽略不计。

(4) 型壳的焙烧的影响:由于型壳的膨胀系数小,当型壳温度为 1 150℃时,仅为 0.053%;并且,有数据表明其在接触高温金属液后,由于相变,还可能存在部分缩塌,实践表明,其影响也可以忽略不计。

(5) 材质的影响:材料中含碳量越高,线收缩率越小,含碳量越低,线收缩率越大。

(6) 精密铸造制模对铸件线收缩率的影响:① 蜡模径向(受阻)收缩率仅为长度方向(自由)收缩率的 30%~40%,射蜡温度对自由收缩率的影响远远大于对受阻收缩率的影响(最佳射蜡温度为 57~59℃,温度越高收缩越大);② 蜡(模)料的线收缩率约为 0.9%~1.1%;③ 熔模存放时,将进一步产生收缩,其收缩值约为总收缩量的 10%,但当存放 12 h 后,熔模尺寸基本稳定;④ 射蜡温度、射蜡压力、保压时间。有研究表明蜡模尺寸偏差占铸件尺寸偏差的 40%以上[17,18]。

综合而言,在熔模铸造诸多工序中,有三大关键工序对铸件的尺寸和变形影响较大,分别为蜡模制备、型壳制备、铸件凝固冷却。

2.5.2 大型铸件形状尺寸的控制

铸件形状及尺寸的影响因素,可归纳为材料及工艺两个方面。在生产中,要分别对原材料及工艺严格控制。蜡料、模壳材料以及母合金等原料成分须稳定可控。工艺方面,在传统经验设计的基础上,结合信息化技术,对制蜡模、铸造等过程进行数值模拟,优化工艺参数,减少变形;确定工艺参数后,还需要严格控制,包括压蜡及制壳车间的环境条件,都需要控制在一定的变化范围内。

1) 变形的数值模拟

(1) 铸件应力数值模拟。

铸件在冷却过程中,由于几何结构及边界条件的相互作用,各处的冷却速度都是不同的,其冷却收缩的程度也不同,造成铸件的变形及内应力。进行应力应变数值模拟可以更好地了解铸件凝固过程中应力和变形的动态变化,在此基础上研究和预测铸件变形,并进行残余应力分析,可以为实际生产提供科学指导[19-21]。现在的铸造模拟软件能预先对大型铸件的铸造过程的流场、温度场和应力场进行较好的耦合计算模拟[22-31],可以很好地预测应力、裂纹和变形情况。以模拟结果为基础,修改工艺参数,使铸件尽可能地均匀冷却,从而减少了铸件的变形。

(2) 蜡模注射成型数值模拟。

蜡模的尺寸精度直接影响最终铸件的尺寸精度,所以也有必要对蜡模注射成型进行数值模拟。通过测试蜡料的流变及可压缩性能参数,构建计算模型与参数,实现对蜡料注射成型的数值模拟。然后,基于数值模拟技术优化蜡模流道系统,预测蜡模变形的位移场。结合实验,研究蜡模的收缩规律,揭示蜡模在不同流向上的收缩机制,建立大型薄壁尺寸收缩率与工艺参数的数学模型,优化注射工艺参数,减少蜡模变形。

2) 熔模铸造过程中尺寸检测

影响铸件形状及尺寸的因素很多,有些因素尚未完全研究清楚,所以模拟计算无法完全准确预测铸件的变形。目前,在生产铸件时检测、返工以及废品率占铸件成本的 35%。无论是工艺过程检测还是最终产品检测均是实现工艺过程精确控制和降低成本的关键。在美国,下一代制造技术计划将针对航空航天应用的铸造件开展数字成像检测技术研究[16]。铸件研制及生产中检测是不可缺少的环节,需要对熔模铸造过程中的蜡模、模壳及铸件尺寸检测技术进行深入研究。

蜡模,尤其是低温蜡料蜡模,质软,传统的接触式测量方法会影响薄壁蜡模的尺寸精度。三维数字化检测技术是一项具有广泛应用前景的高新技术,对于检测手段的柔性化、自动化和产品设计的应用都具有重要的意义[32-36]。采用非接触式,比如关节臂或手持式激光扫描仪等设备对蜡模及铸件进行全表面快速逆向扫描并形成实体面模型,再运用软件实现曲面三维误差比较、截面偏差分析以及快速的尺寸测量,为准确研究铸件变形提供了参考。新的扫描测量技术可以准确了解在精铸全流程中变形产生的经过,定量记录各工序中变形的大小,帮助确定造成铸件尺寸及变形超差的主要矛盾,解决困扰大型复杂薄壁件铸造中控形的难题。

2.6 蜡模模具设计

根据熔模精铸原理,铸件由蜡模转化而来,所以蜡模的形状及尺寸直接影响到铸件的形状和尺寸。研究表明,铸件的尺寸波动大部分遗传于其相应的蜡模的尺寸波动[17]。蜡模尺寸偏差占铸件尺寸偏差的 40% 以上[18]。控制蜡模模具型腔的尺寸,才能保证得到正确形状及尺寸的蜡模,进而得到尺寸精度合格的铸件,这就需要设计蜡模模具时对铸件每个尺寸的收缩率正确赋值。最终铸件的尺寸精度是通过设置蜡模模具尺寸来补偿压蜡、铸造过程中的尺寸变化来实现的。模具型面补偿设计的原则是在变形部位赋予适量反变形量以抵消蜡模和铸件在凝固和冷却过程中的收缩变形。因此,对模具型腔的尺寸计算非常必要。

在长期的研究和实践中,综合考虑蜡模的收缩、合金的收缩、型壳的膨胀和变形三方面的影响因素,研究人员提出了很多收缩率计算解决办法,并取得了一定的效果[37]。但是,铸件结构,包括铸件的壁厚和形状两个方面,对总收缩率的影响很大而且比较难把握,铸件收缩是否受阻与铸件结构形状有关,复杂铸件的不同部位分别存在着受阻、半受阻和不受阻状态,因而要细加分析,并给以不同的收缩率,才能获得高精度铸件。由于熔模精铸工艺流程长,过程中影响因素众多,总收缩率的选取很难一次命中。因此,"公式计算法"得到的模具收缩补偿率也存在很大误差,虽然对小铸件影响可以忽略,但对大型铸件则不可忽视,可能导致铸件尺寸超差。

模具型腔的补偿收缩率设计一直缺乏精确的理论指导,仍然停留在"经验+实验"的设计阶段[38],其主要包括经验数据法、公式计算法、试制法。

对于重要的零件,只能从实际出发,对不同工艺条件下的具体零件进行测试,找出现场条件下合适的总收缩率,然后调整产品的收缩补偿和浇注系统,再进行模具的设计与制造,最后正式投入生产。传统的"经验＋实验"的试错法定型模具时,需要数次修模。"试制法"虽然最终能得到合适的尺寸收缩补偿率,但是其周期长、成本高,严重制约着熔模铸造的发展。精铸模具设计一直是制约航空发动机高温铸件制造的"瓶颈"问题。

为了缩短研发周期,减少模具返修,降低模具成本,人们在产品研发阶段,提出了分体模具的办法。

2.6.1 分体蜡模

由于大铸件具有大型、复杂和薄壁的特征,如果采用传统的开模方式来进行注蜡,则难以控制蜡模尺寸精度,也难以调整由不当收缩造成的尺寸误差。对于圆环形的铸件(诸如后机匣、中介机匣等),由于是轴对称的,几何上满足分块设计的条件,可以设计分体蜡模。

以后机匣零件为例,有 10 个支板,以相邻两个支板的中心面将蜡模分成 10 块,这样,蜡模分块就是整体蜡模的 1/10。在压蜡机上,分别制备 10 块蜡模分块,调整专用工装夹具的定位尺寸,然后将蜡模分块放置到工装夹具里,焊合蜡模,组成整体蜡模。

分体蜡模的优点是:

(1) 方便调节。在收缩率设置有偏差的情况下,只对组蜡工装做微调整,即可得到正确的尺寸,避免重新开模。

(2) 蜡模尺寸变小,容易保证蜡模形状和尺寸精度;制作的蜡模可避免欠注、蜡模不够结实等不良情况的发生;并在制作蜡模时,开启容易,操作方便。

(3) 分块模具相对于整体模具而言,体积小,结构简单,容易设计并制作;即使加上专用工装的设计制作,其制作周期也大为缩短,模具成本可大幅降低。

2.6.2 整体蜡模

虽然分体蜡模有很多优点,但是需要将蜡模分块焊合起来,这个过程需要时间,而 10 个蜡模分块分别压蜡,也耗时较多,而整体蜡模就只需要一次压蜡即可,省掉了蜡模拼装焊接的过程,所以在批量生产时,分体蜡模的缺点就变得明显了。并且,在蜡模焊合时,操作不当,容易留下焊接痕迹,人工焊接蜡模也存在蜡模变形的隐患。所以,在试制完成、进入批量生产后,铸件的收缩特性已经掌握,即可采用整体蜡模,易于保证蜡模的尺寸精度,也可提高生产效率。

参考文献

[1] 龙腾日月.航空喷气发动机到底有多难[J].航空知识,2010,12：28-31.

［2］ 齐欢. INCONEL 718(GH4169)高温合金的发展与工艺[J]. 材料工程,2012,40：8.

［3］ 江和甫. 燃气涡轮发动机的发展与制造技术[J]. 航空制造技术,2007,5：36-39.

［4］ 何湘平. 国外熔模精铸发展概述[J]. 特种铸造及有色合金,1992(3)：40-43.

［5］ 南海,谢成木. 国外铸造钛合金及其铸件的应用与发展[J]. 中国铸造装备与技术,2003 (6)：1-3.

［6］ 张立同,曹腊梅,刘国利,等. 近净形熔模精密铸造理论与实践[M]. 北京：国防工业出版 社,2007.

［7］ 曹腊梅,汤鑫,张勇,等. 先进高温合金近净形熔模精密铸造技术进展[J]. 特种铸造及有色 合金,2006,26(3)：238-243.

［8］ 佟天夫,陈冰,姜不居. 熔模铸造工艺[M]. 北京：机械工业出版社,1991.

［9］ 姜不居. 实用熔模铸造技术[M]. 沈阳：辽宁科学技术出版社,2008.

［10］ 姜不居. 熔模精密铸造[M]. 北京：机械工业出版社,2004.

［11］ Leiden. Boston：Brill, Bubble and drop interfaces[J]. Progress in colloid and interface science,2011：1877-8569.

［12］ 钟元. 面向制造和装配的产品设计指南[M]. 北京：机械工业出版社,2011.

［13］ 中国机械工程学会铸造分会. 铸造手册第5卷铸造工艺(第2版)[M]. 北京：机械工业出 版社,2003.

［14］ 潘利文,郑立静,张虎,等. $Niyama$ 判据对铸件缩孔缩松预测的适用性北京航空航天大学 学报[J]. 2011,37(12)：1534-1540.

［15］ 李文珍. 铸件凝固过程微观组织及缩孔缩松形成的数值模拟研究[D]. 北京：清华大 学,1995.

［16］ 陈冰. 熔模铸件的尺寸稳定性和精度[J]. 特种铸造及有色合金,2003,1：53-56.

［17］ 何湘平. 熔模精铸中蜡模精度的研究概况[J]. 特种铸造及有色合金,1999,24(1)： 156-159.

［18］ 张振宇,梁补女. 制模过程中影响铸件尺寸精度的因素[J]. 机械研究与应用,2002,15： 15-16.

［19］ 徐艳,康进武,黄天佑. 接触单元在铸件铸造过程应力数值模拟中的应用[J]. 计算机应用, 2006,27(5)：506-510.

［20］ 康进武. 铸钢件凝固过程热应力数值模拟研究[D]. 北京：清华大学,1998.

［21］ 杨屹,蒋玉明,刘力菱,等. 铸件凝固过程中热应力场及热裂的数值模拟研究分析[J]. 铸造 技术,2000,2：36-39.

［22］ 李辉,时建松,张爱琴. 应力框热应力数值模拟及变形分析[J]. 铸造,2010,59(1)：38-41.

［23］ 程建国,康进武,张家锋,等. 从凝固过程的位移数值模拟结果中提取铸件的变形[J]. 铸造 技术,2008,29(10)：1322-1326.

［24］ 陈冰. 熔模铸造过程数值模拟[J]. 特种铸造及有色合金,2005,25：683-686.

［25］ 孙丽文,侯华,徐宏. 铸件热应力及热裂的数值模拟研究[J]. 铸造设备研究,2006,3： 20-22.

［26］ 李梅娥,邢建东. 铸造应力场数值模拟的研究进展[J]. 铸造,2002,51(3)：141-144.

［27］ 朱慧,康进武,黄天佑. 铸件热应力影响因素研究[J]. 热加工工艺,2006,35(13)：69-72.

［28］ 郑贤淑,姚山,金俊泽. 铸型阻碍应力计算模型研究[J]. 大连理工大学学报,1996,36(6)： 687-691.

［29］ 郑贤淑,金俊泽. 应力框动态应力的热弹塑性分析[J]. 大连理工大学学报,1983,22(3)：

1-4.

[30] 孙琨,朱东波,卢秉恒.考虑铸型阻力的铸件应力数值模拟[J].金属学报,2000,12：1258-1262.

[31] 傅显钧,廖敦明,周建新,等.基于ANSYS的铸造过程热应力双向耦合模拟[J].铸造,2011,60(11)：1103-1106.

[32] 何小妹,陆佳艳,蔡薇,等.基于逆向工程的发动机叶片数字化设计验证[J].计测技术,2009,29(2)：8-10.

[33] 张萌,陈立亮,王俊昌.基于标识点三维重构技术的铸件尺寸检测方法研究[J].铸造,2010,59(4)：379-383.

[34] 杨永泉,张世超,夏振佳.三维扫描技术在铸件新产品开发中的应用[J].机械工业标准化与质量.2013,478：37-41.

[35] 张世超,杨永泉,张守双,等.三维激光扫描技术在铸件尺寸检测中的应用[J].汽车工艺与材料.2012,12：61-64.

[36] 李宏生.基于Moldflow和Geomagic Qualify探讨CAE和CAI的集成应用[J].CAD/CAM与制造业信息化,2009,8：51-53.

[37] 鲁靖国,张晓峰,鲁新涛.熔模铸造生产中若干工艺的研究[J].现代铸铁,2006,6：67-69.

[38] 刘杰,卜昆,李永毅,等.涡轮叶片铸件收缩率计算与分析[J].现代制造工程,2008,3：9-12.

3　蜡模的尺寸超差与缺陷预测

　　大量的研究表明[1-5]，在熔模铸造诸多工序中，有三大关键工序对铸件的尺寸和变形影响较大，分别为蜡模制备、型壳制备、铸件凝固。

　　Sabao等研究者们分析了熔模精铸各工序引进的尺寸误差[3]，图3-1展示了铸件尺寸在3个关键工序中的波动超差行为。结果显示，铸件的尺寸波动大部分遗传于其相应的蜡模的尺寸波动。张振宇等[6]报道也证实，蜡模阶段导致的尺寸偏差占铸件从设计尺寸到最终尺寸的总偏差的40％以上。可见，蜡模制备过程对最终熔模铸件的尺寸具有决定性的影响。本章以笔者工程实践所用蜡料为例，阐述了蜡模制备过程中尺寸精度的影响因素及其预测和控制的方法等。

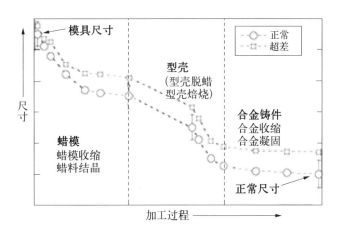

图3-1　熔模铸造过程中尺寸变化

3.1　蜡模尺寸超差的影响因素

　　蜡模的尺寸精度受多种因素的影响，首先，蜡料的化学成分影响蜡模加热膨胀和冷却收缩产生的线收缩率。其次，蜡模的线收缩率还与蜡模的形状、大小有关，同时与浇注系统的位置及制模工艺参数有关[7]。所以，决定蜡模最终尺寸的主要因素有：① 蜡料的成分及性能；② 注蜡工艺参数；③ 蜡模尺寸结构特征；④ 注蜡流道系统与模具设计。

3.1.1　蜡料的成分及性能

熔模铸造用蜡料是一种复杂的混合物,主要包括合成蜡,天然或合成树脂,固态有机填充物和水,另外还有塑料、油和增塑剂等添加剂。其成分各有用途,如树脂的添加能够增加蜡料的强度,而填充料的添加能改善蜡料的收缩性能。正是由于这些添加物的存在,使得熔模铸造用蜡表现出复杂的力学和热性能。

添加剂及填充料的成分对蜡料的性能有重大影响。目前,有填充料的蜡料应用得比较广泛,常用的填充料是粉状聚乙烯、聚苯乙烯、有机酸、脂肪酸及淀粉等,其加入量为总量的30%～45%,这类蜡料有很好的保温性和流动性,能在较低温度下成型。吴炳荣等[8]研究发现,在蜡料中加入填料后蜡模收缩率比无填充料的要小5%以上。刘荣敏等[9]通过添加EVA(乙烯和醋酸乙烯的聚合物)改善了蜡料的强度和收缩性能。郝树俭[10]的研究表明,化学结构相似填料成分不同的蜡料其收缩性能明显不同。这些研究充分说明填充料对蜡料性能的影响较大。

需要指出的是,通常工程上所用的蜡给出的一些性能指标如熔点、凝固点、针入度、硬度等只是提供了对蜡料产品的大致描述,目的是保证其供货质量,这些简单数据无法对注蜡工艺参数的选择、流道的设计等提供足够的帮助。而真正有用的一些物理性能如剪切黏度、表面张力、蜡的可压缩性、比热、热导率、模具与蜡的界面换热系数等,都无法简单快速进行精确的表征及测试。为了深入了解蜡料的性能及行为,研究者做出了很大的努力。哈伟费德等[11]对熔模铸造模的力学性能测试做了相关研究。韩昌仁等[12]测试得到了蜡料的流变性能,采用幂律黏度模型建立了熔模铸造用模料的流动本构方程。Gebelin等[13]测试了蜡料黏稠态和液态注射时的黏度,采用Carreau及修正的Cross-WLF黏度模型拟合了蜡料的流变曲线。这些研究为蜡料的成分与性能间构建了极为关键的联系。

3.1.2　注蜡工艺参数

所谓蜡模制造工艺是指把蜡料传输到模具中形成蜡模的工艺过程,涉及的参数主要有蜡的化蜡温度,注射温度,模具温度,注射压力,保压时间和保温时间等,这些参数都将对蜡模的尺寸精度有所影响。以化蜡温度和时间为例,保温槽设定温度应该略高于射出温度,至少8 h以上加热,待蜡料均匀融化后才能使用,否则易于产生充不满、冷隔、粒状表面、流纹及网状纹等缺陷。

研究者对包括注蜡温度、注蜡时间、注射压力、保压压力以及脱模后的蜡模静置时间等各种注蜡工艺阶段的参数的重要性进行了研究。Kelkar等[14]研究认为注蜡温度对有约束形状的尺寸影响较大,随着循环注射周期时间增加,蜡模的尺寸收缩减小,特别是有约束形状的尺寸,而注射压力几乎不影响蜡模的尺寸收缩。Horacek等[15,16]研究认为注射压力与速率对蜡模尺寸的收缩没有显著的影响,保压压力与时间才是影响尺寸收缩重要的因素。Bonilla等[17]研究则认为蜡模大部分的收缩量发生在脱模后的2 h内,压制过程影响较小。其他的一些研究也都给出了各种结论,这些结论各执一词甚至彼此矛盾,没有一个广泛接受的结论,可见注蜡工艺参数对尺寸偏差的影响的研究还不够深入和全面,有必要对影响蜡模尺寸偏差的工艺因素进行综合考虑,并引入工艺稳健优化设计,才能解决工艺优化问题,从基础研究的角度上发展注蜡成型最优化理论,也有助于开发尺寸精度更高,稳定性更好的大型复杂薄壁蜡模。

3.1.3　蜡模尺寸结构特征

1) 变截面结构

对于变截面结构特征,其界面厚度急剧变化带来的收缩不均会导致严重变形。研究者发现采用蜡模假芯、蜡模拉筋等技术能有效减小厚度部分的尺寸偏差,但对于总体蜡模的尺寸偏差影响仍不清楚。

2) 空心薄壁结构

为了实现铸件的轻量化,空心薄壁结构的铸件获得了设计者青睐,但制备空心结构的蜡模时,蜡模的尺寸偏差难以预测,技术上则常常需要在蜡模压制时预置水溶性型芯。Horacek 等[16]认为空心结构的铸件尺寸的偏差主要还是由于注射参数的影响。而基于注塑成型的研究则显示预置的水溶性型芯在压蜡过程中产生的偏移可能才是最大因素。2004 年 Bakharev 等[18]通过模拟软件证实了注射成型过程的型芯偏移。2009 年 Dong-Gyu Ahn 等[19]的研究显示熔体温度和注射时间几乎不影响型芯偏移尺寸,注射压力是型芯偏移最主要工艺参数。Giacomin 等[20-22]一直致力于注塑成型过程型芯偏移的研究,在研究中使用了黏弹性模型来描述蜡料,其预测的型芯偏移尺寸比实测值大。研究表明采用五阶非线性理论预测的型芯偏移尺寸值与实测值极其相近[22]。

3) 约束尺寸与自由收缩尺寸

Okhuysen 等[23]设计了特征件研究蜡模的收缩情况,圆环形状的特征件被分为三类变形:约束变形、部分被约束变形、自由变形。研究发现,不是所有特征的尺寸都随注射工艺参数的变化而变化,自由变形尺寸蜡模收缩比约束变形尺寸收缩大。Yarlagadda 等[24]研究了聚氨基甲酸乙酯(硬模具)和硅橡胶(软模具)低压注射成型的 H 型蜡模的精度,研究结果显示自由变形尺寸的收缩率是被限制变形位置的尺寸收缩率的两倍。

3.1.4　注蜡流道系统与模具设计

注蜡流道系统的影响经常被研究人员和工艺设计人员所忽略。对于小型铸件,极为简单的流道设计即可满足,但是对于大型复杂薄壁铸件的蜡模,有必要将流道设计成流道本身和浇口两部分。浇口是连接分流道与型腔之间的一段非常短、截面又很狭窄的流通道,它可以设置在制件的一处或多处,而且可有多种类型,一般根据各自特性使用在不同场合。浇口的主要作用为:保证熔体充模时具有较快的流动速度和较好的流动性;防止熔体出现倒流;便于制品脱模;控制浇口冻结时间以及熔体充模时的流动性能[25]。

注蜡模浇口设计主要包括浇口的数目、位置、形状和尺寸的设计,其中浇口的数目和位置主要影响充填模式,而浇口的形状与尺寸影响熔体流动性质。据报道,通过浇口尺寸优化可以提高注射成型制品尺寸的均匀性[26,27]。熔模铸造过程中的蜡模流道系统设计基本的原则如下[28-31]。

(1) 浇口位置应置于可能发生迟滞效应的最远处,以消除或减轻迟滞。所谓的"迟滞效应",指的是熔体流到厚薄交接处时,由于薄处流动阻力大,在该处阻滞不前而产生"抄近路"现象,也称为"短射"。

(2) 在确定一种制品的浇口数量和位置时,须校核流动比,以保证熔体能充满型腔。流动比由流动通道的流动长度与厚度之比来确定。若计算出的流动比值大于允许值,则需要增加制品厚度或改变浇口位置,或采用多浇口方式来减小流动比。

(3) 型腔布置和浇口开设部位应力求对称,以防止模具因承受偏载而产生的飞边现象。浇口位置应保证各个方向的流动长度相等,防止制件的部分区域经历过压。

(4) 对于带有细长型芯的浇口,会使型芯因受到熔体的冲击而产生变形,此时应尽量避免蜡料正面冲击型芯来确定浇口的位置。

根据以上的分析,我们看到在注射成型模具设计中,浇口位置是一个关键设计变量。一个不正确的浇口位置将会导致过压、高剪切率、很差的熔接线性质和翘曲等一系列缺陷。对于简单制件,可能我们通过上面对浇口位置和制品关系的分析就可以得到一个比较满意的设计。对于复杂制件,这些准则虽然有助于我们评判浇口位置设计的合理性,但无法为我们自动提供一个合理的设计。因此,研究者[32,33]采用数值模拟进行优化设计,获得了较好的效果。

3.2 熔模制备过程数值模拟

正如前文所述,蜡模制备阶段的尺寸变化是熔模铸件尺寸超差的主要原因,需要尽可能进行预测并控制。随着精铸件不断趋向大型化、整体化、薄壁化,熔模铸造蜡模的压制过程越来越依靠数值模拟这一强大分析工具。

对于蜡料注射成型的充填行为已经展开了很多数值模拟研究。如 Gebelin 等[13]采用 Moldflow 软件对蜡料的流动过程进行了数值模拟,分析了不同的网格类型对于充填过程的数值模拟的影响与浇口位置对充填过程的影响规律。Sadegh 等[34]对蜡料充填过程中的凝固时间、气穴及温度场进行了数值模拟。韩昌仁等[12]在实验基础上,成功地实现了对熔模铸造用模料充型过程的数值模拟。Sabau 等[1]采用 ABAQUS 软件模拟了阶梯形蜡模的黏弹性变形,图 3-2 所示为蜡模黏弹性情况下脱模后长度上的位移及脱模 3.5 h 后宽带上的位移。这些研究者的工作证实了数值模拟方法在蜡模制备过程的强大应用,以高分子材料的流动和凝固理论

(a)　　　　　　　　　　　　　　　　(b)

图 3-2　蜡模黏弹性变形预测情况下的位移分布

(a) 脱模后长度上的位移分布　(b) 宽度上脱模后 3.5 小时后的位移分布

为基础的数值模拟技术带来的蜡模制备研究的新手段。

3.2.1　蜡料的性能与理论模型

模型建立前,需要对蜡料的性能进行深入研究,进行包括热性能和流变性能、力学性能在内的蜡料性能测试。与此同时,针对蜡料的本构模型,还有大量的工作需要深入展开。必须指出,蜡料因其生产厂家的不同而性能各异,本章仅以笔者工程实践所使用的某型号蜡料为例,文中的结果也与型号相关,但进行的讨论适用于大多数蜡料。

3.2.1.1　热性能

图 3-3 给出了测试的蜡料热性能与温度的关系曲线,随着温度的升高,热导率先升高然后减小,液态蜡料的热导率较小。从比热容变化曲线可以看出,在环球软化点附近,比热容瞬速下降,70℃后基本不变。

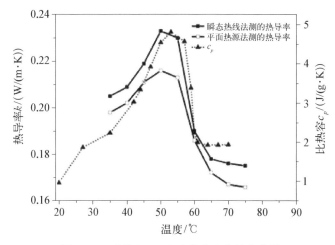

图 3-3　型蜡 K4017B 比热容和热导率曲线

3.2.1.2　流变学特性

定量化分析蜡料的流动性是控制熔模铸造工艺和尺寸精度的科学途径。研究认为铸件的收缩率与蜡料的流动性呈现反比例的关系[35]。在模料工艺性能测定标准中,流变性是通过测定模料处在液态时某一预定温度下的黏度来反映的[2]。图 3-4 为不同温度和剪切速率下蜡料熔体的黏度曲线,可以看出蜡料熔体表现出剪切变稀的行为。然而,测试的黏度曲线不能反映模料在充型过程中的真实黏度,不能反映模料黏度随温度、流动速度的变化而发生的动态变化[36]。所以,有必要在测定的流变曲线基础上进行数学处理,建立模料的本构方程,以反映模料流动过程的真实动态性能。

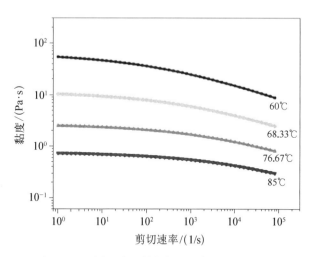

图 3-4　不同温度下蜡料剪切速率与黏度的关系

在充填压型过程中,其黏度除受温度、压力影响外,还受剪切速率的影响。因此,在数值模拟模料熔体的充型流动时,可采用非牛顿流体中假塑性流体的 Cross-WLF 模型来表示其黏度与温度和剪切速率的关系[2,13,31,36]。它描述了零剪切黏度,即在剪切速率较低时,黏度也具有足够的精度。蜡料熔体在注蜡模具中的流动过程主要考虑剪切应力的作用,忽略黏弹性行为,其剪切变稀的 Cross-WLF 黏度模型的公式如下所示:

$$\eta = \frac{\eta_0}{1 + \left[\dfrac{\eta_0 \dot{\gamma}}{\tau^*}\right]^{1-n}} \tag{3-1}$$

$$\eta_0 = D_1 \exp\left[\frac{-A_1(T - T^*)}{A_2 + (T - T^*)}\right] \tag{3-2}$$

$$T_{au^*} = D_2 + D_3 p \tag{3-3}$$

$$A_2 = \bar{A}_2 + D_3 p \tag{3-4}$$

其中 $\bar{A}_2$ 为平均值。

表 3-1 为通过最小二乘法拟合的黏度模型参数值。D_3 的值为 0,表示黏度模型不考虑压力的影响。

表 3-1 Cross-WLF 黏度模型参数

参　　数	值
n	0.152 0
T_{au^*}/Pa	1.313×10^5
$D_1/(Pa \cdot s)$	8.083×10^8
D_2	303.15
$D_3/(K/Pa)$	0
A_1	55.7
A_2/K	51.6

3.2.1.3 PVT 特性

聚合物的压力—比容—温度(PVT)关系描述了聚合物比容随温度和压力的改变而产生的变化情况,其作为聚合物的基本性质,是进行制品注射成型流动分析、模具设计和注塑成型过程控制及工艺分析的主要依据。通过 PVT 曲线图可以看出聚合物的温度、压力对比容的影响。图 3-5 给出了实验测试的蜡料 KC4017B 的 PVT 数据。

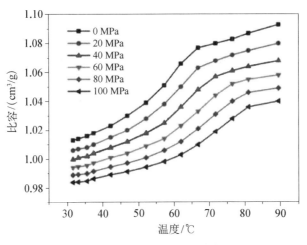

图 3-5 型蜡的 PVT 曲线

聚合物 PVT 状态方程也可以用于研究计算聚合物的比容性质、聚合物的掺混和相分离规律、相平衡计算等。另外,聚合物 PVT 状态方程还用于描述聚合物的 PVT 关系,为聚合物的注射成型模拟与控制方面提供计算公式与理论依据。修正的双域 Tait 状态方程是目前注射成型领域描述聚合物 PVT 关系最常用的状态方程,在聚合物相关计算中起着非常重要的作用。修正的双域 Tait 状态方程表达式如式(3-5)所示。

$$\rho = \left[v_0 \left(1 - 0.089\,4\ln\left(1 + \frac{P}{B}\right)\right) + v_T \right]^{-1} \tag{3-5}$$

当 $T < b_5 + b_6 P$ 时

$$V_0 = b_{1s} + b_{2s}(T - b_5) \tag{3-6}$$

$$B(T) = b_{3s} \exp[-b_{4s}(T - b_5)] \tag{3-7}$$

$$V_1 = b_7 \exp[b_8(T - b_5) - b_9 P] \tag{3-8}$$

当 $T > b_5 + b_6 P$ 时

$$V_0 = b_{1m} + b_{2m}(T - b_5) \tag{3-9}$$

$$B(T) = b_{3m} \exp[-b_{4m}(T - b_5)] \tag{3-10}$$

$$V_1 = 0 \tag{3-11}$$

式中：ρ 为蜡料的密度，是比容的倒数；v_0 是零压下的比容；B 是材料的压力敏感度。根据聚合物的热力学性质，需要通过两个温度域来描述 PVT 关系。在零压下测定体积的转变温度由 b_5 表示，转变温度因压力增加而线性增加，变化由 b_6 表示。b_1 表示通过外推零压等压曲线至转变温度时得到的比容，此转变点的值对于两个温度域是相同的。比容对温度的关系通过 b_2 得到，而 b_3 和 b_4 分别表示在固态和熔融态时的特征。当 b_4 确定时，比容随温度的增加，对压力敏感度会变得更高。b_7、b_8 和 b_9 表征在固态时的比容 v_l。根据实验测试数据采用多元非线性回归拟合了 Tait 方程的 11 个参数，如表 3-2 所示。

表 3-2 　 拟合的 Tait 方程的参数

参　　数	值	备　　注
$b_{1m}/(\mathrm{m}^3/\mathrm{kg})$	0.001 078	熔融态
$b_{2m}/[\mathrm{m}^3/(\mathrm{kg \cdot K})]$	6.271×10^{-7}	熔融态
b_{3m}/Pa	1.696×10^8	熔融态
$b_{4m}/(1/\mathrm{K})$	0.007 912	熔融态
$b_{1s}/(\mathrm{m}^3/\mathrm{kg})$	0.001 022	固态
$b_{2s}/[\mathrm{m}^3/(\mathrm{kg \cdot K})]$	4.603×10^{-7}	固态
b_{3s}/Pa	$2.607 46 \times 10^8$	固态
$b_{4s}/(1/\mathrm{K})$	0.005 987	固态
$b_7/(\mathrm{m}^3/\mathrm{kg})$	0.000 056	
$b_8/(1/\mathrm{K})$	0.058 67	
$b_9/(1/\mathrm{Pa})$	1.185×10^{-8}	
b_5/K	339.15	
$b_6/(\mathrm{K}/\mathrm{Pa})$	1.49×10^{-7}	

3.2.1.4 蜡料黏弹性

在一定外界条件下,高聚物从一种平衡状态,通过分子的热运动,达到与外界条件相适应的新的平衡态,这个过程是一个变速过程,也称为松弛过程,完成这个过程所需要的时间称为松弛时间。松弛过程与高聚物的相对分子质量有关,而高聚物存在一定的分子量分布,因此其松弛时间不是一个定值,而呈现出一定的分布,称为松弛时间谱。由于运动单元的大小不同,松弛时间的长短不一致,每种高聚物的松弛时间不是一个单一的数值,而是一个连续的分布,常用松弛时间谱来表示。一般而言,松弛时间谱是描述材料黏弹性对时间或频率依赖关系的最一般函数关系。因为从 Bolzmann 叠加原理可以看出,材料的全部特性都表现在松弛时间各不相同的所有运动模式和的贡献中,而各种实验测得的材料函数都基于同一松弛时间谱,因此松弛时间谱无疑成为了全部黏弹性函数的核心。由于松弛谱占据了描写高分子流体黏弹性的核心地位,因此求取松弛谱成为人们关心的热点。

从图 3-6 可以看出,储能模量 G' 与损耗模量 G'' 会随应变速率 γ 成曲线变化关系。而当该曲线进入平台范围时,储能模量 G' 与损耗模量 G'' 与应变速率 γ 无关。即此时的储能模量 G' 与损耗模量 G'' 仅与频率有关,这样便可以得到蜡料频率与模量的关系图。根据图 3-6 所示,在黏弹性平台范围内设定应变速率 γ 为 0.04% 最为适合。

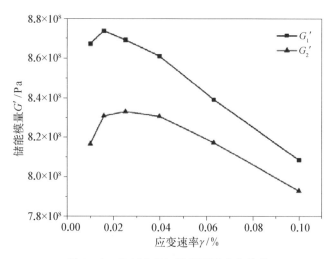

图 3-6 应变速率与储能模量变化关系

根据高分子运动的松弛性质,要使高分子链具有足够大的活性,从而使聚合物表现出高弹形变;或者要使整个高分子能够移动而显示出黏性流动,都需要一定的时间(用松弛时间来衡量)。温度升高,松弛时间可以缩短。因此,同一个力学松弛现象既可以在较高的温度下,在较短的时间内观察到,也可以在较低的温度下较长的时间内观察到。因此,根据时温等效原理,升高温度与延长时间对分子运动是等效的,降低温度与缩短时间对分子运动是等效的,对聚合物的黏弹行为也是等效的,借助于转换因子可以将在某一温度下测定的力学数据,变成另一温度下的力学数据。如果实验是在交变力场下进行的,则降低频率与延长观察时间是等效的,增加频率与缩短观察时间是等效的。因而同样可以将不同温度下测得的动态力学实验数据,借助于移动因子进行叠加。利用时温等效原理的时间和温度的这种对应关系,可以对不同温度或不同频率下测得的聚合物力学性质进行比较和换算,从而得到一些实际上无法从实验直接测量得到的结果。例如,要得到低温某一指定温度时天然橡胶的应力松弛行为,由于温度太低,应力松弛进行得很慢,要得到完整的数据可能需要等候几个世纪甚至更长时间,这实际上是不可能的。为此,利用时温等效原理,在较高温度下测得应力松弛数据,就可换算成所需的低温下的数据。

通过时温等效原理,升高温度与减小频率对分子运动是等效的,降低温度与增大频率对分子运动是等效的。由此把各条线谱进行水平或垂直方向上平移,经过调整后,最终可得到储能模量 $G'(\omega)$ 和损耗模量 $G''(\omega)$ 两条主曲线,优化得到主模量曲线,如图 3-7 所示。

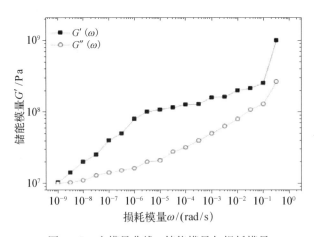

图 3-7　主模量曲线:储能模量与损耗模量

由材料函数求取松弛谱的近似方法为:采用稳态应力松弛实验或动态剪切实验得到稳态松弛模量函数 $G(t)$ 或动态模量函数 $G'(\omega)$、$G''(\omega)$,然后由这些函数求取松弛谱 $H(\lambda)$ 的各次近似解[37]。在线性最小二乘法计算离散松弛谱的过程中,为了便于得到较准确的计算结果,Maxwell 运动单元数目 N 的取值范围一般为 5~9,通常情况下取值 $N = 8$[5]。我们的计算采用 $N = 5,8$。由图 3-8 可以看出,当 $N = 5$ 和 $N = 8$ 时的计算结果有相同的变化趋势,同时可以看出 $N = 5$ 精度上显然没有 $N = 8$ 的好。

有了松弛时间谱,对于蜡料脱离模具后,由于残余应力的应力松弛而导致的变形就可以进行预测,这样一来,对于修正模具的尺寸有重大帮助。

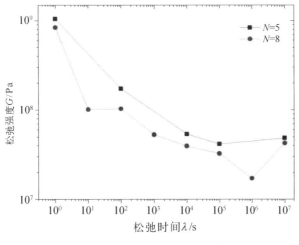

图 3-8　蜡模的松弛时间谱

3.2.1.5　注蜡成型数值模拟理论基础

本章建立的注蜡成型充填/后充填过程模型是基于非牛顿流体在非等温下的广义 Hele-Shaw 流动,并考虑材料的可压缩性及相变的影响。聚合物蜡料在模腔中的流动行为强烈地依赖于熔体的剪切黏度,本章采用 Corss-WLF 黏度模型,并采用双域 Tait 经验方程描述 PVT 关系。用有限元/有限差分/控制体积法求解上述统一的数学模型,实现注塑充填/后充填过程一体化数值模拟。

在注塑成型充填/后充填阶段,熔体在型腔中的流动和传热问题归属为连续体的流动和传热问题。因此,熔体的流动应遵循质量守恒定律、动量守恒定律和能量守恒定律。这里,不考虑材料的黏弹性行为,将聚合物熔体视为广义牛顿流体,在欧拉坐标系下,熔体流动满足黏性流体连续性方程、运动方程和能量方程。但仅有上述方程无法对注蜡成型过程模具型腔中的复杂流动行为进行求解,还需建立描述模腔内熔体本构关系和其他材料行为的模型,如前述的已建立的蜡料的流变学性质(黏度模型)、物理性能(固液两相的密度)和热力学性能(比热、热传导率),并根据成型过程的物理行为、几何特性等对上述方程做适当的简化,才能定解问题。

3.2.2　环-环类蜡模制备过程数值模拟

下面对一个环-环类特征件蜡模制备过程进行数值模拟研究,通过结果的解读,可以进行注蜡流道系统、注蜡工艺参数的优化,预测蜡模变形,揭示蜡模尺寸收缩规律。计算结果通过模腔压力实验验证。

特征件的设计如图 3-9 所示。

3.2.2.1　注射过程数值模拟

3.2.2.1.1　流道系统优化

浇口位置对熔体流动前沿的形状和保压压力的效果都起着决定性的作用,因此也决定了注射成型的蜡模强度和其他性能。正确的浇口位置可以避免出现一些

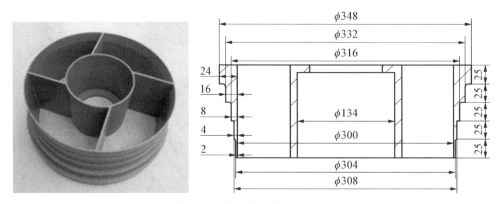

图 3-9 特征件的模型及尺寸

可以预见的问题。浇口位置主要是根据制品的几何形状和技术要求,并分析熔体在流道和型腔中的流动状态、填充、补缩及排气等因素后确定的,一般应遵循如下原则[25,28,38-40]:① 浇口应设在断面较厚的部位,使熔料从厚断面流入薄断面以保证充模完全;② 使熔料充模流程最短,流向变化最小,能量损失最小,以减少压力损失;③ 有利于排除型腔中的空气;④ 浇口不宜使熔料直接垂直冲入型腔,否则会产生涡流;⑤ 有利于蜡料以低的流速平稳地充满型腔,可避免熔体破裂现象,消除蜡模上的熔接痕。

图 3-10 是不同浇口位置时蜡料的充填时间图。如图 3-10(a)所示,浇口位置在连接支板与外环的结合部位,因为连接支板壁较薄,熔体沿外环壁厚处流动,蜡料熔体在支板的流动过程会出现"迟滞效应"。可见 4 个支板的充填时间差别较大,支板的不均匀充填导致了不均的冷却,会造成蜡模的过度翘曲变形。优化后的浇口位置如图 3-10(b)所示,蜡料熔体在 4 个支板的流动时间一致,因为支板壁

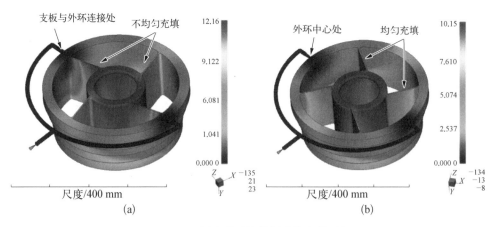

图 3-10 不同流道系统蜡料熔体充填时间/s
(a) 优化前 (b) 优化后

薄,虽然在支板上同样会出现迟滞效应,但其 4 个支板与内环上的充填时间一致。所以,优化后的流道系统相对均匀充填,不会导致蜡模的尺寸产生过大的变形。优化后的充填时间较短,为 10.35 s。充填时间缩短了 2.01 s,更有利于充填。

图 3-11 为蜡模的卷气和熔接线分布示意图,熔接线的存在会影响蜡模的表面质量。从模拟结果看,流道系统优化后其熔接线的角度较小。从卷气预测结果可以看出,在外环的底部和内环的顶部存在卷气的可能性较高,根据预测结果需要在模具的底部设置排气槽。

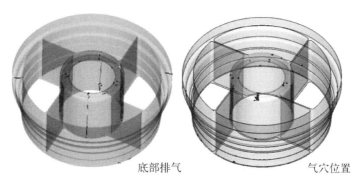

底部排气   气穴位置

图 3-11 蜡模卷气和熔接线模拟结果

3.2.2.1.2 蜡模收缩规律

收缩变形与注射成型过程的残余应力有直接关系[41-44]。残余应力是指注射成型蜡模脱模后残余在蜡模中的未松弛的各种应力之和。一般认为,注射蜡模的残余应力有两个来源:一个是热残余应力,另一个是流动残余应力。前者产生的原因是:蜡模与模具接触的表面层温度下降得非常快,导致在蜡模的芯部尚处于熔体状态时,表面层已经固化。随着冷却层由外向内逐渐推进,内部熔体的冷却收缩逐渐受到外面固化层的限制而产生拉应力。制品中各点在不同时间从较高温度降到玻璃化转变温度以下,所经历的收缩变形不一样,从而产生应力,这部分应力称为热应力。由于聚合物材料的热黏弹性,制品在模腔内以及脱模之后热应力发生部分松弛,未松弛的热应力称为热残余应力。而后者是由于当蜡料熔体的流动停止时,原来沿流动方向取向的高分子链在热运动的作用下开始向无规排列发展。由于快速的冷却过程,熔体在模腔壁附近的分子取向来不及重新达到平衡状态而被冻结,导致制品脱模后的残余应力的存在。

图 3-12 为三维激光扫描的蜡模特征

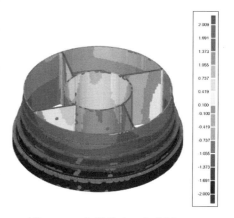

图 3-12 扫描的点云与实际 CAD 模型的 3D 比较结果

件的点云与其 CAD 模型对比结果。图示可见内外环整体向收缩中心收缩,而外环的收缩比内环大。

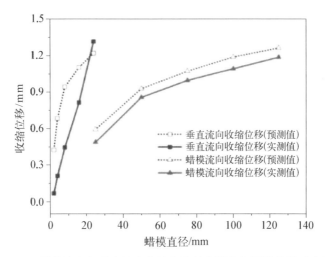

图 3-13　蜡模流向与垂直流向收缩位移的实测值与预测值的对比结果

图 3-13 为蜡模流向与垂直流向收缩距离的实测值与预测值的对比结果(流向为高度方向,垂直流向为厚度方向)。蜡模在高度方向的收缩位移为 0.4~1.2 mm,且随着高度的增大,其收缩距离越大。在厚度方向上,随着壁厚的增大,厚度的收缩值急剧增大,其收缩位移为 0.2~1.3 mm。

从图 3-13 可以推断,蜡料流动方向上的收缩比厚度方向上的收缩小很多,是因为热残余应力比流动残余应力大一个数量级[42],因此蜡模注射成型主要考虑热残余应力对蜡模厚度收缩的影响,同时也由于这个原因,蜡模的收缩行为表现出收缩率在蜡料流动方向和垂直流方向上的各向异性[41,42]。

图 3-13 同样可以看出,数值模拟预测的蜡模收缩趋势与实测值基本一致,数值模拟可以准确预测蜡模收缩变形的趋势。在高度方向上,预测的变形位移值比实测值平均大 0.1 mm 左右;而在厚度方向上预测值比实测值大 0.3 mm 左右。图 3-14 所示数值模拟还可以进行蜡模变形的预测,分析方法类似,这里就不再赘述。

3.2.2.2　存放过程数值模拟

近代工程中有不少材料,例如混凝土、塑料(增强或非增强塑料)以及某些生物组织,其应力—应变关系都与时间有关,这种现象称为黏弹性。聚合物表现出明显的黏弹性变形,是一种介于弹

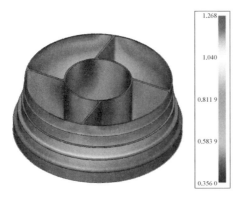

图 3-14　预测的蜡模翘曲变形图/mm

性和黏性之间的变形行为。黏弹性材料中的应力是应变与时间的函数,描述当应变保持不变时,应力将随时间的增加而减小,这种现象称为松弛。在恒定温度和形变保持不变的情况下,聚合物内部的应力随着时间增加而逐渐衰减的现象就叫做应力松弛。蜡通常表现出线性黏弹性性能,在蜡模存放过程中会有应力松弛,即其尺寸随时间的增加而改变。

熔模在取出后数小时内,仍会继续收缩,多数在24h后尺寸才稳定下来。为防止它在取模后存放期间的收缩和变形,蜡模制备和存放处应保持恒温恒湿。对于有特殊要求的蜡模,取模后应置于胎模中,存放一段时间,待尺寸稳定后再取出,或做防变形拉筋;对一些板状类零件可用平板夹住,纠正变形。尽管学者对于蜡模存放条件进行了一些研究,但对蜡模在存放时的变形尺寸没有定量描述,对于其变形的机制没有进行阐述。本节采用有限元软件ABAQUS对特征件蜡模在存放过程中的黏弹性应力松弛变形尺寸进行了数值预测。

图3-15(a)为弹性条件下,存放时间为1 000 s蜡模弹性变形预测的尺寸变形结果,图3-15(b)是在黏弹性模型下预测的蜡模脱模后1 000 s后的尺寸变形结果。可以看出,黏弹性变形的预测最大变形值比弹性模型预测的大0.108 8 mm,黏弹性预测结果显示内环的尺寸收缩较小,外环收缩较大;且随着厚度的增大,蜡模的变形增大。弹性模型条件下没有预测出蜡模内外环及其壁厚的变形差距。基于此,黏弹性模型更适合预测蜡模的存放时的变形。

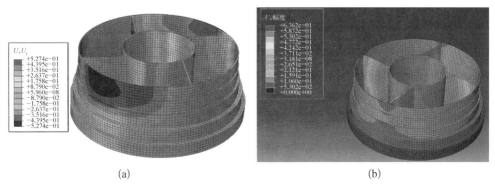

(a)　　　　　　　　　　　　　　(b)

图3-15　1 000 s的位移分布蜡模弹性变形

(a) 弹性变形　(b) 黏弹性变形

图3-16为基于黏弹性模型预测的蜡模10 000 s后的位移场和温度场。可见随着蜡模存放时间从1 000 s延长到10 000 s,蜡模的应力松弛导致其最大变形尺寸从0.636 2 mm增大到0.988 3 mm,增大了55.34%。从图3-16(b)蜡模10 000 s后的温度场可以看出,蜡模在10 000 s后其厚壁并未完全冷却到室温。这是因为蜡模的热导率比较低,蜡模厚壁部分的心部蜡料熔体还没有完全冷却,其收缩继续进行。

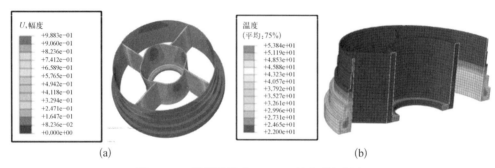

(a)   (b)

图 3-16 蜡模脱模后 10 000 s 的变形与温度

(a) 蜡模黏弹性变形   (b) 温度分布

图 3-17 为蜡模外环内径脱模后 100 000 s 的预测与实测变形尺寸。可以看出,黏弹性预测的变形尺寸比实测结果大两倍左右。蜡模实际成型过程中,蜡模保压时,蜡料熔体继续压入模具型腔,补偿蜡模的收缩。而黏弹性预测时没有考虑蜡模保压过程中的补缩作用,其预测的变形位移因此偏大,Sabau 等[45]黏弹性预测的变形结果比实测值大 2.5 倍左右。陈亚辉等[46]实验结果结果显示,蜡模放置时间越长,蜡模收缩率越大,放置一定时间后,蜡模尺寸趋向稳定。蜡模厚度越大,蜡模收缩趋向稳定所需的时间越长。从图 3-17 的蜡模实测与预测变形位移可以看出:60 000 s 前,随着存放时间的延长,蜡模变形尺寸有增大的趋势;100 000 s 后蜡模的变形尺寸有减小的趋势,但基本趋于稳定。

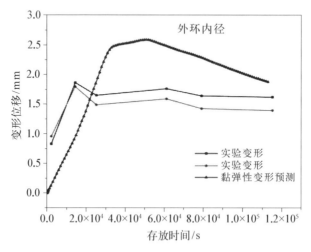

图 3-17 蜡模脱模后 100 000 s 的黏弹性变形预测结果与实验结果

3.2.3 预置水溶芯大型蜡模尺寸超差分析

随着熔模铸件向轻量化的方向发展,出现了复杂的空心薄壁结构铸件。对于这些封闭型腔、中空结构、出口小内腔大或者不允许有拔模斜度的制件,如采用金属模具往往需要多块组合而成,不但设计复杂、制造费用高、周期长,而且脱模异常困难甚至无法脱模,即使有些能强行脱模,也通常会使结构件产生较大的残余应力,甚至致使有些结构件破坏。因此,这些空心结构的铸件通常采用可溶芯来形成这种内腔。所谓可溶芯,也称为水溶芯,是指可以溶解于水的预置蜡芯。水溶芯是一种常用的形成大面积薄壁蜡模的技术。如今,国内外对水溶性芯模材料的研究主要有尿素芯、聚乙二醇(PEG)芯、聚乙烯醇(PVA)芯、淀粉芯、聚丙烯酸(PAA)芯、聚乙烯吡咯烷酮(PVP)芯、PEOX 水溶性芯、Aquacore 芯、Aquapour 芯及其他胶黏剂所制得的水溶性芯模材料。

在注射过程中蜡料熔体沿型芯的流变关系不是处处相同的,因此在型芯上的压力分布呈不均匀态势。不均匀的压力分布将使型芯在注射过程中发生偏移,特别是在型芯侧面进行注射时,这种现象尤为明显。发生偏移后型芯就会相对于蜡料熔体发生一定量的偏心。如果偏心量超过许可公差范围,将出现尺寸超差。

3.2.3.1 模拟分析

为了确定注射成型大型复杂薄壁蜡模过程中水溶芯是否发生了型芯偏移,本研究选择某大型环—环类铸件同时带有内环、外环的一部分进行模拟分析,为便于描述,下文称为斜支板。型芯偏移分析对型芯的移动和型芯与蜡料熔体在流动过程中的相互作用提供了详细的信息,使制品设计者可以利用这些信息来改正型芯偏移的现象,如调整制件的设计或加工工艺参数。图 3-18 给出了数值模拟预测的水溶芯型芯偏移结果,可见,水溶芯的偏移变形的位置主要是靠近浇口的 A 区域和凸台附近的 B 区域。A 区域的型芯偏移最大值为 0.446 4 mm,其偏移方向为面对浇口充填方向,B 区域的最大偏移值为 0.223 4 mm,其偏移方向为背向浇口充填方向,A、B 区域偏移的方向刚好相反。A、B 区域蜡模壁厚是空心薄壁结构,不易用修补蜡修补,导致最终铸件的空心壁厚无法预测和控制。

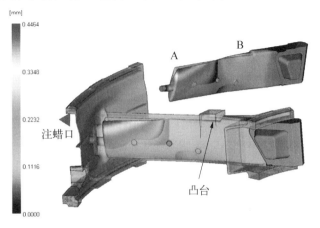

图 3-18 预测的蜡模的型芯偏移

3.2.3.2　实验对比

为了对数值模拟预测型芯偏移结果进行实验验证,在相同的注射工艺参数下对蜡模进行了注射成型实验,利用高精度的超声波测厚仪检测了 A、B 区域的壁厚。数据显示 12 个斜支板蜡模 A、B 区域发生了相同的规律性的尺寸超差。A、B 区域发生偏移的方向与数值模拟结果也一致,由此,实验结果与数值模拟基本一致,水溶芯发生了型芯偏移,造成了 A、B 区域的壁厚发生了变化。

图 3-19 给出了 A、B 区域剖面分析图。A 区域的最大壁厚为 2.36 mm,B 区域的最小壁厚为 1.87 mm。A、B 区域的壁厚尺寸均超出了铸件的尺寸公差范围,数值模拟预测的型芯偏移区域与方向和实验基本一致。图 3-20 给出了数值模拟预测及实验测试的空心支板 A、B 区域壁厚的最小值及最大值,与实验结果对比,A区域实测值比预测值小 3.66%,B 区域最大偏移尺寸比预测值小 3.11%。预测值比实测值略大,从 Giacomin 研究结果看[20],型芯偏移预测值偏大可能是没有考虑高分子熔体冷却过程中的黏弹性变形。

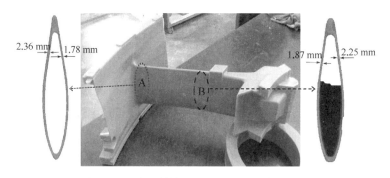

图 3-19　实验蜡模变形区域空腔的真实厚度

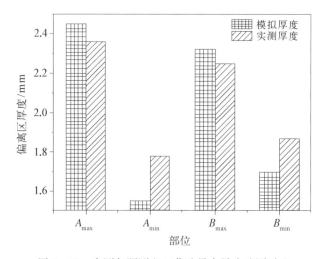

图 3-20　实测与预测空心薄壁最大最小壁厚对比

3.2.3.3　机理分析

型芯产生偏移主要是由以下三方面原因造成的：① 水溶芯本身注射成型造成的尺寸误差及其加工的模具的变形；② 在高注射压力下，水溶芯蜡模固定端强度不足而产生的变形；③ 型芯两侧的压力差而引起的变形，这是由浇口位置不合理或制件厚度变化所引起的。首先，由于实际水溶芯与理论模型存在制造误差，势必会造成蜡型壁厚分布不均，进而影响精铸铸件的壁厚成型精度。因此，需要将实际水溶芯的型面数据与理论模型进行空间匹配，排除水溶芯本身的制造误差和装配误差，如图 3-21 所示，为扫描的实际水溶芯与理论模型的二维尺寸对比，从对比结果看，在水溶芯发生偏移变形的 A、B 区域，其整体发生了收缩，且收缩均匀。因此，排除了水溶芯制备尺寸误差是造成支板空心薄壁尺寸超差的原因。实验后检测的水溶芯固定端表面良好，没有因为强度不够而发生断裂与变形。

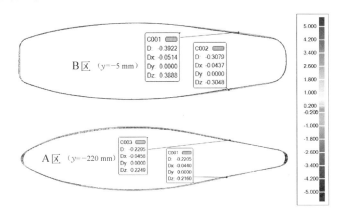

图 3-21　扫描与设计水溶芯蜡模的二维轮廓界面尺寸对比

显然薄壁厚度尺寸的偏差是由于型芯两侧的压力差较大而变形导致的。因为空心支板为长 300 mm，宽 30 mm 的深腔结构，且两边的壁厚为 2～3.5 mm。而这一型芯在成型过程中极易由于压力不均而产生偏移，导致产品无法成型或壁厚不符合设计要求。

图 3-22 给出了 A 和 B 区域内节点的型芯偏移量与时间的关系，可以看出：

(1) 因为蜡料的黏度较低，其在充填过程中的注射压力较小且水溶芯两边的结构比较对称，在蜡料的注射充填过程中，型芯偏移量较小约为 0.04 mm。

(2) A 区域的最大偏移发生在充填与保压切换的瞬间，因为充填与保压切换的瞬间，保压压力瞬间增大，导致靠近浇口的 A 区域两侧的压力瞬间失去了平衡，发生较大的型芯偏移，且随着保压的继续进行，偏移尺寸基本保持不变。

(3) B 区域因为靠近支板的凸台区域，凸台区域在充填完成后存在大块的未熔的蜡料熔体，在保压开始后，A 区域的压力失衡传递到了 B 区域。随着保压进行，凸台区域的蜡料熔体凝固，区域 B 的型芯的偏移量逐渐增大。但是，在薄壁蜡模在 14.01 s 凝固后，B 区域的偏移基本保持不变。

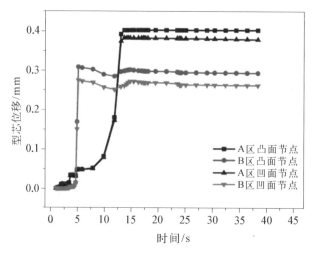

图 3-22　区域 A 与 B 的型芯偏移与时间的关系

研究结果表明:蜡模注射成型过程中,水溶性型芯的型芯偏移主要发生在保压过程中,而不是充填过程中。可以推断,随着保压压力的增大,型芯偏移量也将增大。

3.2.3.4　控制与优化

为了克服生产及试模过程中,出现的偏心严重、脱模困难等现象。在模具设计及成型过程中采用了以下措施[30]:① 型芯发生偏移,其根本原因是刚度不足,所以必须提高型芯的强度;② 由于空心薄壁结构不能改变,那么在不影响产品成型的情况下,在细小型芯的薄壁部位,增加定位销;在模具上增加工艺定位销在制品上留有工艺孔,可使熔料进入型腔时,型芯有依靠,型芯受侧力时,左右摆动变形和弯曲减小;③ 增大型芯固定部位尺寸与设计合理的进料位置;④ 优化注蜡成型工艺。

研究结果表明,增加型芯的强度对减小型芯偏移量效果不明显,且增强水溶芯的强度将有可能影响其水溶性能。扩大型芯固定端尺寸会造成遗留下来的大型工艺孔无法填补。如图 3-23 所示,水溶芯的两个侧面分别添加了 6 个相互对称的小型定位销(直径为 2 mm,高 2 mm),从实验结果看出,工艺定位销可以明显改善型芯偏移。

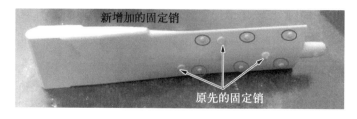

图 3-23　增加固定销的型芯蜡模

型芯偏移是由于保压过程中的压力差引起的,为此,减小保压压力可减小型芯偏移尺寸。图3-24给出了采用的两段式的低保压压力工艺曲线,在充填结束后,保压压力瞬间减小到注射压力的80%,既保证了尺寸的稳定性又减小了型芯偏移量。最终,经过工艺优化和增加定位销后,型芯偏移尺寸得到了控制,从图3-25的优化结果可以看出,最终大型蜡模空心薄壁尺寸控制在1.93～2.07 mm,在尺寸公差范围内。

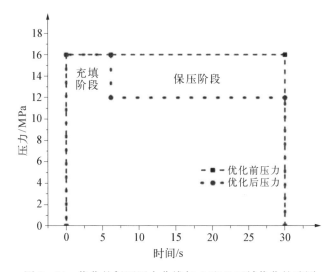

图3-24　优化的保压压力曲线与A和B区域优化的壁厚

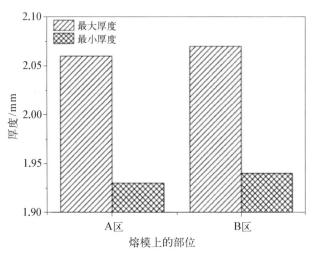

图3-25　优化后的A、B区薄壁厚度

3.3　熔模模具型面收缩补偿率

由于熔模精密铸造流程复杂,要通过制模、制壳、浇注、后处理等工序后得到最终的铸件,所以,控制熔模铸件尺寸精度是一个系统工程,涉及精铸过程的方方面面,如图3-26所示为熔模铸造过程中影响尺寸精度的重要因素的简图[47],可以看出,影响熔模铸件尺寸精度的因素归纳起来分为四大方面:铸件结构形状、大小、模具和生产工艺。然而,最终铸件的尺寸精度是通过设置模具尺寸来补偿铸造过程中的尺寸变化来实现的。模具型面补偿设计的原则是在变形部位赋予适量反变形量以抵消铸件在凝固和冷却过程中的收缩变形。不难想象,收缩补偿率所造成的尺寸误差对小铸件是微小的,但对大型铸件是相当大且不可忽视的。然而,模具型腔的补偿收缩率设计一直缺乏科学的理论指导,仍然停留在"经验+实验"的设计阶段,其主要包括经验数据法、公式计算法、试制法。

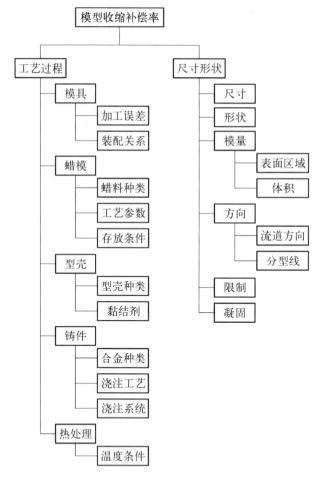

图3-26　熔模铸造过程中影响收缩率的重要因素的简图

许多学者采用"经验数据法"来指导铸造模具收缩补偿率的设计。如表3-3所示为碳素钢、合金结构钢生产中积累的收缩率经验数据[48]。这种经验设计方法对同一铸件还有可行性,但是对于不同合金和尺寸形状的铸件明显不能满足设计要求。因此,铸件的总收缩率最好是考虑具体合金牌号及浇注温度,对推荐的经验数值做适当修改。

表 3-3 碳素钢和合金结构钢总收缩率经验数据

铸件壁厚/mm	模料型壳分类	总线收缩率 K/%		
		自由收缩	部分受阻收缩	受阻收缩
1~3	Ⅰ	0.6~1.2	0.4~1.0	0.2~0.8
	Ⅱ	1.2~1.8	1.0~1.6	0.8~1.4
	Ⅲ	1.6~2.2	1.4~2.0	1.1~1.7
3~10	Ⅰ	0.8~1.4	0.6~1.2	0.4~1.0
	Ⅱ	1.4~2.0	1.2~1.8	1.0~1.6
	Ⅲ	1.8~2.4	1.6~2.2	1.3~1.9
10~20	Ⅰ	1.0~1.6	0.8~1.4	0.6~1.2
	Ⅱ	1.6~2.2	1.4~2.0	1.2~1.8
	Ⅲ	2.0~2.6	1.8~2.4	1.5~2.1
20~30	Ⅰ	1.2~1.8	1.0~1.6	0.8~1.4
	Ⅱ	1.8~2.4	1.6~2.2	1.4~2.0
	Ⅱ	2.2~2.8	2.0~2.6	1.7~2.3
>30	Ⅰ	1.4~2.0	1.2~1.8	1.0~1.6
	Ⅱ	2.0~2.6	1.8~2.4	1.6~2.2
	Ⅲ	2.4~3.0	2.2~2.6	1.9~2.5

注:表中模料型壳分类表示所采用的模料与型壳成分:
Ⅰ——采用低温模料,硅酸乙酯石英粉涂料,多层型壳;
Ⅱ——采用低温模料,水玻璃石英粉涂料,多层型壳;
Ⅲ——采用中温模料,电熔刚玉粉涂料,多层型壳。

姜不居等[48,49]学者认为只有严格控制模具型腔的尺寸,才能得到尺寸精度合格的铸件,这就需要设计模具时对铸件每个尺寸的收缩率正确赋值。因此,模具型腔的尺寸计算是非常必要的。鲁靖国[50]等提出的收缩率计算公式如式(3-12)所示:

$$L = (1 + \Delta l) \pm (1/2 \sim 3/4)\Delta M \qquad (3-12)$$

式中:L 为压型尺寸,l 为铸件毛坯尺寸,Δl 为总收缩率,ΔM 为铸件的尺寸公差。在熔模铸造中影响铸件总收缩率的因素有三方面,即蜡模的收缩、合金的收缩、型壳的膨胀和变形。将这三方面的影响分别考虑,然后叠加并用式(3-13)表示:

$$K = K_1 + K_2 + K_3 \qquad (3-13)$$

式中：$K(\%)$ 为总收缩率，$K_1(\%)$ 为合金的收缩率，$K_2(\%)$ 为模料的收缩率，K_3 $(\%)$ 为型壳的膨胀和变形率（一般情况下 K_3 取负值）。对于 K_1、K_2 和 K_3，虽然曾做过大量的测试，有不少的数据资料，但是，实践证明，这种计算法是不全面的。主要原因如下面两点：① 首先，这三方面的因素与铸件结构有关，同时它们之间也相互制约。铸件结构对总收缩率的影响很大而且比较难把握。铸件收缩是否受阻与铸件结构形状有关，复杂铸件的不同部位分别存在着受阻、半受阻和不受阻状态，因而要细加分析，并给以不同的收缩率，才能获得高精度铸件。铸件结构的影响，包括铸件的壁厚和形状两个方面的影响。铸件的壁厚影响是有规律的，通常壁越厚收缩率也大。所以，在总收缩的 3 个因素中，壁越厚则合金的收缩和蜡料的收缩越占优势。只在极个别的情况下，如薄壁框架形两件，其型壳的膨胀和变形占优势，往往使总收缩率 K 成为负值。② 其次，每个因素都受具体的工艺操作过程的影响，因此总收缩率的数值随具体条件而变化，无法用一个公式概括出来。综上所述可知，由于铸造工艺过程复杂，影响因素众多，总收缩率的选取很难一次命中。因此，"公式计算法"得到的模具收缩补偿率也存在很大误差，最终导致铸件尺寸超差。

因此，只能从实际出发，对不同工艺条件下的具体零件进行测试。通过试制来调整产品的收缩补偿和浇注系统。这样，通常需要通过反复返修模具来调整收缩率。"试制法"虽然最终能得到合适的尺寸收缩补偿率，但是其周期长、成本高，严重制约着熔模铸造的发展。

对于重要的零件，总是先做试验，找出现场条件下合适的总收缩率，再进行模具的设计与制造，然后正式投入生产。然而，西北工业大学的张丹等[51]提出了一种简单高效的精密铸造模具型面逆向设计方法：特征参数逆向调整法。该方法集成了铸件 CAE 位移场模拟仿真与 CAD 三维建模技术，避免了完全依赖网格信息求解模具型腔所产生的曲面拼接问题，是一种比较简单高效的熔模铸造模具型腔逆向设计方法。其应用可以保证精密铸件成型的尺寸精度、形位精度。此方法实现了计算机辅助设计和铸造，但是，其只考虑了熔模铸造过程中合金凝固收缩变形，未对全过程尺寸位移场进行数值模拟，其基于的铸件位移场的计算会导致最终补偿的收缩率存在一定的误差。

精铸模具设计的精确定型与定型周期一直是制约航空发动机高温铸件制造的"瓶颈"问题，传统的"经验＋实验"的试错法定型模具时，需要数次修模。应用 CAD/CAM 软件和数字化建模技术，建立基于熔模铸造全过程尺寸误差位移场的模具型面优化设计系统，可为快速的近净形熔模铸造打下坚实的理论基础和技术支撑。

参考文献

[1] Sabau A S, Viswanathan S. Material properties for predicting wax pattern dimensions in

investment casting[J]. Materials Science and Engineering A, 2003, 362: 125-134.

[2] 周铁涛,韩昌仁,柴增田,等.熔模铸造模料本构方程的建立及其应用[J].铸造,2001,50: 78-80.

[3] 许元泽.高分子结构流变学[M].成都:四川教育出版社,1988.

[4] 裘怪明,吴其晔,周继志.从静态应力松弛实验求材料准松弛时间谱的一种数值计算方法[J].高分子学报,1994,(5):535-538.

[5] 郝如江,陈静波,申长雨,等.高聚物熔体松弛时间谱的计算[J].郑州工业大学学报,2001, 22(4):90-92.

[6] 张振宇,梁补女.制模过程中影响铸件尺寸精度的因素[J].机械研究与应用,2002,15: 15-16.

[7] 何湘平.熔模精铸中蜡模精度的研究概况[J].特种铸造及有色合金,1999,24(1): 156-159.

[8] 吴炳荣,小林良一.精密铸造中蜡模制造的有关问题[J].铸造,1999,12:36-38.

[9] 刘荣敏,张鑫华,郭振芳,等.添加EVA对精铸叶片用模料性能的影响[J].材料工程, 1994,11:17-18.

[10] 郝树俭.硅溶胶精铸用蜡问题与JX001-3模料的应用[J].铸造,2009,58:295-298.

[11] 哈伟费德.熔模铸造模料的力学性能和填料的作用,第三届有色合金及特种铸造国际会议论文集[C].上海,2003.

[12] 柴增田,周铁涛,韩昌仁.影响模料流变性能的因素分析[J].铸造技术,2001,2:26-27.

[13] Gebelin J C, Jolly M R, Cendrowicz A M, et al. Simulation of die filling for the wax injection process: part I. Models for material behavior[J]. Metallurgical and Materials Transactions B, 2004, 35: 755-759.

[14] Kelkar A. Wax dimensional control with design of experiments. Proceedings of the 39th Annual Technical Meeting[C]. Investment Casting Institute, 1991, 4.

[15] Horacek M. Accuracy of casting manufactured by the lost wax process[J]. Foundry Trade Journal, 1997(10): 12-15.

[16] Horacek M, Lubos S. Influence of injection parameters to the dimensional stability of wax patterns, Proceedings of the Ninth World Conference on Investment Casting[C]. San Francisco, California, USA, 1996.

[17] Bonilla W, Masood S H, Iovenitti P. An investigation of wax patterns for accuracy improvement in investment casting parts [J]. International Journal of Advanced Manufacturing Technology, 2001, 18: 348-356.

[18] Bakharev A, Fan Z, Han S, et al. Prediction of core shift effects using mold filling simulation, ANTEC Conference Proceedings [C]. vol. LXII, Society of Plastics Engineers, Brookfield, NJ, 2004. 621-625.

[19] Ahn D G, Kim D W, Yoon Y U. Optimal injection molding conditions considering the core shift for a plastic battery case with thin and deep wall[J]. Journal of Mechanical Science and Technology, 2010, 24: 145-148.

[20] Giacomin A J, Hade A J, Johnson L M, et al. Core deflection in injection molding[J]. Journal of Non-Newtonian Fluid Mechanics, 2011, 166: 908-914.

[21] Chen Y C, Liao H C, Tseng S C, et al. Core deflection in plastics injection molding: direct measurement, flow visualization and 3D simulation[J]. Polymer Plastics Technology

and Engineering，2011，50：863－872.

[22] Chou Y Y，Yang W H，Giacomin A J，et al. Validating 3D numerical simulation of core deflection. Proceedings of the 24th Meeting of the Polymer Processing Society［C］. Salerno，Italy，2008，June 15－19；1－5.

[23] Okhuysen V F，Padmanabhan K，Voigt R C. Tooling allowance practices in the investment casting industry. Proceedings of the 46th Annual Technical Meeting［C］. Investment Casting Institute，1998.

[24] Yarlagadda P K D V，Hock T S. Statistical analysis on accuracy of wax patterns used in investment casting process［J］. Journal of Materials Processing Technology，2003，138：75－81.

[25] Leo V，Cuvelliez C H. The effect of the packing parameters，gate geometry，and mold elasticity on the final dimensions of a molded part［J］. Polymer Engineering and Science，1996，36(15)：1961－1971.

[26] Hu G H，Cui Z S. Effect of packing parameters and gate size on shrinkage of aspheric lens parts［J］. Journal of Shanghai Jiaotong University，2010，15(1)：84－87.

[27] 翟明，顾元宪，申长雨. 注射模浇口数目和位置的优化设计［J］. 化工学报，2003，54(8)：1141－1145.

[28] 付伟，范士娟，张海. 注塑模具设计中浇口位置和结构形式的选用［J］. 工程塑料应用，2007，35(10)：60－63.

[29] 王文广，田宝善，田雁晨. 塑料注射模具设计技巧与实例［M］. 北京：化学工业出版社，2004.

[30] 强荣祖. 克服型芯形变的几种措施［J］. 模具工业，1992，11：32－35.

[31] Zhang J，Ye H W，Li K W. Numerical simulation of mold filling process for wax pattern of the impeller in investment casting［J］. Applied Mechanics and Materials，2011，80－81：965－968.

[32] 史杨. 精铸中温模料配方及工艺参数优化［D］. 合肥：合肥工业大学. 2013.

[33] 赵恒义，佟天夫. 熔模铸造型壳的线量变化研究［J］. 特种铸造及有色合金，1990，1：17－20.

[34] Sadegh R，Reza R M，Javad A. Design and manufacture of a wax injection tool for investment casting using rapid tooling［J］. Tsinghua Science and Technology，2009，14：108－115.

[35] Ito M，Yamagishi T，Oshida Y. Effect of selected physical properties of waxes on investment s and casting shrinkage［J］. The Journal of Prosthetic Dentistry，1996，75：211－216.

[36] 柴增田，周铁涛，韩昌仁. 模料流变性能及其在注蜡工艺制定中的应用［J］. 热加工工艺，2001，6：23－24.

[37] 刘朝丰，鲍文魁，徐景龙. 剪切模量近似函数和精确数值积分表达式［J］. 上海航天，2003，5：26－28.

[38] 钟志雄. 塑料注射成型技术［M］. 广州：广东科技出版社，1995.

[39] 陈万林. 实用塑料注射模设计与制造［M］. 北京：机械出版社，2000.

[40] 宋满仓，荆晓南，赵丹阳. 扇形制品注射成型的收缩特性研究［J］. 工程塑料应用，2006，2：31－33.

[41] Chen X, Lam Y C, Li D Q. Analysis of thermal residual stress in plastic injection molding [J]. Journal of Materials Processing Technology, 2000, 101: 275 - 280.

[42] Zoetelief W F, Douven L F A, Housz A J I. Residual thermal stresses in injection molded products[J]. Ploymer Engineering and Science, 1996, 36(14): 1886 - 1896.

[43] Kabanemi K K, Vaillancourt H, Wang H, et al. Residual stresses, shrinkage, and warpage of complex injection moulded products: numerical simulation and experimental validation[J]. Ploymer Engineering and Science, 1998, 38(1): 21 - 37.

[44] Young W B. Residual stress induced by solidification of thermoviscoelastic melts in the postfilling stage[J]. Journal of Materials Processing Technology, 2004, 145: 317 - 324.

[45] Cannell N, Sabau A S. Predicting pattern tooling and casting dimensions for investment casting, phase II[R]. Oak Ridge National Laboratory: Tennessee, 2005.

[46] 陈亚辉,段继东. 熔模铸造尺寸稳定性分析改善. 第十届中国铸造协会年会会刊论文[C]. 北京,2012.

[47] 万红,余欢,徐志锋,等. 石膏型熔模、型壳与铸件的表面粗糙度和尺寸精度的传递规律研究[J]. 热加工工艺,2010,39(17): 71 - 73.

[48] 姜不居. 实用熔模铸造技术[M]. 沈阳: 辽宁科学技术出版社,2008.

[49] 曹腊梅,汤鑫,张勇,等. 先进高温合金近净形熔模精密铸造技术进展[J]. 特种铸造及有色合金,2006,26(3): 238 - 243.

[50] 鲁靖国,张晓峰,鲁新涛. 熔模铸造生产中若干工艺的研究[J]. 现代铸铁,2006,6: 67 - 69.

[51] 张丹,张卫红,万敏,等. 基于位移场仿真与特征参数提取的精铸模具型面逆向设计方法[J]. 航空学报,2006,27(3): 509 - 514.

4 陶瓷型壳制备技术

熔模精密铸造技术是目前国际上生产航空发动机用大型结构件(如涡轮承力框架)的主流技术[1]，而陶瓷型壳的制备是熔模铸造过程中的关键环节。铸件的尺寸精度、表面粗糙度，甚至内在质量都与陶瓷型壳有着密切的关系[2]。然而，随着熔模铸造合金种类不断增加，铸件尺寸与结构趋于大型化和复杂化，对铸件的冶金质量与尺寸精度的要求也越来越高，陶瓷型壳制备技术的发展已经滞后于整个熔模铸造产业的发展。如何进一步丰富和优化型壳材料体系，制定科学合理的制壳工艺，制备出性能优良的陶瓷型壳，已经成为现代熔模铸造技术发展的重点之一。

4.1 陶瓷型壳概述

4.1.1 陶瓷型壳的组成、结构及性能要求

熔模铸造用陶瓷型壳一般分为实体型壳和多层型壳，前者如石膏型，后者则是大部分金属铸件所采用的陶瓷型壳。本章将着重围绕多层型壳的材料、制备工艺等进行描述。

陶瓷型壳是通过在一定尺寸和形状的熔模上进行反复的沾浆、淋砂操作制备而成[3]。首先，在熔模表面浸涂一层由细颗粒耐火材料和黏结剂混合而成的浆料，然后使用"雨淋"或"浮砂"的方式在浆料表面粘附一层粗颗粒耐火材料，干燥一定时间后，重复以上操作使型壳不断累积厚度，待型壳达到所需的厚度，即完成型壳的涂挂。涂挂结束后的型壳经充分干燥后，可将型壳内的模料小心地脱除，常用的方法有蒸汽脱蜡法和闪烧脱蜡法。脱蜡后的型壳经焙烧后，即可进行浇注。

从宏观上看，型壳中除了耐火粉、砂以及由黏结剂形成的凝胶等固相外，还存在着气孔和裂纹，因此它是一种多相的非均质体系[4]。陶瓷型壳的材料组成随着型壳与铸件表面的距离不同存在着较大的变化。型壳与金属直接接触的部分为面层，一般使用粒度较细且化学稳定性高的耐火材料，如刚玉、锆英粉等，以成型出光滑的金属铸件表面。面层后为连续的背层，背层浆料的黏度一般小于面层，而且随着背层涂挂层数的增加，背层使用的淋砂粒度可逐渐加大。最后一层背层为封闭层，此层只沾浆不淋砂，用浆料将型壳外部的砂料完全粘结包裹住。

为了获得优质的铸件，需制备出性能优良的陶瓷型壳，对其基本性能要求包括

强度、抗变形性、透气性、热膨胀性、导热性、热震稳定性和热化学稳定性等[5-7]。

1）强度

强度是型壳最重要、最基本的性能。型壳在熔模铸造的不同工艺阶段，表现为三种不同的强度指标，即坯体强度、高温强度、残余强度。型壳的坯体强度是由黏结剂与耐火材料颗粒表面的黏附力和黏结剂本身的内聚力两相综合叠加而成，并随黏结剂与耐火材料的种类以及制壳过程中的干燥、脱蜡而变化。如果型壳坯体强度太低，脱蜡过程中型壳易开裂。高温强度是指焙烧或浇注时型壳的强度，它取决于黏结剂中的硅凝胶在高温下形成的硅氧键强度、型壳中液态玻璃相的含量与黏度以及高温下黏结剂与耐火材料的反应产物。残余强度是指浇注后型壳脱壳时的强度，它影响着铸件清理的难易程度，如残余强度过高，则清理困难，且会造成清理过程中的铸件变形或破损。对于型壳三种强度综合加以考虑，应使型壳具有高的坯体强度、足够的高温强度和尽量低的残余强度。

2）抗变形性

抗变形性是型壳的另一个重要性能。型壳的高温变形是造成铸件变形的主要原因之一，其主要包括两个方面：一是焙烧过程中型壳的热膨胀和变形，二是浇注时型壳在金属液压力下产生的膨胀和变形。

3）透气性

型壳透气性是指气体通过型壳壁的能力。型壳透气性不好，会严重降低蒸汽脱蜡的效率，同时浇注时型壳内的气体也不能顺利排出，在高温下这些气体膨胀，形成较高的气垫压力，阻碍金属液充填，使铸件产生气孔或浇不足等缺陷，特别是薄壁铸件易出现此种缺陷。透气性主要取决于型壳结构的致密程度，而黏结剂的种类和含量、耐火材料的性质和黏度等都是影响透气性的主要因素。

4）热膨胀性

型壳的热膨胀性是指型壳随温度升高而膨胀或收缩的性能。通常采用线膨胀系数（或线膨胀率）来表示型壳的热膨胀性。型壳受热时的尺寸增大一般是由型壳材料的热膨胀和同素异构晶体转变所引起的，尺寸收缩则是由于型壳在加热时脱水、物料热分解、物料烧结、液相产生以及硅凝胶缩合等因素使型壳致密化而导致的结果。

热膨胀性不仅对铸件的尺寸精度有直接的影响，而且还影响型壳的抗热震性能和高温抗变形性能。型壳中的耐火材料在加热升温时，有些是呈均匀膨胀，而另一些则呈非均匀膨胀。使用线膨胀系数小且膨胀均匀的耐火材料更易制备出性能优良的陶瓷型壳。

5）其他性能

其他性能包括型壳的导热性、抗热震稳定性和热化学稳定性等。导热性是指型壳的导热能力，它影响铸件的散热快慢，即铸件的冷却速度，从而影响铸件晶粒度和力学性能。抗热震稳定性即抗急冷急热性，是型壳抵抗急剧温度变化而不受破坏的能力，抗热震稳定性差的型壳在浇注时易产生裂纹，甚至导致金属液的漏出。热化学稳定性是指型壳与金属液发生界面热化学反应的能力,它对铸件表面粗糙度、化学黏砂、麻点等一系列缺陷,以及型壳的脱壳性均有很大的影响。

4.1.2 陶瓷型壳制备用原材料

1) 黏结剂

黏结剂是熔模铸造制壳用主要原材料,它直接影响着型壳及铸件质量、生产周期和成本。黏结剂的选择与使用可根据铸件尺寸、型壳焙烧温度、浇注温度、合金种类等诸多因素决定。可用于制备熔模铸造陶瓷型壳的黏结剂主要有:硅酸乙酯、硅溶胶、水玻璃、硅酸乙酯硅溶胶复合黏结剂、磷酸盐、耐火水泥、熟石膏等,其中应用最广泛的精铸黏结剂为硅酸乙酯和硅溶胶。

第二次世界大战期间,由于国防和航空工业发展的需求,美国首先使用硅酸乙酯作为制壳黏结剂,生产了喷气涡轮发动机叶片等形状复杂的航空件,铸件表面光洁、尺寸精度高。硅酸乙酯型壳的生产周期短,型壳的坯体强度和高温强度均较高,高温抗变形能力强。因此,硅酸乙酯作为一种优质黏结剂,在一段时间内广泛地应用于熔模精铸行业。

由于硅酸乙酯黏结剂中含有机挥发物,对车间环境易造成污染,因此,使用硅酸乙酯制壳的工厂都采取了各种各样的空气净化装置,如生物过滤[8]等。美国Hitchiner 与 Environair S. I. P. A 公司合作开发了一种系统,它可将制壳间空气中的酒精和少量氨气排到洗涤塔中,让洗涤液吸收酒精和氨气后再进入分离器中,使酒精、氨气分离,酒精被回收,氨气等被排到热氧化器中进行氧化[9]。国外已限制硅酸乙酯黏结剂的使用数量,同时也由于硅酸乙酯价格昂贵,成本高,其在熔模精铸业中的应用正逐年减少。

熔模铸造型壳生产中引入硅溶胶黏结剂大约在 20 世纪 60 年代。硅溶胶具有制壳工艺简单、安全、无毒害等优点。硅溶胶涂料性能稳定、型壳高温强度高、热震稳定性好,以硅溶胶黏结剂制得的型壳所生产的铸件表面质量和尺寸精度好,故硅溶胶在熔模精铸业中的应用逐渐趋于广泛[10,11]。但硅溶胶也存在涂层干燥慢、制壳周期长、型壳坯体强度偏低而残余强度过高、脱壳性差等缺点。20 世纪 80 年代至今,聚合物增强快干硅溶胶、大粒径高浓度快干硅溶胶以及纤维增强硅溶胶等改性产品相继问世,极大地改善和优化了硅溶胶黏结剂的性能,如表 4-1 所示。

表 4-1 几种性能优良的改性硅溶胶[12-16]

硅溶胶名称	特 点	代表产品	备 注
聚合物增强快干硅溶胶	稳定性好 黏附性强 坯体强度高 残余强度小 透气性好	Ludox SK LP-3301	聚合物溶于水,包括:聚乙烯醇(PVA)、羟甲基纤维素等

（续表）

硅溶胶名称	特　点	代表产品	备　注
大粒径高浓度快干硅溶胶	强度高 干燥快 稳定性好	Megasol	小粒径硅溶胶经高温高压、调节 pH 值制备而成 粒度可达 50～100 nm
纤维增强硅溶胶	粘附性强 涂挂均匀 厚度大 坯体强度高 透气性好	Buntrock Industries, Inc. 与 Wex Chemicals Co. 联合开发的产品	尼龙纤维 长度：1～1.5 mm 直径：19～21 μm

随着应用于熔模铸造的活性合金种类越来越多、铸件尺寸越来越大以及定向凝固技术的发展,硅基黏结剂在型壳高温性能方面愈发表现出不足,包括:① 金属液与型壳间活泼的界面反应;② 型壳的高蠕变;③ 二氧化硅相变对型壳的热及机械稳定性产生不利影响。为此,一些非硅基黏结剂应运而生,包括锆溶胶黏结剂[17,18]、铝溶胶黏结剂[19]、莫来石/铝硅酸盐黏结剂[20]等。

2) 耐火材料

耐火材料占型壳重量的 90% 以上,对型壳性能影响很大。型壳中的耐火材料按使用方式可分为配制浆料时使用的粒度较细的耐火粉料和淋砂时使用的粗颗粒淋砂材料。

自二战后的 70 余年里,熔模铸造工业化进程发展迅速。受地理和经济等因素影响,制壳耐火材料的使用种类很广,但总体上讲,近几十年耐火材料的应用状况几无变化[21]。国内外用于型壳面层的耐火材料主要有:锆英石、电熔刚玉等。用于型壳背层的耐火材料主要有熔融石英[22]、铝硅系耐火材料(包括高岭土熟料、铝矾土、煤矸石、莫来石、马来砂[23])等,表 4-2 列出了常用耐火材料的理化性能。

表 4-2　常用制壳耐火材料的理化性能

耐火材料名称	化学式	化学性质	熔点/℃	密度/(g/cm³)	莫氏硬度	线膨胀系数/×10⁻⁶℃⁻¹ 20～1 200℃	热导率/(W/(m·K)) 400℃	热导率/(W/(m·K)) 1 200℃
熔融石英	SiO_2	酸性	1 713	2.2	7	0.51～0.63	1.591	—
电熔刚玉	Al_2O_3	两性	2 050	4.0	9	8.6	12.561	5.276
莫来石	$3Al_2O_3 \cdot 2SiO_2$	两性	1 810	3.16	6～7	5.4	1.214	1.549
硅线石	$Al_2O_3 \cdot SiO_2$	弱酸性	1 545	3.25	6～7	5	—	—
锆英石	$ZrO_2 \cdot SiO_2$	弱酸性	1 960	4.5	7～8	4.6	—	2.094
氧化镁	MgO	碱性	2 800	3.57	6	13.5	5.443	2.931
氧化钙	CaO	碱性	2 600	3.32	—	13	—	7.118

2001年美国著名耐火材料生产厂商 Minco 公司公布了对美国熔模铸造企业制壳耐火材料使用现状的调查统计数据,各种耐火材料消耗量所占比例(质量分数)大致如下[24]:铝硅系耐火材料 55%、熔融石英 30%、刚玉 9%、锆英石 6%。在美国精铸业中,熔融石英异军突起,现其使用量仅次于铝硅系材料,已远远超过锆英石等其他耐火材料,迅速成为制壳耐火材料的新秀。

熔融石英是将石英、方石英或磷石英等升至 1 710℃(熔融点)以上,然后急速冷却制得的[25]。与其他种类的耐火材料相比,熔融石英具有如下优点:

密度小。熔融石英的密度仅为 2.2 g/cm³,远低于其他耐火材料,故对于同样厚度的型壳,熔融石英型壳的质量明显更小,这有利于减轻工人劳动强度和降低机械手操作负担[26]。

热膨胀率小。热膨胀率小是熔融石英的一个很大的优点,有利于减小加热时型壳内外因温度差造成的热应力,因而有利于防止脱蜡和焙烧过程中型壳的开裂和变形。同时,小的热膨胀率对提高铸件尺寸精度也甚为有利。

脱壳性好。在 1 100℃高温时,约有 70%的熔融石英会转变为方石英(析晶现象),待冷却至 180~270℃时方石英由高温 α 型转变成低温 β 型,同时体积骤变,其晶型转化示意图如图 4-1 所示,此时型壳会产生大量裂纹而使其残余强度大大降低,从而提高铸件的脱壳性[27,28]。

图 4-1　熔融石英-方石英晶型转化示意图

4.1.3　陶瓷型壳的研究现状

作为熔模铸造铸型材料,陶瓷型壳对铸件的表面质量和尺寸精度具有重要影响,关于陶瓷型壳的研究,一直以来都是熔模铸造从业者的关注重点,很多研究机构的学者和铸造厂工程师进行了大量陶瓷型壳方面的研究,其研究重点主要表现在以下几个方面:

(1) 陶瓷型壳性能与铸件表面质量的相关性研究。

获得表面质量优良的铸件是熔模铸造追求的目标之一。铸件表面质量的优劣乃是金属与型壳共同作用的结果,影响铸件表面质量的因素主要包括:① 型壳的面层质量;② 型壳面层与金属液的界面反应。

型壳的面层质量主要与制壳原材料的选用及制壳工艺有关。张增艳等[29]研究了黏结剂及耐火材料对型壳表面光洁度的影响,发现黏结剂种类、浆料中粉料粒度分布、型壳干燥工艺等因素都对型壳的面层质量有较大影响。龚荣昌等[30]发现,若硅酸乙酯型壳的水解和干燥控制不佳,经高温焙烧后,型壳面层会形成白色 SiO₂ 颗粒,阻隔细化剂与金属液的接触,影响细化效果。赵明汉等[31]采用真空涂覆工艺对面层浆料进行涂挂，以最大程度降低浆料中卷入的气体含量，制得的铸件表面光洁度和成品率都显著提高。

（2）陶瓷型壳的高温力学行为研究。

陶瓷型壳的高温力学性能是其最重要的性能之一，型壳的高温强度与高温变形对铸件的尺寸精度影响其大。陶瓷型壳的高温力学行为主要取决于型壳的显微结构特征，依赖于两个主要因素：一是玻璃基质的数量和黏度（玻璃效应）；二是晶体间接触或结合的程度和方式（结晶效应）[32]。玻璃相含量低、黏度高以及晶体间结合程度高并形成连续交错网络结构，均有利于提高型壳的高温力学性能[33]。

型壳中的玻璃相，一方面源自耐火材料制备过程中已形成的玻璃相，这部分玻璃相随耐火材料高温制备后冷却至室温，均匀地分散在耐火材料中，另一方面源自黏结剂中的 Na_2O 与型壳中其他耐火材料组分在型壳焙烧或浇注过程中形成的玻璃相。Na_2O 等杂质含量越高，对型壳的高温力学性能越不利。对于二元系型壳体系（SiO_2 - Na_2O）来说，800℃以下就已形成液态玻璃相，对型壳的强度和变形产生不利影响[60,61]。而对于三元系型壳体系（SiO_2 - Al_2O_3 - Na_2O），随着焙烧的进行，型壳中会形成长石或霞石类增强相，提高型壳在 1 200℃以下的中低温力学性能，不过随着型壳温度的升高，长石等相黏度显著降低，型壳高温力学性能也随之降低[34,35]。可见，型壳若能具备优异的高温力学性能，必须控制其中玻璃相种类与数量。

针对陶瓷型壳目前广泛使用的 SiO_2 黏结剂特点，耐火材料晶相如果能与黏结剂 SiO_2 发生化学反应形成晶间结合的另一种耐高温晶相，减少晶界玻璃相的数量、改善其分布状态，形成所谓"直接结合"的显微结构，从而减小晶界间玻璃相的黏性流动能力，将会大幅度提高型壳的强度和抗蠕变性[36]。

型壳中 SiO_2 黏结剂所带入的 10% 左右的无定形 SiO_2 是形成玻璃相的主要来源。因此，SiO_2 黏结剂与耐火材料颗粒间的巨大相界面就成为整个型壳的薄弱环节。如果能使玻璃相转化为晶相，形成主晶相间以高温稳定的异相直接结合的显微结构，将能有效地改善型壳的抗蠕变性。最常用的方法是在浆料中加入一定量的粒度在 10 μm 以下的氧化铝，使型壳在高温下生成莫来石相，以此来改变晶间结合状态[37]。为降低莫来石相的生成温度，提高莫来石相的形成效率，可加入适量促进莫来石化的矿化剂，形成一定的玻璃相从而促进莫来石在玻璃相中的形成，反应温度可以降到 1 300℃以下。所添加的矿化剂有 Si - Ca[38]、Al - Si - Ca[39,40]、Al - Si - Mg[41]、ASM - Cr[42]、B_2O_3 - CaO[43]、CaO[44]等，型壳的高温强度较不添加矿化剂之前可提高约 20 倍[45]。

随着工业燃气轮机的发展，对大型定向凝固叶片等铸件的需求不断增加，单纯地添加矿化剂已不能满足大尺寸型壳的高温强度和抗蠕变性要求。为解决大尺寸陶瓷型壳在高温时的强度和尺寸稳定性差的问题，技术人员采用添加纤维的方法来强化陶瓷型壳。常用的纤维有莫来石纤维、氧化铝纤维和碳纤维，比较有代表性的是美国 GE 公司、HOWMET 公司,日本三菱公司等[46-49]。

　　型壳对铸件冷却收缩的约束(阻碍)对铸件尺寸也有很大影响[50]。凝固中的合金与型壳的机械作用有可能引起铸件的热裂、变形或残余应力[51]。型壳的高温强度过高极易导致铸件凝固时出现热裂。因此,型壳的高温强度并不是越高越好,只要型壳的高温强度足够支撑铸件的成型就好,可通过在型壳中加入高聚物等添加剂来适当降低型壳的高温强度,抑制铸件的热裂[52]。

　　(3) 陶瓷型壳性能优化。

　　对陶瓷型壳性能优化方面的研究主要集中在改善型壳的透气性与溃散性上。Yuan 等[53,54]研究了在浆料中加入 WEXPERM 尼龙纤维对型壳厚度和透气性等性能的影响。加入的尼龙纤维长 1 mm,直径 20 μm,加入量为 20 g/L 硅溶胶。研究表明,尼龙纤维的加入,使型壳在平面和弯角处的涂挂厚度分别提高 13% 和 40%。尼龙纤维熔点为 240℃,蒸气脱蜡后它们仍会保留在型壳中,继续发挥增强作用,以保证型壳在蒸汽脱蜡前后强度基本一致,防止型壳开裂,如图 4-2 所示。在焙烧过程中,只要温度超过 650℃,纤维将完全被烧尽,于是在型壳中形成许多微细的空洞,使型壳透气性大大提高。

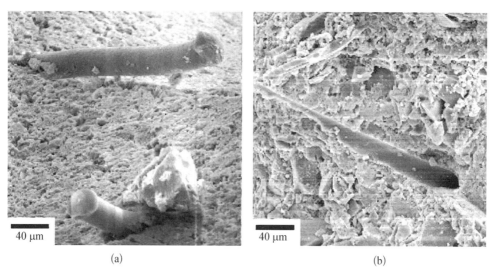

40 μm　　　　　　　　　　　　　　　40 μm

(a)　　　　　　　　　　　　　　　　　(b)

图 4-2　型壳坯体的断口显微组织
(a) 纤维一端从型壳中拉出　(b) 纤维被拉出后留下的空隙

　　郭馨等[55]研究了型壳中杂质及焙烧温度对硅溶胶煤矸石型壳残余强度的影响,发现随着型壳焙烧温度的提高,型壳中玻璃相含量升高,并有二次莫来石相生成,型壳的残余强度增加。Yuan 等[56]将型壳第三层淋砂材料从电熔刚玉换成单斜氧化锆,发现此举在不影响型壳室温高温强度及透气性的前提下,降低了型壳的残余强度。籍君豪[57]利用熔融石英高温析晶低温相变的特点,在型壳过渡层中加入熔融石英,降低了型壳的残余强度,提高了型壳的脱壳性能。张启富等[58]在背层浆料中加入发泡剂和稳泡剂制成发泡涂料和多孔型壳,在保证型壳具有足够的坯体强度和高温强度的基础上,降低了其残余强度,使型壳溃散性得到了改善。张金智等[59]对型壳第三层和第四层淋砂时使用了覆膜砂作为淋砂材料,使型壳溃散性得到改善。此外,李桂芝等[60]提出了一种评估精铸型壳脱壳性的测试方法,饶磊等[61]研制出一种基于 PC 机的型砂退让性检测装置。

(4)制壳工艺改进与型壳缺陷控制。

随着熔模铸造行业的迅速发展,陶瓷型壳制壳用黏结剂种类不断丰富,制壳工艺亦不断发展。传统硅溶胶型壳干燥速率慢、制壳效率低、型壳坯体强度也较低。随着快干硅溶胶[62,63]产品的研发,这一问题得到了极大的解决。快干硅溶胶中一般加入了乳胶等水溶性高聚物,硅酸乙酯水解液浆料中亦可加入乳胶,能提高型壳的坯体强度和透气性,并降低型壳的残余强度[64]。

硅酸乙酯硅溶胶复合黏结剂[65]综合了硅酸乙酯水解液和硅溶胶两种黏结剂的优点,浆料稳定性远好于硅酸乙酯水解液,且简化了制壳工艺,提高了型壳的高温强度。硅酸乙酯硅溶胶两种黏结剂交替制壳[66,67]可极大地提高制壳效率,缩短制壳周期。型壳的干燥速率受环境温湿度及空气流动情况的影响很大[68,69]。关于型壳干燥的测定方法亦有人提出[70]。

型壳涂挂层数的减少会缩短制壳周期、提高制壳效率。然而,涂挂层数的减少会造成型壳涂挂厚度减小,抗载荷能力降低。提高型壳的强度无疑是减少型壳涂挂层数的途径之一,而使用脱蜡时热膨胀小的模料也可降低对型壳强度的要求。李德成等[71]使用聚苯乙烯作为模料,制备出厚度仅 3～4 mm 且能满足低碳钢、高合金钢等多种金属浇注的型壳,该工艺被称为 Replicast CS。

陶瓷型壳的缺陷控制备受精铸企业的关注,在诸如型壳壁厚不均[72,73]、分层[74,75]、裂纹[76,77]、蚁孔[78]等缺陷的产生原因及抑制措施等方面进行了大量研究。

(5)环保制壳与型壳废弃物利用。

随着科学技术的发展,环保问题越来越引起重视。硅酸乙酯型壳在制壳过程中会排放出乙醇、氨气等挥发性有机物(VOC),对环境存在一定危害。西方发达国家早在 20 世纪末就已颁布法令限制醇基黏结剂的使用量[53],而我国在这方面暂无明确规定。随着水基硅溶胶黏结剂的不断发展升级,各种性能优良的改性硅溶胶产品不断问世,可供选择的硅酸乙酯替代品越来越多。

如何实现熔模铸造的可持续发展,已成为各方关注的焦点[79]。废弃陶瓷型壳的处理和再生利用非常重要,其方针措施的确立对于精密铸造的发展是当务之急[80]。早在 20 世纪七八十年代,美日等工业发达国家就已经开始注意精铸厂废弃物(特别是废弃型壳)的排放和再利用问题。1976 年美国加利福尼亚 Orbis 精铸厂就从生产粉碎分级设备的 Sweco 公司购入设备回收型壳。1987 年,美国 ICI 牵头的型壳回收研究课题正式起步,并有将废弃型壳适当处理加工成一次性使用的耐火制品(例如浇口杯、成型浇道等)的报道[81]。另据文献介绍[82,83],废弃型壳材料还可以用作建筑材料的原材料。Valenza 等[84]将 3～32 μm 粒径的废弃型壳粉碎料用于耐火陶瓷砖的制备,取得了良好效果。

目前,据粗略估计,我国精铸件年产量已多达 5 万吨以上,每年产生的废壳将近 100 万吨。宁波大学赵恒义等[85]对废弃型壳的化学成分、物相组成以及由回收废壳制成的型壳的强度、透气性、抗热变形能力等进行了较深入而全面的实验研究。研究表明,只要处理方法得当,废弃型壳是完全可以回收利用的。2004 年,江苏泰州金鼎和鑫宇精铸公司,将回收的废弃硅溶胶型壳制成的粗砂用作第 4 层以后的淋砂材料,粉料用作封浆层浆料,取得了良好效果。

(6) 陶瓷型壳的变形研究。

Jiang 等[86-89]系统研究了简单板状型壳在制壳各工艺环节下的尺寸变化及影响因素,并设计了一种阶梯金字塔形蜡模,研究了蜡模、950℃焙烧后的型壳、1 580℃浇注的 P20 工具钢铸件之间的尺寸关系。研究表明,型壳焙烧后的尺寸收缩达 2.06%,超过铸件尺寸变化的 50%,是影响铸件尺寸的最主要因素。然而,该实验中所用的型壳为硅酸乙酯水解液浆料通过硅溶胶凝胶成型灌注成型,与传统的制壳工艺有巨大差别,且型壳的尺寸为焙烧后冷却至室温测量,不能完全反映出型壳对铸件尺寸的影响。

Morrell 等[90]研究了不同材料体系陶瓷型壳的弹性蠕变和压蠕变。研究表明,不同体系的型壳具有不同的脆弱温度区间,该脆弱区间对应型壳显微组织的脆弱温度区间。对于硅基型壳来说,脆弱区间处于 1 000℃以下,当温度高于该区间,型壳显微组织得到巩固并在载荷下表现出非常小的扭曲;对于氧化铝基及铝硅基型壳,脆弱区间处于 1 000℃略上,因此,需谨防氧化铝基及铝硅基型壳浇注前的变形。

(7) 陶瓷型壳的模拟仿真。

目前,陶瓷型壳模拟仿真方面已开展的研究主要集中在对型壳断裂问题的受力分析,而在型壳变形及其对铸件精度的影响方面却鲜有研究。Chen 等[91]针对涡轮叶片铸造中型壳容易断裂的问题,提出了基于弹性连续体模型的型壳有限元分析方法,进行变形和受力分析,在找出的易断裂区域添加聚酰亚胺以增加型壳强度,并以实验证明分析结果的正确性。

Ecerhart 等[92]针对硬质塑料作为模料的型壳在铸造中容易断裂的问题,结合有限元和热力学分析建立型壳变形模型,并且综合考虑模料冷却时产生的收缩,分析得到一套较优化的工艺参数。Everhart 等[93]利用连续介质模拟多孔性型壳材料,用公式和仿真预测型壳拐角和边缘处裂纹,得出型壳的孔隙率对应力分布有影响的结论。型壳焙烧时,炉体对型壳的传热方式为辐射传热[94]。Zashkova[95]针对型壳在焙烧过程中由升温速率过快导致的断裂,以及型壳的物理化学变化,利用顺序传热方式研究型壳在不同加热时间内的瞬态温度,从而选择合理的加热时间与升温速率,节省时间和花费。

(8) 熔模铸造制壳新技术与新设备。

熔模铸造是一种既传统又现代的铸造工艺,其应用已有数千年的历史。然而,这种古老的工艺与新兴科技的结合亦十分紧密,新技术与新设备的发展对熔模铸造陶瓷型壳具有重大影响和推动作用。

快速成型技术(Rapid Prototyping,RP)是 20 世纪 90 年代发展起来的一种高新技术。制作模样是快速成型技术在熔模铸造中应用的重要方面[96]。目前比较流行的快速成型方法有立体平板印刷法(SLA)、选区激光烧结法(SLS)、熔融堆积法(FDM)、分层实体制造法(LOM)和三维打印法(3D-P)等。由以上几种快速成型模样制备的型壳需使用闪烧脱蜡的方法进行模样的脱除,这对型壳的热震稳定性提出了一定要求。

快速冻结成型是一种新兴的快速成型方法,可借助 CAD 模型一层一层地选取沉积水并使之迅速凝固,以直接制备出具有一定三维尺寸的冰模[97]。冰模对制壳材料及工艺的要求极高,冰模用制壳浆料需在冰点温度以下仍具有较好的流动性,冰模型壳干燥的环境温度亦应控制在零度以下,浆料中还需加入催化剂来缩短浆料在冰模表面的凝胶时间。此外,为了抑制冰模表面的溶解,还需使用界面剂[98,99]。

闪烧脱蜡是 20 世纪 90 年代发展起来的一种脱蜡方法[100]。闪烧脱蜡将脱蜡与焙烧两道工序合二为一,是脱除塑料模(包括 SLA、LOM 等快速成型方法制备的模样)等蒸汽脱蜡无法脱除的模料的最佳选择[101]。闪烧脱蜡也可脱除型壳中的蜡料,并具有高达 80%～95% 的蜡料回收率[102],与蒸汽脱蜡加焙烧相比,其可节约20%的能耗[103]。

使用机械手进行沾浆和淋砂操作,在国外已有大约 40 年的历史。机械手发展至今,已发展成液压传动,具有 5～6 个自由度,其动作更加灵便,自动化程度进一步提高,如 VA Technology Ltd. 研制和开发出新型制壳机械手[104,105]。德国 MK Technology♯s Cyclone 推出的全自动制壳机(含干燥过程)[106],据称可在数小时内制得型壳,它是专门为快速生产精铸样件而开发的。为满足 Rolls Royce 公司将硅酸乙酯制壳改造为硅溶胶制壳工艺的要求,1995 年英国 Drytech Processing Ltd. 设计和生产了自动化的型壳干燥系统[107]。其干燥间四周封闭,占用场地和空间小,有利于调整和控制温度、湿度和风速等工艺参数,亦有利于节能。

风洞制壳机可建立空气动力学最佳风洞,使空气加速至 4 m/s,并以旋风方式来干燥型壳,使型壳在 30 分钟内实现干燥,从而将八层型壳的制壳时间缩短至 4～7 小时。经风洞制壳机干燥的型壳,其强度比普通型壳要大 50% 左右,可用于生产各种金属的铸件,包括镁和钛合金的铸件。

4.1.4 大型陶瓷型壳的制备难点

我国航空发动机乃至整个航空工业发展历程坎坷,航空材料及其制造技术远远落后于国际先进水平。航空发动机大型结构件的整体精铸技术成为制约航空发动机发展的瓶颈。大型陶瓷型壳的制备作为精密铸造过程中的关键环节，突破大型陶瓷型壳制备技术刻不容缓。然而，大型陶瓷型壳的制备仍存在很多难点，具体如下：

（1）对型壳理化性能要求更高。大型薄壁铸件复杂的结构特点对陶瓷型壳的强度、透气性、抗变形性、退让性等性能都提出了更高的要求。铸件尺寸越大，型壳在蒸汽脱蜡时承受的蜡料压力越大，型壳在浇注时承受的金属液静压力也将更大，这需要型壳具有足够的室温和高温强度。然而，随着铸件结构越来越复杂，铸件壁厚越来越薄，对型壳溃散性的要求也越来越高，否则容易造成铸件的热裂，一般需调节型壳的厚度来控制型壳的强度。同时，型壳厚度的增加会导致其透气性降低，对脱蜡效率和金属液充型产生不利影响。因此，合理地优化型壳配方，使型壳在强度和透气性之间达到完美平衡具有重要意义。

（2）制壳自动化程度要求更高。大型铸件的型壳往往质量很大，可重达 500 kg 以上，无法手工完成沾淋操作，必须使用自动化程度更高的机械手，配合大型的沾浆桶和淋砂机。机械手价格昂贵，投资大。此外，机械手沾浆淋砂程序的设计对型壳质量也有很大影响。

（3）某些特殊结构处的型壳制备难度较大，如铸件的狭长内腔。狭长内腔处型壳的涂挂、干燥、充芯材料或预制陶瓷型芯的使用皆为关键成型技术。

（4）制壳工艺的控制更严格。大型铸件对内在质量和尺寸精度的要求更高，因此，对制壳各流程工艺参数的控制都更加严格，包括型壳干燥参数（干燥温度、干燥湿度、干燥时间）、脱蜡参数（脱蜡温度、脱蜡时间）、焙烧参数（焙烧工艺曲线）等。

熔模铸造在近几十年发展迅速，学者们对熔模铸造型壳的研究愈发深入和系统，然而，相关研究尚存在以下不足：

（1）制壳方法缺少革新，传统制壳工艺工序复杂周期长。

目前绝大多数铸造厂及实验室使用的制壳方法仍为传统的沾浆淋砂多层制壳法。传统的沾浆淋砂法需一层一层地在熔模表面进行涂挂干燥，制壳周期长。特别是对于大型铸件型壳，型壳需涂挂的厚度较厚，有时需涂挂近二十层，仅仅型壳制备过程就需要花费近十天时间。虽然有些学者提出了硅溶胶凝胶成型等新的制壳方法，但这些方法都存在明显不足，暂时尚未得到广泛认可。型壳制备周期长已经成为制约熔模铸造生产效率的瓶颈。

基于快干黏结剂及自动化制壳干燥间的快速制壳工艺能在一定程度上提高制壳效率。然而，这种工艺一般只能应用在小型型壳上，对于尺寸大结构复杂的大型型壳，由于对型壳不同区域的干燥均匀性及型壳坯体强度的要求更高，快速干燥工艺的应用受到很大限制。因此，探索出一条适用于大型型壳的快速制壳新工艺对熔模铸造具有重要意义。

（2）型壳材料体系有待进一步扩展,型壳综合性能调控仍有较大提升空间。

型壳的性能由制壳用黏结剂和耐火材料决定。近几十年,制壳黏结剂方面的研究取得了重大进展,黏结剂的种类和牌号日益丰富,可用于制备满足不同铸造要求的陶瓷型壳。然而,制壳耐火材料的种类却主要局限于刚玉、硅酸锆、铝硅酸盐、熔融石英等数种。制壳用耐火材料的种类始终未得到扩展,这就制约了陶瓷型壳性能进一步优化和提升的空间。

大多数铸造厂所使用的型壳体系都为单一耐火材料体系,如面层浆料全部使用刚玉作为耐火粉料,背层浆料全部使用莫来石作为耐火粉料,这样做的好处是简化了型壳配方,减少了原料采购、浆料配制等诸多方面的工作量。然而,不同的耐火材料具有不同的高低温物性,其与黏结剂的作用效果亦不同,往往多种耐火材料配合使用才能使型壳具有更均衡更优异的高低温性能。例如,在熔融石英型壳中加入少量氧化铝可以在高温时生成二次莫来石相,进一步提高型壳的高温强度,而不影响型壳的透气性和退让性。此外,某些添加剂的加入对型壳的性能亦有很大的改善,如某些矿化剂、陶瓷纤维等,但这些方面的研究仍显不足。

（3）型壳变形与尺寸超差方面的定量研究不足,型壳尺寸控制多依靠经验。

随着熔模铸造的发展,人们对铸件的尺寸精度要求越来越高。然而,人们将研究铸造变形的大部分精力放在熔模变形和金属凝固冷却时的变形上,对型壳变形的关注明显不足。铸件尺寸越大、结构越复杂,陶瓷型壳的变形均匀性越差,变形量亦越大。随着研究的深入,型壳的变形,特别是大型复杂铸件型壳的变形越来越受到人们的重视。型壳对铸件尺寸的影响主要表现在：① 焙烧时型壳在不均匀温度场作用下产生的变形;② 浇注时型壳受金属液静压力作用而产生的变形。对于形状复杂的大型铸件型壳来说,金属液静压力致其产生的变形可忽略不计,影响型壳变形的最主要因素为型壳焙烧时的变形。

简单平板状型壳焙烧时的变形表现为简单的线量变化,可通过实验直接测量,亦可通过型壳的热膨胀系数进行计算。然而,具有复杂内腔结构的型壳焙烧时的尺寸变化受温度场及变形约束的影响,其尺寸变化规律与简单平板型壳差异巨大,且难以通过实验直接测量,只能借助计算机仿真进行研究。目前,关于型壳的仿真分析主要集中在型壳断裂上,而型壳高温变形方面的仿真工作却鲜有开展。大多数铸造厂默认经高温焙烧后型壳各个部位呈均匀膨胀,而在确定型壳膨胀率时仅参考型壳的热膨胀系数,抑或依靠经验和通过实验反复修正获得。

4.2　大型陶瓷型壳的制备与性能表征方法

与中小型铸件相比,大型铸件的特点不仅体现在尺寸大,而且往往结构非常复杂,且因为减重的要求,在满足力学性能的条件下,设计了大面积的薄壁结构。以航空发动机用镍基高温合金后机匣为例,这类大型铸件的轮廓尺寸超过 1 m,有若干支板、凸台、吊耳等结构,且壁厚仅为 2 mm 左右。铸件大型复杂薄壁的结构特点对陶瓷型壳的强度、透气性、抗变形性等性能提出了更高的要求。

4.2.1　大型陶瓷型壳原料组成

在本节中,主要介绍两种大型陶瓷型壳的制备技术。两种型壳分别命名为 MS 型壳和 WS 型壳。这两种陶瓷型壳具有相同的面层而不同的背层。MS 型壳由面层和 MS 背层组成,WS 型壳由面层和 WS 背层组成。对于型壳面层,选用了一种相对传统经济的材料组合,以碱性硅溶胶作为黏结剂,高温氧化铝粉和锆英砂分别作为面层浆料用耐火粉料和淋砂材料,在面层浆料中还加入了坯体强度增强剂乳胶和晶粒细化剂铝酸钴,使型壳面层在室温和高温下都具有较高的强度,在保证了型壳的热稳定性的同时还使型壳面层兼具了细化晶粒的作用。这种面层能够形成平整、致密、坚实而光滑的型壳表面,且不与金属液发生作用,保证铸件的表面质量。

对于高温合金大型铸件来讲,其对表面质量的要求固然很高,然而铸件的尺寸精度与变形控制才是整个熔模铸造工艺中的重点与难点,这就对陶瓷型壳背层的性能提出了更高的要求。为此,设计了两种不同的背层材料,即 MS 背层和 WS 背层。MS 背层使用由硅酸乙酯和酸性硅溶胶配制而成的复合黏结剂,这种黏结剂综合了水基硅溶胶和醇基硅酸乙酯水解液两种黏结剂的特点,配制出的浆料流动性好、型壳干燥速度快、湿坯强度高;WS 背层则使用水基增强型快干硅溶胶作为黏结剂,这种硅溶胶优质环保,型壳湿坯强度高、溃散性好。

至于型壳背层耐火材料的选择,熔融石英无疑是很好的选择,然而熔融石英也有其自身缺点,熔融石英粉料呈多角形分布,松装密度很低,配制的浆料粉液比较低,制备的型壳往往强度不足。因此,熔融石英很少孤立使用,一般会与其他材料搭配使用从而扬长避短,达到理想的应用效果。MS 背层使用熔融石英和电熔莫来石作为浆料用耐火粉料,使用电熔莫来石作为淋砂材料,莫来石耐火度高,线膨胀系数小,热震稳定性好,价格便宜,适合与熔融石英搭配使用;而 WS 背层则使用熔融石英作为浆料用主要耐火粉料,并在浆料中添加了一定量的针状石油焦。针状石油焦对增强浆料的黏附性,优化型壳涂挂厚度,提高型壳湿坯强度及透气性,改善脱壳性等均有益处。WS 背层依然使用熔融石英作为淋砂材料。

制壳用黏结剂的主要参数如表 4－3 所示,其中型壳面层和充芯材料使用的为 1 130℃硅溶胶,WS 背层型壳使用的为 DVSTU006 硅溶胶,以上两种硅溶胶皆为碱性黏结剂。MS 背层所用的 A3125 是一种复合黏结剂。A3125 复合黏结剂是用硅酸乙酯、二氧化硅含量 30% 的酸性硅溶胶以及若干有机溶剂配制而成的一种酸性黏结剂。DVSTU006 硅溶胶中则含有一定含量的液态水溶性高聚物,这对改善浆料涂挂性,提高型壳坯体强度均有重要意义。制壳用耐火材料的种类及其粒度如表 4－4 所示。

表 4-3 制壳用黏结剂

黏结剂	SiO$_2$含量(wt%)	高聚物含量(wt%)	比重(g/cm^3)	pH 值
普通碱性硅溶胶	29~31	—	1.21~1.22	9.7~10.5
复合黏结剂	19~21	—	1.00~1.01	1.1~1.6
快干硅溶胶	28~30	7.7	1.19~1.20	9.8~10.2

表 4-4 制壳用耐火材料

耐火材料	粒度/目
高温氧化铝	−325
铝酸钴	−200
锆英砂	70/200
熔融石英	−325、40/150、120、30/50、50/100
电熔莫来石	40/150、10/70

4.2.2 大型陶瓷型壳制备过程

型壳制备是整个熔模铸造过程中的重要环节。铸件的尺寸精度、表面粗糙度，甚至内在质量都与陶瓷型壳有密切的关系。然而，型壳制备工序复杂，生产周期长，涉及工艺参数多，这些都为型壳质量的控制带来很多困难。

（1）浆料配制。

由黏结剂和耐火粉料配成的浆料是型壳结构的基础，可分为面层和背层两种，使用快速配浆机来配制浆料，如图 4-3 所示，使浆料中各组分混合均匀，配浆机的容量为 200 L，转速可调节，最大转速可达到 1 000 r/min，另外，配浆机带有温控系统以及报警装置，可通过外接冰水机来调节配浆机中浆料的温度。待物料加入完毕后，每间隔一小时用蔡恩杯测量一次浆料的黏度，记录浆料流杯黏度的变化曲线，会发现浆料的流杯黏度在逐渐变小，直至连续两次流杯黏度测量结果差小于1 s，如图 4-4 所示，此时浆料的黏度已趋于稳定，说明浆料已完全混合均匀，浆料一般需在配浆机中连续搅拌至少 8 h 以上方可混合均匀，浆料搅拌均匀后转移至沾浆桶中保存。

（2）沾浆淋砂。

沾浆淋砂是型壳制备的核心步骤，沾浆淋砂前应调节好浆料的黏度和温度并筛除淋砂材料中的结块和灰分。具体的制壳工艺参数如表 4-5 所示。对于大型熔模，分别使用 500 kg 和 1 000 kg 的机械手进行面层和背层的沾浆淋砂操作，机械手沾浆淋砂过程如图 4-5 所示，小型熔模则可以人工操作进行沾浆淋砂。制壳时，首先进行面层的涂挂，待型壳面层干燥后，反复进行背层的涂挂，直至达到所需要的

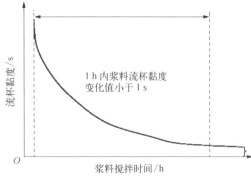

图4-3 在快速配浆机中配制浆料　图4-4 浆料配制过程中黏度稳定曲线

层数,最后一层背层为封闭层,只沾浆不淋砂,不同的模组及型壳性能测试样品涂挂的型壳层数不同,具体如表4-6所示。

表4-5 沾浆淋砂工艺参数

型壳体系	MS 型壳			WS 型壳		
	面　层	背　层	封闭层	面　层	背　层	封闭层
浆料种类	面浆	MS 背浆	MS 背浆	面浆	WS 背浆	WS 背浆
淋砂材料	70/200 锆砂	10/70 莫来石	n/a	70/200 锆砂	30/50 熔融石英	n/a
浆料温度/℃	19~25	7~10	7~10	19~25	19~25	19~25
风速/(m/s)	0.5	3.0	3.0	0.5	3.0	3.0
干燥时间/h	24	10	24	24	8	24
环境温度/℃	19~25	19~25	19~25	19~25	19~25	19~25
相对湿度/%	50~70	50~70	50~70	50~70	50~70	50~70

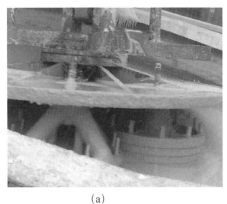

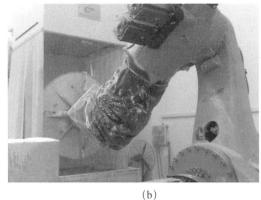

(a) (b)

图4-5 机械手沾浆淋砂过程

(a) 沾浆 (b) 淋砂

表 4-6　不同样品涂挂的陶瓷型壳种类及层数

样 品 种 类	MS 型壳	WS 型壳
强度/透气性/变形	6	6
热膨胀系数	5	5
特征件/单个斜支板铸件	10	—
后机匣	18	—

（3）蒸汽脱蜡。

蜡模从陶瓷型壳中熔失的过程称为脱蜡。大型陶瓷型壳采用目前应用最广泛的蒸汽脱蜡法进行脱蜡。为了使型壳在脱蜡前具有较大的坯体强度而不会在脱蜡时开裂，封浆后的型壳需干燥 24 h 方可进行脱蜡操作。型壳脱蜡在蒸汽脱蜡釜中进行，蒸汽脱蜡釜如图 4-6 所示。型壳蒸汽脱蜡时的工艺参数包括脱蜡温度、脱蜡压力、脱蜡时间。其中脱蜡温度和脱蜡压力是一组相关的参数，脱蜡釜内的温度和压力都由水蒸气提供，脱蜡温度和脱蜡压力对应水蒸气的温度及在该温度下的饱和蒸汽压。针对机匣类铸件精铸用型壳的蒸汽脱蜡温度和脱蜡压力定为 170℃和 0.75 MPa。而不同尺寸的型壳，采用不同的脱蜡时间，一般为 1 000～2 000 s。脱蜡结束后，将脱蜡釜中的压力卸载，即可将型壳取出。

图 4-6　型壳脱蜡使用的蒸汽脱蜡釜

（4）焙烧浇注。

型壳焙烧是熔模铸造的重要工序之一，很多型壳样品都需经过高温处理。图 4-7 给出了大型陶瓷型壳焙烧前后的现场照片。

4.2.3　大型陶瓷型壳的性能检测方法

4.2.3.1　陶瓷浆料的性能检测

（1）浆料黏度。

使用蔡恩杯（Zahn cup）来测量浆料的流杯黏度和运动学黏度，如图 4-8(a)所示。测量前将黏度杯清洗干净，并保证浆料的温度在允许范围，将黏度杯浸入浆料中，迅速提起黏度杯，当黏度杯的上沿离开浆料表面时开始计时，当黏度杯小孔下方出现断流时停止计时，记录所用的时间 t s，此时间即为浆料的流杯黏度。蔡恩杯容积为 44 mL，包括五种孔径大小不同的流杯，从 1 号杯至 5 号杯孔径逐渐加大。本章中测量面层浆料的流杯黏度使用的为 4 号蔡恩杯，其孔径为 4.35 mm；测量两种背层浆料流杯黏度则使用的为 5 号蔡恩杯，其孔径为 5.41 mm。浆料的流杯黏

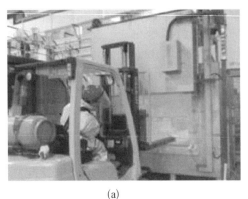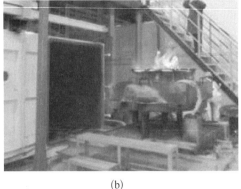

(a)　　　　　　　　　　　　　　(b)

图 4 - 7　后机匣铸件的焙烧和浇注

(a) 焙烧后　(b) 浇注后

度可通过公式换算成运动学黏度,对于本章中使用4♯和5♯蔡恩杯,浆料的运动学黏度 ν(mm^2/s)可分别由式(4-1)和式(4-2)计算而得:

$$\nu = 14.8(t - 5) \tag{4-1}$$

$$\nu = 23t \tag{4-2}$$

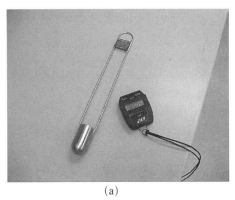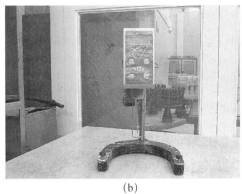

(a)　　　　　　　　　　　　　　(b)

图 4 - 8　用于测试浆料黏度的蔡恩杯(a)和旋转黏度仪(b)

　　使用NDJ-5S和Model NXS-11A旋转黏度仪测量型壳及充芯材料浆料的动力学黏度,如图4-8(b)。将浆料倒入500 mL烧杯中,浆料深度需达到测量指定深度,选择合适的转子,变换不同的转速,记录浆料在不同转速或剪切速率下的动力学黏度。

　　(2) 浆料比重。

　　准备干净的容量为100 mL的量筒一个并称取其重量 W_T,将浆料倒入量筒中100 mL刻度处,称取总重量 W_G,清洗烘干量筒,然后倒入同体积的水,称取重量

W_C,则浆料的比重 S_p 为：

$$S_p = \frac{W_G - W_T}{W_C - W_T} \qquad (4-3)$$

（3）浆料固体含量及硅含量。

准备干燥的玻璃皿一个并称取其重量 W_T，称取约 50 g 浆料或 10 mL 浆料离心液（离心机转速＞3 500 r/min，离心时间 30 min）放入玻璃皿中，称取浆料或离心液与玻璃皿的总重量 W_S，将样品放入 120℃的烘箱中，1 h 后将样品取出，冷却至室温后记录样品的重量，再次将样品放入 120℃的烘箱中加热，30 min 后取出冷却称重，记录样品的重量，重复操作过程直至样品重量保持不变，此重量为干燥重量 W_D，则浆料固体含量或二氧化硅含量百分比 TSC 为：

$$TSC = \frac{W_D - W_T}{W_S - W_T} \qquad (4-4)$$

（4）浆料涂片重。

准备一块尺寸为 150 mm ×150 mm×1.5 mm 的不锈钢板，计算钢板的表面积 C，将不锈钢板清洗干净并干燥称重 A，然后浸入浆料中 5 s，快速将钢板从浆料中取出，如图 4-9 所示，同时开始记录时间，经 120 s 的滴淌时间后，称取不锈钢板与粘附在其上的浆料的总重量 B，则浆料的涂挂量 R 为：

$$R = \frac{B - A}{C} \qquad (4-5)$$

对于不同种类的浆料，由于其密度 ρ 不同，因此单位面积涂片上的浆料涂挂量 R 不能完全反映出浆料在不锈钢板上的粘附量，此时，浆料的涂挂厚度 D 更适合来表示浆料的涂挂性：

$$D = \frac{R}{\rho} \qquad (4-6)$$

图 4-9 浆料的涂片重测试

（5）面层浆料湿膜厚度。

准备一片干净的玻璃片，将玻璃片浸入面层浆料中至少 4 in① 深，然后取出玻璃片，直至玻璃片表面的浆料停止流淌，干燥 5 min 后，用湿膜测厚仪测量面层浆料的涂挂厚度，如图 4-10 所示。

---

① in 为长度单位英寸，1 in＝0.025 4 m。——编注

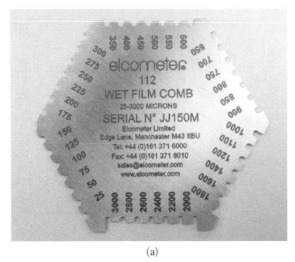

(a)　　　　　　　　　　　　　　　　　(b)

图 4 - 10　面层浆料的湿膜厚度测试

（6）浆料气泡测试。

准备干净的载玻片一片，用胶带将载玻片的一侧粘住，然后将载玻片浸入面层浆料中并淋砂，去除一侧粘附的胶带，在光源下从取下胶带的一侧观察载玻片沾浆淋砂的一侧的气泡数量，如图 4 - 11(a)所示。气泡数量以每平方英寸不多于一个气泡为宜，如气泡数量超标，一般需加入适量消泡剂。另取 10 mL 浆料离心液（离心机转速＞3 500 r/min，时间 30 min），放入离心管中，摇动离心管，10 s 后停止摇动，记录浆料中气泡完全消失所需要的时间，如图 4 - 11(b)所示，一般以 30 s 以下为宜，否则需加入适量消泡剂。

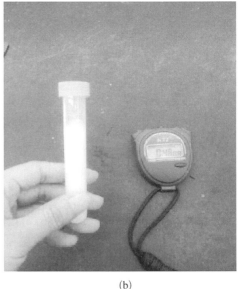

(a)　　　　　　　　　　　　　　　　　(b)

图 4 - 11　浆料气泡数量(a)及气泡破裂速度(b)测试

4.2.3.2　陶瓷型壳组织观察与性能测试方法

（1）物相分析。

采用 X-射线衍射仪（X-ray diffractometer，XRD）对陶瓷型壳进行物相定性分析，衍射样品研磨粉碎，用 100 目筛子筛分，取筛下物。测试参数为：Cu 靶，电压 40 kV，电流 60 mA，扫描步长 0.02°，扫描速度 5°/min，衍射角 2θ 范围 10°～70°。

（2）显微组织分析。

采用安装有能谱仪（energy dispersive spectrometer，EDS）的扫描电子显微镜（scanning electron microscope，SEM）分析材料的微观组织以及断口形貌。

（3）型壳抗弯强度测量。

在万能材料试验机上进行型壳及充芯材料常温强度力学性能测试，在高温抗折试验机上进行型壳材料高温力学性能测试，样品尺寸 150 mm×20 mm×20 mm，加载速率为 1 mm/min。材料的抗弯强度可通过公式（4-7）计算得出，结果如下所示。

$$\sigma_{\max} = \frac{3P_{\max}L}{2WH^2} \qquad\qquad (4-7)$$

式中：$\sigma_{\max}$ 为型壳的抗弯强度（MPa），$P_{\max}$ 为最大载荷量（N），L 为试样的跨距（mm），W 为试样的宽度（mm），H 为试样的厚度（mm）。试验结果为 3 个或以上数据的平均值。

AFL_{B}，即修正断裂载荷，被定义为使 10 mm 宽，70 mm 跨距的型壳样品断裂所需的最大载荷，是一种标准化型壳承载能力的方法。可由公式（4-8）计算得出，结果如下所示。

$$AFL_{\mathrm{B}} = f_{\mathrm{B}}\sigma_{\max}H^2 \qquad\qquad (4-8)$$

其中：f_{B} 为常数，等于 0.1。

（4）型壳的楔形强度测量。

在内角为 12°，边长为 20 mm，宽度为 10 mm 的楔形蜡模上涂挂型壳样品，涂挂六层后，用砂纸打磨后即可得到楔形强度型壳样品，楔形强度蜡模和型壳试样的截面示意图如图 4-12 所示。

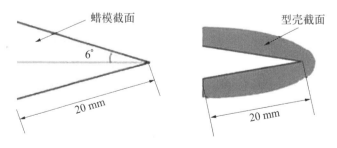

图 4-12　楔形强度蜡模与型壳试样截面示意图

　　测量型壳的楔形强度时,将楔形强度样品置于内角大于 12°的楔形底座上,对楔形强度样品施加一定载荷使样品断裂,加载时楔形型壳的内表面承受拉应力,而外表面承受压应力,如图 4 - 13 所示,可根据使型壳样品断裂的最大载荷量通过公式(4 - 9)计算出型壳的楔形强度:

$$\sigma_{\text{edge}} = 12.2\,\frac{Fd\sin\theta\cos\theta}{WT^2} \tag{4-9}$$

式中:σ_{edge} 为型壳的楔形强度(MPa),F 为使型壳断裂的最大载荷量(N),d 为样品的边长(mm),T 为样品顶端尖角处的厚度(mm),W 为样品的宽度(mm)。

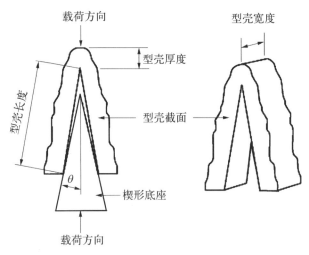

图 4 - 13　型壳楔形强度测量示意图

　　(5) 型壳变形测量。

　　将型壳涂挂在尺寸为 400 mm×100 mm×10 mm 的蜡模上,面层涂挂一层,待干燥 24 h 后涂挂背层,背层共涂挂七层,层间干燥 8 h,最后一层为封闭层,只沾浆,不撒砂。涂挂结束后的型壳经蒸汽脱蜡、切割、打磨后,制成尺寸为 220 mm×10 mm×5 mm 的试样条。

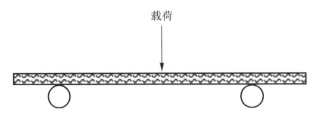

图 4 - 14　型壳载荷下弯曲变形测量示意图

　　将平板型壳试样条放入焙烧炉中的刚玉支点上,支点间的跨距为 150 mm,待试样随焙烧炉升温至指定温度后,通过在试样的中部放置硅酸锆载荷片来施加载荷,保温 1 h 后,将载荷片卸除,使试样随炉冷却,如图 4 - 14 所示。冷却至室温后,测量试样的挠度、厚度和宽度。加载时,型壳试样所受的载荷,以及型壳的弹性应变可分别用式(4 - 10)和式(4 - 11)进行计算:

$$\sigma = \frac{3 F_{max} L}{2W H^2} \qquad\qquad (4 - 10)$$

$$\varepsilon = \frac{6H\delta}{L^2} \qquad\qquad (4 - 11)$$

式中,F 为加载量(N);L 为跨距(mm);W 为试样宽度(mm);H 为试样厚度(mm);δ 为挠度(mm);ε 为应变(%)。

(6) 型壳透气性测量。

将内径 6 mm,外径 10 mm,长 250 mm 的石英管一端插入直径 40 mm 的乒乓球中,插入深度控制在 5~20 mm,并用粘结蜡将乒乓球与石英管结合处封闭固定。然后在乒乓球上制备型壳,涂挂一层面层和六层背层,最后一层背层为封闭层,石英管与乒乓球连接端 30 mm 左右的长度上也应涂挂上型壳。型壳涂挂干燥后,将丁酮溶液从石英管开口端灌入乒乓球中,丁酮溶液可将乒乓球溶解,不断更换丁酮溶液,直至丁酮溶液不在发生颜色变化,说明此时乒乓球已完全溶解。将型壳样品干燥 2 h 后即可开始测量其透气性。型壳透气性测试用样品如图 4 - 15 所示。

图 4 - 15　型壳透气性样品

型壳透气性测试装置示意图如图 4 - 16 所示。使用压缩空气作为气源,通过型壳试样的空气压力恒定为 68. 95 kPa(10 psi[①]),型壳样品的升温速率为 3℃/min,

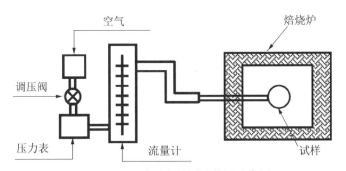

图 4 - 16　型壳透气性测试装置示意图

---

①　psi 为压力单位,1 psi=6. 894 8×10³ Pa。——编注

测试温度为：25℃，200℃，400℃，600℃，800℃，1 000℃。则型壳的透气性 $\mu(\mathrm{m}^2)$ 可由公式(4-12)和式(4-13)得出。

$$\mu = \frac{\eta V l}{a p} \tag{4-12}$$

$$\eta = \eta_0 \frac{T_0 + B}{T + B} \left(\frac{T}{T_0}\right)^{\frac{3}{2}} \tag{4-13}$$

式中，η 为测试温度下空气的黏度($\mathrm{Ns/m^2}$)，V 为空气的流量($\mathrm{m^3/s}$)，l 为型壳样品的厚度(m)，a 为型壳的内表面面积($\mathrm{m^2}$)，p 为穿过型壳样品的气体压力($\mathrm{N/m^2}$)，η_0 为室温下空气的黏度($\mathrm{Ns/m^2}$)，T 为升高的测试温度(K)，T_0 为室温(K)，B 为常数，约为 110.4K。

每组样品包括六个试样，分别计算出六个试样的透气性值，然后取其平均值。超出平均值 15% 的样品将被剔除。

(7) 型壳的密度与孔隙率测量。

通过阿基米德排水法测试型壳的密度。每组选取 3 个试样，标明序号。在电子天平上称其重量为 M_a。然后上述试样放入盛水的烧杯中煮沸直至试样不再有气泡逸出，取出后用湿布擦去试样表面的水，称其重量为 M_b。将盛有水的烧杯放在电子天平上，调零。注意水不要盛的太满以至超过天平的最大量程。接着将试样系上细线，浸入装有水的烧杯里，注意试样要完全浸入水中但不要接触到烧杯壁和烧杯底，称取其在水中的重量为 M_c，水的密度为 ρ_w，则可根据下列公式计算试样的体积密度 $\rho(\mathrm{g/cm^3})$ 和孔隙率 $\theta(\%)$。

$$\rho = \frac{M_a}{M_c} \cdot \rho_w \tag{4-14}$$

$$\theta = \frac{M_b - M_a}{M_c} \tag{4-15}$$

(8) 热膨胀系数测量。

采用"零摩擦"膨胀仪测量型壳在室温至 1 400℃的热膨胀系数，样品尺寸为 4 mm×4 mm×20 mm，升温速率为 5℃/min，空气气氛。

4.3 大型陶瓷型壳性能表征

4.3.1 陶瓷浆料性能表征

4.3.1.1 陶瓷浆料的物理性能

陶瓷浆料是型壳的重要组成部分，浆料的性能直接影响型壳的性能。型壳可分为面层和背层，浆料也随之分为面层浆料和背层浆料。本章中介绍的 MS 和 WS 两种型壳，它们具有相同的面层浆料和不同的背层浆料，三种浆料的物理性能如表

4-7所示。测试项目包括浆料的温度、黏度、pH 值、密度、固体含量、二氧化硅含量、湿膜厚度、气泡含量及气泡破裂速度等。

表 4-7 陶瓷浆料的性能

测 试 项 目	面层浆料	MS 背层浆料	WS 背层浆料
温度/℃	18～25	7～10	18～25
流杯黏度/s	26～28	21～25	12～15
pH 值	9.6～10.5	1.5～3.0	9.6～10.5
密度/(g/cm³)	2.4	1.4	1.5
固含量/%	＞78	＞76	＞72
SiO₂ 含量/%	18～23	18～23	26～32
湿膜厚度/μm	89	146	174
气泡含量/in⁻²	＜1	＜1	＜1
气泡破裂速度/s	28	18	26

陶瓷浆料的功能性主要由浆料的配方决定,即黏结剂与耐火材料的种类、浆料固含量、二氧化硅含量等。而对于某种特定配方的浆料来说,重点关注的是其工艺性和流变性等性能。表 4-7 中所列出的性能中,温度、pH 值和黏度是浆料最基本的三个性能指标。温度和 pH 值主要影响浆料的稳定性,黏度则主要影响浆料的工艺性。

浆料的温度较易控制,大型精铸厂的制壳车间一般都装有恒温恒湿系统,沾浆桶中也可安装温控装置,可以较为准确地控制浆料的温度。

浆料 pH 值的影响因素较多,非去离子水、耐火材料及熔模清洗剂中的电解质对浆料 pH 值的影响很大。此外,浆料的低更新度、高硅含量、过度混合及细菌含量超标对浆料的 pH 值亦有较大影响。因此,当浆料中的 pH 发生偏离过大,需进行调节。酸性浆料一般使用稀盐酸进行调节,碱性浆料则可使用氢氧化铵或三乙醇胺水溶液进行调节。

浆料的黏度可分为流杯黏度、运动学黏度、动力学黏度等。表 4-7 中所列出的浆料黏度即为流杯黏度,其反映浆料的流动性。所谓流杯黏度,即浆料从特定容积的黏度杯底部一定孔径的喷口中完全流出所需的时间。

面层浆料用于形成陶瓷型壳表面的光洁致密的表面,一般要求耐火粉料粒度细小、浆料固体含量高,因此,相比背层浆料,面层浆料一般具有更高的流杯黏度。MS 背层浆料的流杯黏度大于面层浆料,不过由于 MS 浆料为醇基,其流动性和润湿性均优于水基浆料,在较高的黏度亦不会对型壳的涂挂产生不良影响。而对于同为背层浆料的水基 WS 浆料,为了获得较好的涂挂效果,要求其流杯黏度低于面层浆料和 MS 浆料。

浆料的流杯黏度主要受耐火材料粒度粒形及其在黏结剂中的体积含量影响。在耐火材料牌号固定的情况下,耐火材料的粒度分布及粒形一定,此时浆料的流杯黏度主要受耐火材料在黏结剂中的体积含量影响。浆料中耐火材料所占的体积份数越大,浆料的流杯黏度越大,浆料越黏稠,如图 4-17(a)所示。

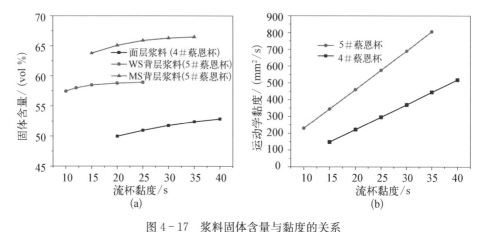

图 4-17　浆料固体含量与黏度的关系

(a) 浆料固体含量与流淌时间之间的关系　(b) 运动学黏度与流杯黏度之间的关系

可见,面层浆料和两种背层浆料的流杯黏度均随其耐火材料体积分数的增大而升高。蔡恩杯的流杯黏度可换算成运动学黏度,可通过运动学黏度对 4 号和 5 号蔡恩杯之间的流杯黏度进行换算,如图 4-17(b)所示。通过对照图 4-17(a)和(b)可知,相同流杯黏度下,MS 背层浆料的固体体积含量最大,WS 背层浆料次之,面层浆料固体体积含量最小。这是由三种浆料中耐火材料的粒度和粒形决定的。面层浆料中使用的耐火材料为 325 目氧化铝,粒度远小于两种背层浆料,因此其固体体积含量最低。两种背层浆料使用的耐火材料粒度差别不大,但 WS 浆料为全熔融石英浆料,MS 浆料中除了熔融石英外,还含有一定量的莫来石,莫来石的粒形较熔融石英规则,因此,与 WS 浆料相比,MS 浆料固体体积含量更高。

4.3.1.2　陶瓷浆料的流变学性能

流杯黏度是浆料日常维护中常用的一种工艺学黏度,它能反应浆料的流动性能,但无法表征浆料的流体类型。为此,采用用旋转黏度仪测量了三种浆料的动力学黏度,如图 4-18 所示。动力学黏度曲线能反映出浆料的流变特性,硅溶胶及硅酸乙酯水解液浆料一般为具有低屈服值的假塑形流体[108]。浆料的屈服值是指使流体开始流动所需达到的某个最小剪切应力,其反映浆料内部结构强弱,主要由整个体系分散相粒子之间的相互吸引而形成的一种强度不高的网状结构所致。

由图 4-18 可知,转子转速一定时,浆料流杯黏度越大,其动力学黏度越大,且三种陶瓷浆料的黏度均随转子转速的增加而降低,表现为剪切变稀,为典型的假塑形流体,这种流体类型最适宜用来作为熔模铸造浆料。浆料日常在浆桶中存放时,浆桶中大部分浆料处于低剪切速率状态下,此时浆料黏度高,可最大程度抑制浆料中耐火粉料的沉淀,保持浆料的均匀稳定。而在沾浆时,转动的蜡模或型壳与浆料

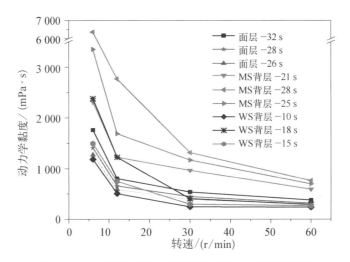

图 4-18 不同流杯黏度下陶瓷浆料的动力学黏度曲线

接触处的剪切速率较大,界面处浆料黏度变低,利于浆料的涂挂。

4.3.2 陶瓷型壳的微观结构分析

陶瓷型壳从结构上由面层和背层构成。由于型壳面层和背层具有不同的功能需求,型壳面层和背层的材料组成一般差异较大,会使用不同的黏结剂、耐火粉料及淋砂材料。因此,陶瓷型壳的组成复杂,某些复杂型壳体系的材料组成可达近十种。

陶瓷型壳的制备工艺繁杂,需一层一层地进行涂挂,对于型壳的某一层来说,不同涂挂区域受沾浆淋砂工艺特点所限,难免出现浆料涂挂厚度不均、淋砂不均。不同层间的结构差异更大,型壳面层和背层的差异不必多讲,即便是背层之间,由于不同涂挂时间下浆料的工艺性和流变性存在波动,型壳结构亦很难均匀。

典型陶瓷型壳的横截面结构如图4-19所示,型壳的结构总体上分为面层和背层,每一层型壳由浆料和淋砂材料组成,淋砂材料镶嵌在型壳中,连接型壳的前后两层。型壳的横截面结构有两点值得关注:① 型壳面层与背层的结合状况;② 背层中浆料与淋砂材料的分布状况。

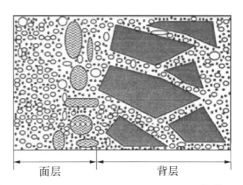

图 4-19 陶瓷型壳典型结构示意图[109]

4.3.2.1 型壳面层与背层的结合状况

型壳面层与背层之间的结合状况对铸件质量的影响极大。对面层与背层结合状况的关注主要表现在对其结合强度的要求。面层和背层使用的耐火材料一般不同,膨胀系数有差异,若面层与背层之间结合强度不足,则当型壳经受高温或金属液冲击,面层容易脱落,导致漏液和夹杂缺陷。面层淋砂材料粒度一般较小,这同样不利于面层与背层的结合。MS 型壳与 WS 型壳的截面显微组织如图 4 - 20 所示,可见,MS 型壳的面层与背层之间结合得十分紧密,在 SEM 图片中观察不到面层与背层结合不良的迹象,如图 4 - 20(a)所示。而在 WS 型壳的截面结构中,依稀可以看到面层与背层之间结合处存在间隙的痕迹,如图 4 - 20(b)所示。可见,MS 背层与面层的结合状况优于 WS 背层与面层的结合状况,这与 MS 型壳的醇基浆料润湿性好、渗透能力强的特点有关。

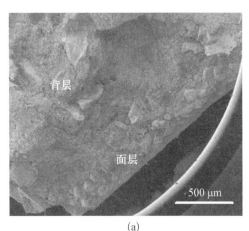
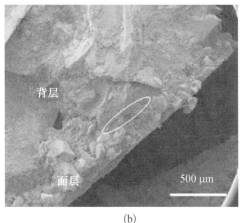

(a)　　　　　　　　　　　　　　　　　(b)

图 4 - 20　面层与背层的结合

(a) MS 型壳　(b) WS 型壳

4.3.2.2　型壳背层之间的结合状态

背层与背层之间的结合强度一般不需担心,除非出现淋砂材料粉尘含量过大、层间干燥极度不均等状况。背层中浆料与淋砂材料的分布状态直接取决于浆料黏度和淋砂粒度。当使用黏度低、流动性好的浆料,配合粒度合适的淋砂材料可获得薄而致密的整体型壳,这种型壳截面结构较为均匀、致密,且强度高,但裂纹较易扩展;使用黏度较大的浆料,配合适当粒度的淋砂材料可制备出分层型壳,这种型壳的截面结构呈现明显的分层现象,浆料层与淋砂层泾渭分明,交错排列。分层型壳的强度一般不如整体型壳,但当裂纹出现时,能通过淋砂层中的间隙有效地阻止裂纹扩展。

背层型壳的截面结构可分为三种:整体结构、半分层结构、分层结构[110]。一般整体结构和分层结构型壳的透气性好于半分层结构的型壳,而整体型壳因其结构更有利于裂纹的扩展,所以其强度要弱于分层型壳与半分层型壳[111]。两种背层型壳的截面结构如图 4 - 21 所示,可见,MS 背层型壳由于其浆料黏度较大,属于典型的分层型壳,WS 型壳则明显呈现出整体型壳的特征。然而,对于 WS 型壳来讲,针

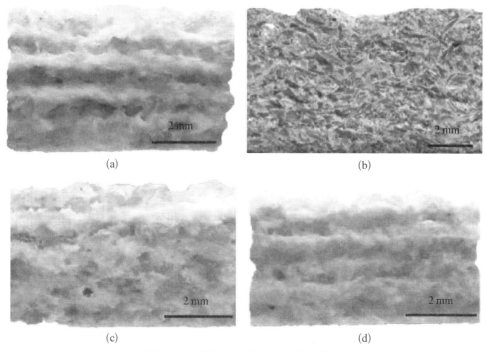

图 4-21　陶瓷型壳背层的横截面结构

（a）MS 背层型壳（浆料黏度 25 s[①]，淋砂粒度 10/70 目）　（b）WS 背层型壳（浆料黏度 15 s，淋砂粒度 30/50 目）　（c）MS 背层型壳（浆料黏度 19 s，淋砂粒度 10/70 目）　（d）MS 背层型壳（浆料黏度 19 s，淋砂粒度 50/70 目）

状石油焦的加入显著提高了型壳的坯体强度和透气性，其耐火材料为熔融石英，具有极强的抗热震稳定性，这些均降低了型壳脱蜡或焙烧浇注时裂纹的产生和扩展。

将浆料黏度从 25 s 调稀至 19 s，制得的 MS 型壳如图 4-21(c)所示，可见，其呈现半分层结构，而图 4-21(d)中的 MS 型壳，其在浆料黏度调稀的基础上，又使用了粒度更细的淋砂材料，与图 4-21(c)中型壳相比，图 4-21(d)中的型壳呈现相对明显的分层结构。可见，更小的浆料黏度和更粗的淋砂粒度，有利于形成整体型壳，而更黏稠的浆料黏度和更细的淋砂粒度，有利于获得分层型壳。

4.3.2.3　陶瓷型壳的显微组织与物相分析

型壳的面层直接与金属液接触，对面层的化学稳定性、光洁度等要求很高。型壳面层的显微组织如图 4-22 所示。可见，面层经干燥后，其组织平整、致密且均匀，型壳经 1 000℃焙烧后，随着型壳中的溶剂、乳胶等被烧失，面层的孔隙度明显增大。随着焙烧温度升高至 1 200℃，焙烧过程中三元系（SiO_2-Al_2O_3-Na_2O）面层型壳中形成的霞石相黏度急剧降低，霞石相的含量很小，但对型壳的烧结的影响作用巨大，其加剧了型壳面层的烧结使组织变得致密。当型壳焙烧温度继续升高至

---

①　浆料特殊测试方法，表示流出时间。

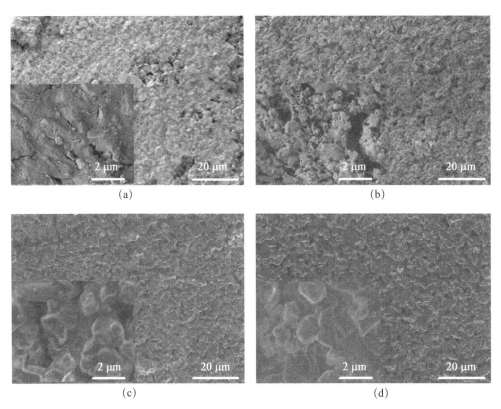

图 4 - 22　型壳面层的显微组织

(a) 坯体　(b) 1 000℃焙烧 2 h 后　(c) 1 200℃焙烧 2 h 后　(d) 1 400℃焙烧 2 h 后

1 400℃,型壳的烧结化程度更高、组织更致密。随着焙烧温度的不断升高,面层的晶粒度亦不断增大。

对于陶瓷型壳来说,面层一般只涂挂一层,而背层则需涂挂多层。背层决定了型壳的强度、透气性、导热性等各项指标,因此也对背层的微观结构进行了观察,MS 背层型壳的显微组织如图 4 - 23 所示。由于 MS 背层型壳采用醇基黏结剂,绝大多数溶剂在干燥过程中已经挥发掉,因此,与面层相比,干燥后的型壳坯体就已经呈现出较高的孔隙率,而经 1 000℃焙烧后,型壳孔隙率增加不明显,且焙烧后的组织也并无明显变化。随着焙烧温度的继续升高,型壳逐步实现烧结,并伴随着方石英的析出。

针状焦的加入对 WS 型壳的组织和性能有很大的影响,因此,了解针状焦的显微组织很有必要。图 4 - 24 为针状焦的显微组织,由图 4 - 24 可知,针状焦的长度约为 1~2 mm,宽度约 0.2~0.5 mm,针状焦表面呈明显的针状区分布,针状纤维之间结合紧密,针状区的表面很粗糙,有很多细小的凸起。

针状焦的截面是由针状区和镶嵌区组成的复合结构,针状区由直径 3~30 μm 的细小针状物构成,针状物表面亦分布很多非常细小的凸起;镶嵌区是针状焦截面

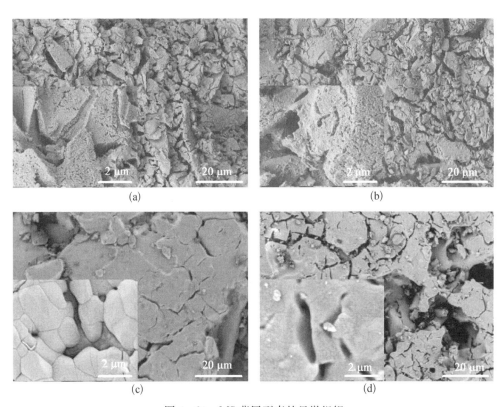

图 4 - 23　MS 背层型壳的显微组织

（a）坯体　（b）1 000℃焙烧 2 h　（c）1 200℃焙烧 2 h　（d）1 400℃焙烧 2 h

图 4 - 24　针状焦的显微组织

（a）针状焦外部　（b）针状焦截面

的主要结构,镶嵌区与针状区相比,呈更小的各向异性,具有多孔结构,孔隙直径从几百纳米至数十微米不等。针状焦的这种特殊结构极大地提高了其比表面积,浆料中的溶剂和微小的粒子可以进入到截面的孔隙中,使针状焦与型壳基体具有更紧密的结合程度,对于提高型壳的坯体强度与透气性具有重要意义。

WS 型壳的显微组织如图 4 - 25 所示,由图可知,型壳坯体中存在很多孔洞,特别是存在很多直径 100 nm 左右的微小孔隙,这与针状焦内部的蜂窝状多孔结构密切相关,当针状焦中蜂窝状多孔结构中的孔隙很小时,耐火粉料中熔融石英颗粒无法进入孔隙中,只有硅溶胶中的二氧化硅粒子才能够进入其中。由于孔隙中的固体含量过低,干燥后就会出现很多这样的孔隙。

型壳经 1 000℃焙烧后,大部分针状石油焦已经烧除,且型壳中的熔融石英已基本上完全转化为方石英。随着型壳焙烧温度的增加,型壳中的孔隙逐渐合并,孔隙尺寸增加,孔隙数量减少。

MS 型壳背层与 WS 型壳背层中均含有大量熔融石英,熔融石英在高温下易发生晶型转变,析出方石英,方石英的析出对型壳的性能有重大影响,因此,需通过物相分析对两种型壳背层的高温析晶加以研究。

熔融石英在熔点以下是处于介稳定状态,从热力学角度看是不稳定的。在高温下会逐渐转变为 α 方石英,称为析晶。杂质含量、分散度、温度、保温时间等因素都会影响析晶速度。随着析晶发生,伴随着 0.9% 的体积膨胀,析晶产生的体积变化会使陶瓷型壳产生网状裂纹,一定程度上降低型壳的强度,但析晶使二氧化硅由玻璃态转变为晶态,能有效地抑制熔融石英软化的黏性流动,减小型壳的高温挠度值,显著地提高型壳的高温抗变形能力,同时析晶的体积膨胀还可以抵消一部分因烧结而引起的收缩。熔融石英在高温下转变为 α 方石英,待浇注完成型壳冷却至 170~220℃,α 方石英又从高温型转变为低温型,伴随着 2.8% 的体积收缩,使型壳出现裂纹,强度剧降,有利于型壳的脱除。因此,熔融石英在焙烧和浇注过程中的析晶对于提高型壳的抗高温变形能力和改善型壳的脱除性具有重大意义,一般情况下希望在焙烧和浇注过程中,尽可能多的熔融石英能够转变为方石英。

不同焙烧温度下 MS 背层型壳的 XRD 图谱如图 4 - 26(a)所示,型壳焙烧时的升温速率为 5℃/min,各焙烧温度下的保温时间均为 1 h。由图可知,而型壳经 1 000℃焙烧后无明显方石英析出,随着焙烧温度的升高至 1 250℃,析晶开始明显。不同焙烧温度下 WS 型壳的 XRD 图谱如图 4 - 26(b)所示,型壳焙烧时的升温速率为 5℃/min,各焙烧温度下的保温时间均为 1 h。由图可知,由于坯体中针状石油焦的含量很低,XRD 无法检测出其衍射峰,而型壳经 1 000℃焙烧后已经明显析出大量方石英,随着焙烧温度的升高,析晶更加明显,图中所有衍射峰皆为方石英相。由于两种背层型壳中使用的熔融石英粉牌号不同,因此,析晶状况有所差异。

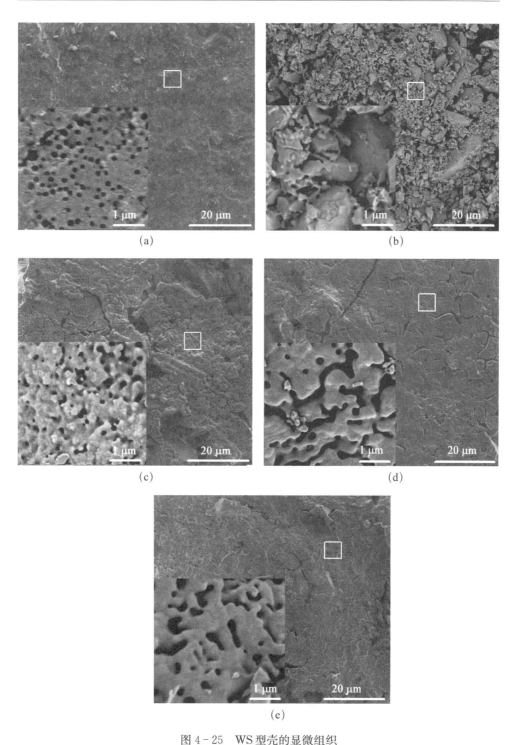

图 4-25　WS 型壳的显微组织
(a) 坯体　(b) 800℃焙烧 2 h　(c) 1 000℃焙烧 2 h　(d) 1 200℃焙烧 2 h　(e) 1 400℃焙烧 2 h

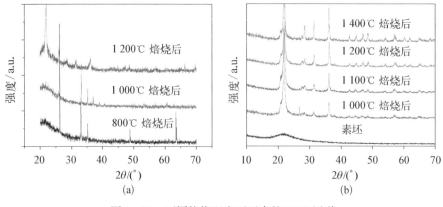

图 4-26 不同焙烧温度下型壳的 XRD 图谱

(a) MS 型壳背层 (b) WS 型壳背层

4.3.3 陶瓷型壳的涂挂性能表征

研究陶瓷型壳就不得不考虑型壳的涂挂性能。相同强度的型壳,如果在涂挂同样层数的时,具有更厚的厚度,无疑会使型壳具有更强的抗载荷能力。型壳由浆料和淋砂组成,浆料的黏附厚度和淋砂的黏附量都会影响型壳的涂挂厚度。

蜡模在沾浆淋砂时有很多重要参数需要控制,如蜡模浸入浆料中的时间、蜡模从浆料中取出流淌所用时间等。其中,蜡模从浆料中取出流淌所用时间(drain time)关系到浆料层的黏附厚度,也关系到浆料对砂料的黏附能力。为此,对面层浆料、MS 背层浆料、WS 背层浆料进行了涂片重量和淋砂黏附量测量。

图 4-27 显示了浆料在不同流淌时间下,不锈钢板上浆料的存留量和涂挂厚度。可见,随着流淌时间的增加,浆料在不锈钢板上的存留量不断降低,直至达到稳定状态。其中 WS 浆料的存留量和黏附厚度均较高,MS 浆料居中,面层浆料存留量最小。由图可知,当流淌时间达到 80 s 以上时,浆料在不锈钢板上的存留量基本趋于稳定。较厚的浆料涂挂厚度有利于提高型壳的涂挂厚度。

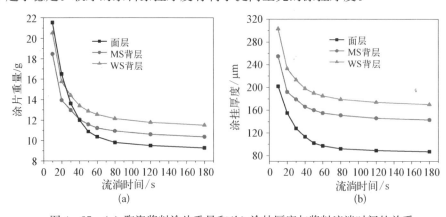

图 4-27 (a)陶瓷浆料涂片重量和(b)涂挂厚度与浆料流淌时间的关系

对于使用不同淋砂材料的浆料,因淋砂料的粒度粒形、密度均不同,浆料对淋砂的黏附效果无从对比。为此,直接对比了不同型壳之间的厚度差异。由于型壳尖角处的淋砂黏附面积有限,淋砂黏附量不足,因此型壳的尖角处往往具有比平面处更薄的涂挂厚度。为此,分别制备了 MS 型壳和 WS 型壳的楔形样品来测量型壳在平面和尖角处的涂挂厚度,涂挂厚度均有六层,含一层面层和一层封闭层,如图 4-28 所示。

分别测量型壳样品在平面和尖角处的厚度,得出结果如图 4-29 所示。由测量的数据可知,WS 型壳在平面处和尖角处均具有比 MS 型壳更大的涂挂厚度。6 层 WS 型壳在平面处的涂挂厚度达到 5.90 mm,相比 MS 型壳的 4.29 mm,涂挂厚度提高了 38%。两种型壳在尖角处的涂挂厚度均小于其在平面处的涂挂厚度,WS 型壳和 MS 型壳在尖角处的涂挂厚度分别为 4.53 mm 和 2.46 mm,相比平面处,其涂挂厚度分别减小了 23% 和 43%,而 WS 型壳在尖角处的涂挂厚度比 MS 型壳高 84%。可见,相比 MS 型壳,WS 型壳在平面和尖角处具有更厚的涂挂厚度和更好的涂挂均匀性。

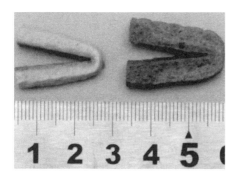

图 4-28　陶瓷型壳的厚度测量样品

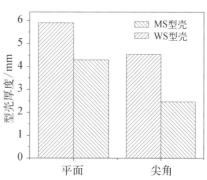

图 4-29　陶瓷型壳的厚度比较

4.3.4　陶瓷型壳的强度表征

强度是型壳最重要、最基本的性能。型壳的强度应足以承受以下条件:在涂挂和移动时的机械处理应力;干燥时由温度变化而引起的蜡模收缩及膨胀力;加热脱蜡时蜡模的膨胀应力;浇注时熔融金属的热冲击、侵蚀和静压力;金属凝固冷却时的收缩应力[112]。因此,在熔模铸造的不同工艺阶段有三种强度指标,即坯体强度、高温强度和残余强度。性能良好的型壳应具有较高的坯体强度、足够的高温强度和较低的残余强度。

4.3.4.1　陶瓷型壳的干燥机理

陶瓷型壳的干燥条件对型壳的强度影响极大,对于恒温恒湿制壳间来说,温度和湿度均可维持在较为适宜的范围,干燥时间就成了影响型壳强度的关键因素。而不同类型的黏结剂所配制的浆料其制备的型壳所需的干燥时间差异很大,因此,确定型壳的干燥时间非常重要。为此,研究了不同干燥时间下,单层的面层、MS 背层、WS 背层型壳中溶剂的挥发量随型壳干燥时间的变化关系如图 4 - 30 所示。六层的面层、MS 背层与 WS 背层型壳的干坯强度随型壳干燥时间的变化关系如图 4 - 31 所示。

　　型壳中溶剂的挥发大致可分为两个阶段,即恒速阶段和降速阶段[113]。由图 4 - 30 可知,面层和两种背层型壳干燥的前 100 min 约为恒速阶段,此阶段挥发的溶剂主要为包裹在型壳表面陶瓷颗粒的自由溶剂,为表面干燥,此阶段型壳中溶剂的挥发速率较快,且基本为定值。在干燥期间,溶剂借助毛细管吸引力从型壳内部向型壳表面迁移,随着干燥过程的延续,型壳内部水分减少,且由于表面张力迫使耐火材料颗粒相互紧靠在一起,这就造成了溶剂从内部到表面的扩散困难,型壳进入降速干燥阶段,此阶段型壳中溶剂的挥发速率不断减小直至型壳与外部环境的溶剂交换达到平衡。

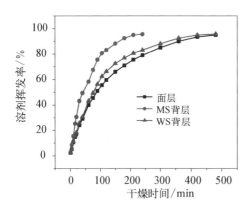
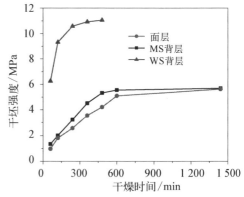

图 4 - 30　型壳中溶剂挥发与干燥时间的关系　　图 4 - 31　型壳的干坯强度与干燥时间的关系

　　由图 4 - 30 可见,整体来看,MS 型壳中溶剂挥发速度最快,率先达到平衡状态,WS 型壳次之,面层型壳中溶剂挥发速度最慢。不同型壳中溶剂的挥发速率与型壳中溶剂的挥发特性以及型壳的显微结构等因素有关。MS 型壳中含有大量极易挥发的有机溶剂,因此整体上溶剂挥发速率较快,而面层型壳中的溶剂为水,溶剂的挥发速率不及 MS 型壳,加之 MS 型壳中所用耐火材料粒度较小,显微结构较为紧密,这亦阻碍了溶剂从型壳内部到表面的扩散,因此,面层型壳的干燥速度最慢。WS 型壳中的溶剂亦为水,耐火材料为粒度较为粗大、粒形不规则的熔融石英,溶剂扩散通道较为宽大,因此,WS 型壳中的溶剂挥发速率居中。

　　图 4 - 30 中所示为单层型壳中溶剂的挥发与干燥时间的关系,然而对于多层型壳来说,型壳中溶剂的扩散更加复杂,干燥初期,型壳中的溶剂可同时向型壳表面和型壳内部扩散,随着干燥的进行,扩散至型壳内部的溶剂再次逐渐扩散到型壳表面,继而实现干燥。可见,随着涂挂层数的增加,型壳完全干燥所需的时间逐渐延

长。为此,研究了涂挂厚度为六层型壳的干坯强度随型壳干燥时间的变化关系,如图4-31所示。由图可知,随着型壳干燥时间的延长,型壳的干坯强度逐渐提高,当干燥时间达到一定值后,型壳强度趋于稳定,逐渐接近最大值。六层的面层型壳和MS背层型壳需分别干燥至少10 h和8 h,其干坯强度才能达到基本稳定,而对于六层WS背层型壳,干燥6 h后型壳的干坯强度即可达到稳定。

4.3.4.2　陶瓷型壳的抗弯强度

坯体强度分为两种,即干坯强度和湿坯强度。所谓干坯强度是指型壳蒸汽脱蜡后在温度20~25℃,相对湿度50%~70%,干燥24 h后测得的强度,而湿坯强度是指型壳经蒸汽脱蜡后15 min测得的强度。

由图4-32可知,MS型壳和WS型壳的干坯强度分别为5.59 MPa和9.32 MPa,WS型壳的干坯强度相比MS型壳提高了67%。型壳的干坯强度不足以衡量其在蒸汽脱蜡时抵抗开裂的能力[114]。蒸汽脱蜡气氛(温度和水汽)对型壳性能有重大影响[115]。研究发现两种型壳的湿坯强度均低于其干坯强度,为4.25 MPa和7.10 MPa,较干坯强度相比约下降了四分之一。这主要是由于蒸汽脱蜡时型壳中的胶体网络会吸附水汽,当吸附的水汽达到一定程度后型壳的强度会降低,型壳中的乳胶等高聚物在接触高温水汽后会发生软化,高聚物与周边硅胶粒子的结合亦会因此而减弱,这对型壳的强度亦有不利影响。

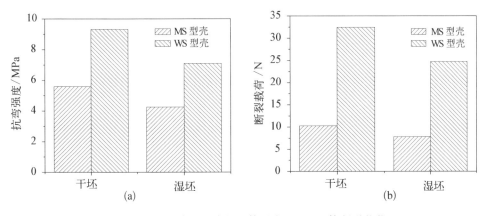

图4-32　(a)陶瓷型壳的坯体强度和(b)坯体断裂载荷

型壳的断裂载荷(AFL_B)将不同型壳的厚度差异考虑在内,真实反映出在某一涂挂层数型壳抵抗外力的能力,是一种标准化型壳承载能力的方法[116]。型壳的断裂载荷与型壳的抗弯强度成正比,与型壳厚度的平方成正比。由图4-32可知,MS型壳与WS型壳的干坯断裂载荷分别为10.27 N和32.44 N,由于WS型壳的厚度比MS型壳高38%,因此,WS型壳的断裂载荷远高于MS型壳,提高了2.16倍。型壳的湿坯断裂载荷亦低于其干坯断裂载荷,MS型壳和WS型壳的湿坯断裂载荷分别为7.82 N和24.71 N。可见,相同的涂挂层数下,WS型壳的断裂载荷远高于

MS 型壳。

　　陶瓷型壳的高温强度如图 4-33(a)所示,800℃时 MS 型壳和 WS 型壳的高温强度分别为 7.81 MPa 和 3.07 MPa。当测试温度升至 1 000℃,MS 型壳的高温强度大幅提升至 10.32 MPa,WS 型壳的高温强度亦有小幅提升,达到 3.27 MPa。陶瓷型壳的高温强度与型壳中玻璃基质的数量和黏度(玻璃效应)以及晶体间接触或结合的程度和方式(结晶效应)密切相关[32]。玻璃相含量低、黏度高以及晶体间结合程度高并形成连续交错网络结构,均有利于提高型壳的高温强度[33]。对于 MS 型壳和 WS 型壳两种型壳体系来讲,影响其高温强度的因素主要为玻璃相的数量和黏度。MS 型壳所用的莫来石中粉料中含有较高含量的 Na_2O,因此,MS 型壳可视为三元系(SiO_2- Al_2O_3- Na_2O)型壳体系。随着焙烧的进行,MS 型壳在较低的温度下即会形成长石或霞石类增强相,提高型壳的强度[34],因此,MS 型壳在 800～1 000℃具有较高的高温强度,且随着焙烧温度的升高,增强相数量增多,因此,MS 型壳的高温强度大幅增加。WS 型壳中杂质 Na_2O 的含量极小,虽然 SiO_2 与 Na_2O 在 800℃会形成液态玻璃相,但该玻璃相的形成对型壳的高温强度影响不大,在 800～1 000℃,WS 型壳的烧结仅能依靠耐火颗粒间的表面扩散,而无法过多地借助于玻璃相,而型壳中针状石油焦的烧失继而留下孔洞对型壳的高温强度亦有不利影响,在这两方面因素的共同作用下,WS 型壳的高温强度表现为小幅增长。

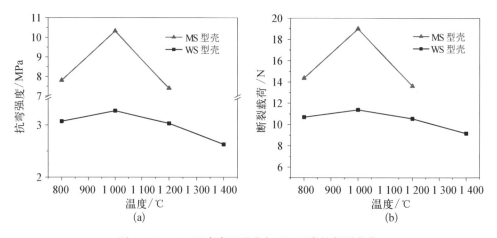

图 4-33　(a) 型壳高温强度与(b) 型壳的断裂载荷

　　当测试温度从 1 000℃升至 1 200℃,两种型壳的高温强度均表现为降低,对于 MS 型壳,当焙烧温度达到 1 050℃,长石等相的黏度显著降低[35],致使 MS 型壳的强度大幅降低,从 10.32 MPa 降至 7.40 MPa,而对于 WS 型壳,受限于熔融石英的耐火度,WS 型壳的强度从 3.27 MPa 降至 3.03 MPa。

　　待测试温度升至 1 400℃,随着 MS 型壳中玻璃相黏度的进一步降低,MS 型壳已经出现明显的软化变形,强度已无法测量。对于 WS 型壳,由于熔融石英耐火度的不足,WS 型壳的强度进一步降低,从 1 200℃时的 3.03 MPa 降至 2.63 MPa。

对于型壳的高温断裂载荷,由于 MS 型壳强度更高,而 WS 型壳厚度更大,这拉近了两种型壳高温断裂载荷之间的差距,MS 型壳 800℃、1 000℃和 1 200℃下的断裂载荷分别为 14.37 N、18.99 N 和 13.62 N,而 WS 型壳 800℃、1 000℃、1 200℃和 1 400℃下的断裂载荷则分别为 10.69 N、11.38 N、10.55 N 和 9.16 N,如图 4-33(b)所示。

陶瓷型壳的溃散性很大程度上取决于其残余强度,型壳残余强度的影响因素与型壳高温力学性能的影响因素有相似之处,不过与高温时相反,型壳基体中玻璃相含量越高,型壳的残余强度越高。型壳中晶体间接触或结合状态对残余强度亦有较大影响,如方石英的析出,二次莫来石的产生,α 方石英到 β 方石英的转化,烧结冷却中产生的裂纹等因素都影响型壳的残余强度。由此可知,型壳中的杂质含量及焙烧温度是影响型壳残余强度的主要因素。

型壳的残余强度如图 4-34(a)所示,MS 型壳与 WS 型壳经 1 000℃焙烧后冷却至室温测得的残余强度分别为 3.35 MPa 和 2.35 MPa,MS 型壳中相对较高的玻璃相含量使其具有相对较高的残余强度。MS 型壳与 WS 型壳经 1 200℃焙烧后冷却至 400℃测得的残余强度分别为 5.53 MPa 和 3.01 MPa,远高于其经 1 200℃焙烧后冷却至室温测得的残余强度 1.85 MPa 和 1.55 MPa,可见,由于型壳焙烧后冷却至 400℃时尚未发生从 α 方石英到 β 方石英的转化,因此,此时型壳尚具有较高的残余强度,而当型壳冷却至室温时,由于型壳在 1 200℃焙烧时已生成大量的 α 方石英,当冷却至 170～220℃时型壳中发生从 α 方石英到 β 方石英的转化,产生大量由晶型转化引起的裂纹,因此,MS 型壳与 WS 型壳经 1 200℃冷却至室温的残余强度小于型壳经 1 000℃冷却至室温的残余强度。

型壳的残余断裂载荷如图 4-34(b)所示,WS 型壳的残余强度虽然比 MS 型壳小,但是由于其型壳厚度比 MS 型壳厚,因此,WS 型壳的残余断裂载荷略大于 MS 型壳。MS 型壳与 WS 型壳经 1 000℃焙烧冷却至室温的残余断裂载荷分别为

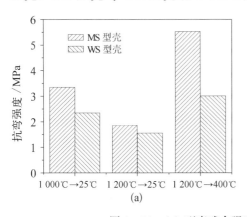
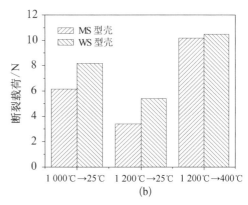

图 4-34 (a) 型壳残余强度与(b) 型壳的残余断裂载荷

6.16 N 和 8.18 N,经 1 200℃焙烧冷却至 400℃的残余断裂载荷分别为 3.40 N 和 5.40 N,而经 1 200℃焙烧冷却至室温的残余断裂载荷则分别为 10.18 N 和 10.48 N。

4.3.4.3　针状石油焦对 WS 型壳抗弯强度的影响

WS 型壳与未加入石油焦的全石英型壳的坯体强度如图 4-35 所示,全石英型壳的干坯强度为 7.59 MPa,相比 WS 型壳的 9.32 MPa 降低了 19%,而全石英型壳的湿坯强度仅为 4.86 MPa,远小于 WS 型壳的 7.10 MPa,可见,针状石油焦的加入有利于提高型壳的坯体强度。

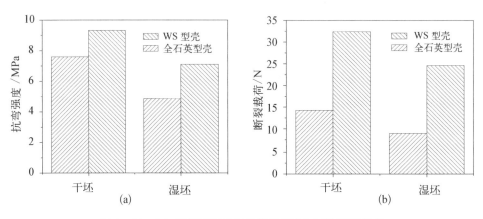

图 4-35　(a)陶瓷型壳的坯体强度和(b)坯体断裂载荷

提高型壳的坯体强度一直以来都是学者们的研究重点。随着型壳尺寸的逐渐加大以及有机泡沫等高膨胀系数新型模料的使用越来越多,这些都增加了型壳在制壳及脱蜡时破裂的可能性,对型壳的坯体强度提出更高的要求[117]。通常在浆料中加入乳胶来提高型壳的坯体强度[118]。然而乳胶价格昂贵,且加入乳胶的型壳,其在蒸汽作用下的湿坯强度会显著降低。尼龙纤维可以抑制型壳湿坯强度的降低[119],但由于尼龙纤维表面非常光滑,将尼龙纤维从型壳基体中拉出所用的应力很小,因此,其对提高型壳的坯体强度作用不大。

针状石油焦对型壳坯体强度的增强主要由针状石油焦的物理性质与显微结构决定的。针状石油焦是石油残渣和煤焦油经延迟焦化制得的一种特殊石油焦,由于其石墨化程度高,强度高,膨胀率低,抗热震性好,来源丰富且造价低,目前主要用于电弧炉中石墨电极的填充材料[120,121]。针状石油焦的外表面粗糙,且具有多孔的截面结构,如图 4-36(a)所示,孔隙直径从几百纳米至数十微米不等。针状焦的这种特殊结构极大地提高了其比表面积,制壳浆料中的硅溶胶粒子以及细小的耐火材料颗粒均有机会进入到截面的孔隙中,使针状焦与型壳基体具有更紧密的结合程度,如图 4-36(b)所示,对于提高型壳的坯体强度具有重要意义。

4.3.4.4　陶瓷型壳的楔形强度

型壳不同位置处的强度往往存在较大差异。型壳在脱蜡和浇注过程中出现的

图 4-36　(a) 针状石油焦截面镶嵌区与(b) WS 型壳断口中的针状石油焦镶嵌区

开裂和破损多发生在型壳的尖角及拐角处,如涡轮叶片后缘,该处型壳厚度较小且易出现应力集中,从而易导致型壳破裂[122-124]。型壳尖角处具有同平面处不同的结构,如图 4-37 所示,这是由淋砂颗粒的分布决定的。随着型壳涂挂层数的增加,型壳尖角处的面积亦逐渐增加,在靠近熔模的区域,尖角处面积小,淋砂颗粒的分布较为稀疏,这种结构的变化使型壳尖角处容易在小载荷下即发生破裂[125]。

　　型壳的楔形强度测试结果如图 4-38 所示,MS 型壳与 WS 型壳干坯样品的楔形强度分别为 1.25 MPa 和 1.96 MPa,样品经 1 000℃焙烧冷却至室温后强度降低,测得的残余强度分别为 1.15 MPa 和 1.02 MPa,经 1 200℃焙烧冷却至室温后强度进一步降低,测得的残余强度分别为 0.78 MPa 和 0.63 MPa。可见,型壳的楔形强度远低于相同干燥或热处理状态平板样品的抗弯强度。WS 型壳中由于针状石油焦的加入,其型壳在尖角出的涂挂性得以改善,尖角处厚度大大增加,这对改善型壳的楔形强度很有裨益。

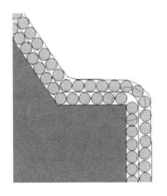

图 4-37　型壳尖角处淋砂分布示意图[16]

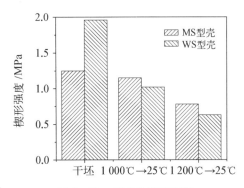

图 4-38　型壳的楔形强度

4.3.5　陶瓷型壳的透气性表征

透气性是指气体通过型壳壁的能力,是型壳最重要的性能之一。型壳透气性对脱蜡和浇注过程均有重大影响。蒸汽脱蜡时,水蒸气通过型壳的空隙进入到蜡模表面,蜡料熔化后也可渗入型壳的孔隙中以缓解蜡料的膨胀应力,透气性良好的型壳可以提高型壳的脱蜡效率,并减小型壳脱蜡时开裂的可能。浇注时,透气性决定了型壳的充型能力[126,127]。型腔中的空气必须有排放的出口,否则反压力会延缓金属的充型速度甚至造成浇不足。透气性正影响着型腔中被困气体的反压力大小[128]。据估计,至少有70%的铸件尺寸精度方面的问题与型壳透气性有关[129]。

4.3.5.1　陶瓷型壳的透气性

在某一恒定压力差与特定测试温度下,气体的黏度与型壳内表面积皆为定值,此时型壳的透气性与气体流量和型壳厚度成正比,而气体流量受型壳显孔隙率与型壳厚度的影响,因此,显孔隙率与型壳厚度即为影响型壳透气性的两个关键因素。在不同的测试温度下,气体黏度的变化对型壳透气性亦有影响,随着温度的升高,气体黏度增大,会造成气体流量的降低。

本章中测试了型壳样品从室温至1 000℃的透气性,对于MS型壳与WS型壳,其样品厚度分别为4.29 mm和5.90 mm。MS型壳与WS型壳的透气性数据如图4-39所示。

可见,在测试条件下,WS型壳具有比MS型壳更大的气体流量、更高的显孔隙率和更好的透气性,且随着测试温度的升高,两种型壳的透气性均表现为持续增强。

室温下两种型壳的透气性数值均较小,WS型壳在室温下的透气性为0.15×10^{-14} m^2,高于MS型壳的0.09×10^{-14} m^2。随着测试温度的提高,型壳中的溶剂、高聚物以及石油焦等物质会逐渐蒸发和烧失,因此,型壳的显孔隙率不断提高。然而,MS型壳显孔隙率的增加远小于WS型壳,这主要是由于三元系(SiO_2-Al_2O_3-Na_2O)MS型壳中形成一定数量的长石或霞石类玻璃相,这些玻璃相不利于型壳显孔隙率的大幅增加。当测试温度达到600℃,WS型壳的显孔隙率升至23.96%,MS型壳的显孔隙率则达到15.96%。当测试温度达到400℃,气体流量显著增加,而在400~600℃区间内,两种型壳的气体流量表现出明显不同的变化趋势,WS型壳的气体流量继续增加,而MS型壳的气体流量则呈轻微下降趋势。这主要是由于随着测试温度的升高,气体黏度不断增大,如图4-39(b)所示,显然MS型壳受气体黏度增加的影响更大,因此造成MS型壳在400~600℃区间内的气体流量降低。随着测试温度的升高,两种型壳的透气性不断提高,WS型壳于200℃、400℃、600℃下的透气性分别为0.73×10^{-14} m^2、2.19×10^{-14} m^2和3.43×10^{-14} m^2,MS型壳在该三个温度下的透气性则分别上升至0.72×10^{-14} m^2、1.33×10^{-14} m^2和1.51×10^{-14} m^2。

当测试温度从600℃升至800℃,MS型壳中的玻璃相数量进一步增加,黏度进一步降低,二元系(SiO_2-Na_2O)WS型壳于793℃时亦生成了玻璃相,这些玻璃相易进入型壳孔隙中,加剧型壳的烧结,因此,当温度升至800℃,两种型壳的显孔隙

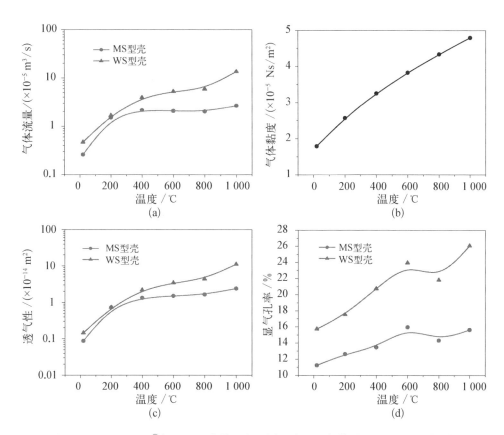

图 4 - 39　(a) 10 psi^①气压下型壳样品在不同温度下的气体流量　(b) 不同温度
　　　　下空气的黏度　(c) 陶瓷型壳不同温度下的透气性　(d) 型壳样品不
　　　　同测试温度焙烧后的显气孔率

率均呈下降趋势,WS 型壳与 MS 型壳的显孔隙率分别降至 21.82% 和 14.32%。
受限于气体黏度的增加,MS 型壳的气体流量持续轻微降低,而 WS 型壳的气体流
量则持续增加。WS 型壳与 MS 型壳于 800℃的透气性分别为 4.37×10^{-14} m² 和
1.65×10^{-14} m²。

　　当测试温度达到 1 000℃,随着焙烧的进行,裂纹逐渐生成,型壳的显孔隙率大
幅上升,WS 型壳与 MS 型壳的显孔隙率分别达到 26.06% 和 15.64%,气体流量亦
分别升至 13.53×10^{-5} m³/s 和 2.66×10^{-5} m³/s。此温度下,MS 型壳的透气性为
2.40×10^{-14} m²,而 WS 型壳的透气性约为 MS 型壳的四倍,为 11.13×10^{-14} m²。

4.3.5.2　针状石油焦对 WS 型壳透气性的影响

　　改善型壳透气性的主要途径包括:① 使用粒形呈多角形,松装密度低的耐火

---

① psi 为压力单位,1 psi=6.894 8$\times 10^3$ Pa。——编注

材料作为制壳材料[130]。这可以极大地提高型壳的孔隙率，使型壳在脱蜡和焙烧时具有更好的透气性；② 在制壳浆料中添加高聚物[131]。型壳焙烧过程中高聚物烧失而留下孔隙，这些孔隙对于提高型壳的透气性很有帮助。然而，上述两种改善途径皆存在明显不足，一味地使用多角形耐火材料会严重影响型壳的强度，而乳胶、尼龙纤维等高聚物的使用可提高型壳在高温下的透气性，但对于提高型壳在蒸汽脱蜡时的透气性并没有帮助。

为了研究针状石油焦对型壳透气性的影响，分别测试了加入针状石油焦的 WS型壳与未加入石油焦的全石英型壳(full fused silica mold)两种型壳的透气性，WS型壳与全石英型壳的样品厚度分别为 5.90 mm 和 4.37 mm，透气性数据如图 4-40所示。可见，在测试条件下，WS型壳具有比全石英型壳更大的气体流量、更高的显孔隙率。针状石油焦的加入极大地提高了 WS型壳的透气性，提升幅度达到近 4 倍。

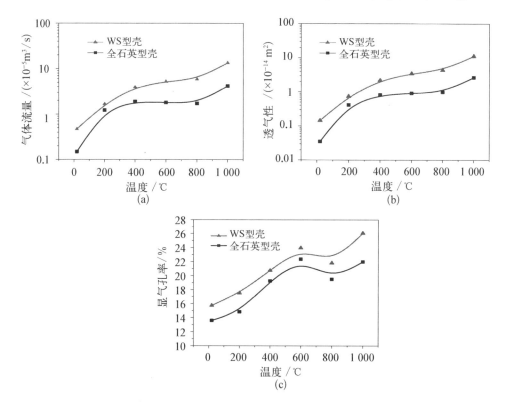

图 4-40　(a) 10 psi 气压下型壳样品在不同温度下的气体流量　(b) 陶瓷型壳不同温度下的透气性　(c)型壳样品不同测试温度焙烧后的显气孔率

室温下测得 WS型壳的透气性为 0.15×10^{-14} m²，高于全石英型壳的 0.04×10^{-14} m²。WS型壳的坯体上均匀地分布着许多直径为数十至数百纳米的孔洞。这些孔洞源自针状石油焦的截面镶嵌区，可以在型壳中形成附加的通气孔道，使 WS型壳具有更大的显孔隙率、气体流量和更好的透气性。研究表明，并非型壳中所有的孔隙都对提高型壳的透气性有作用,型壳中的封闭孔洞或型壳某一层中的细小裂纹对提高型壳透气性作用并不大[56]。只有联通性良好的孔洞才对提高型壳的透气性有利。室温下高的透气性可以提高型壳的蒸汽脱蜡效率,对抑制蒸汽脱蜡时型壳的破裂有很大作用。

随着测试温度的提高,型壳中的水分逐渐蒸发,高聚物与石油焦逐渐烧失,型壳的显孔隙率不断提高。WS型壳中的石油焦随着型壳焙烧温度的升高不断烧失,从而形成联通良好的孔洞,从而提高了型壳的显孔隙率。当测试温度达到600℃,WS型壳的显孔隙率升至23.96%,高于全石英型壳的显孔隙率22.36%。当测试温度达到400℃,气体流量显著增加,而在400～600℃区间内,两种型壳的气体流量表现出明显不同的变化趋势,WS型壳的气体流量继续增加,而全石英型壳的气体流量则呈轻微下降趋势。这主要是由于随着测试温度的升高,气体黏度不断增大,如图3-41(b)所示,显然全石英型壳受气体黏度增加的影响更大,因此造成全石英型壳在400～600℃区间内的气体流量降低。随着测试温度的升高,两种型壳的透气性不断提高,WS型壳于200℃、400℃、600℃下的透气性分别为0.73×10^{-14} m²、2.19×10^{-14} m²和3.43×10^{-14} m²,全石英型壳在该三个温度下的透气性则分别上升至0.41×10^{-14} m²、0.81×10^{-14} m²和0.91×10^{-14} m²。

当测试温度升至800℃,两种型壳中均出现由SiO_2与Na_2O于793℃反应生成的玻璃相硅酸钠,这些低黏度的玻璃相易进入型壳孔隙中,从而降低型壳的显孔隙率,在800℃下,WS型壳与全石英型壳的显孔隙率分别降至21.82%和19.51%。受限于气体黏度的增加,全石英型壳的气体流量持续轻微降低,而随着WS型壳中针状石油焦的进一步烧失,型壳中联通良好的孔洞进一步增多,WS型壳的气体流量持续增加。WS型壳于800℃的透气性达到4.37×10^{-14} m²,远高于全石英型壳在该温度下的透气性0.98×10^{-14} m²。

当测试温度升至1 000℃,型壳在焙烧过程中形成的裂纹逐渐增多,针状石油焦亦大部分被烧失,致使型壳的显孔隙率明显提高,WS型壳的显孔隙率提升幅度更大,WS型壳与全石英型壳的显孔隙率分别达到26.06%和21.98%。1 000℃下,全石英型壳的透气性为2.64×10^{-14} m²,而WS型壳的透气性则达到11.13×10^{-14} m²。可见,针状石油焦的加入极大地提高了型壳的高温透气性,对提高型壳浇注时的充型完整有很大帮助。

4.3.5.3　针状石油焦对WS型壳强度和透气性的整体优化

作为陶瓷型壳的两个最为重要的性能指标,型壳的强度和透气性常常无法完全兼顾,往往需在型壳的强度与透气性之间做出权衡[90]。典型的型壳强度与透气性之间的关系如图4-41所示,可见,透气性好的型壳往往孔隙度高、坯体密度低,致使型壳强度差强人意,而强度高的型壳一般透气性较差。

本章中,WS型壳的设计思路即为打破型壳强度与透气性无法兼顾的传统观念,意在通过添加针状石油焦于全石英型壳中以同时提高型壳的透气性与抗载荷

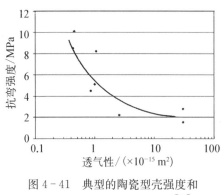

图 4-41　典型的陶瓷型壳强度和
透气性之间的关系[90]

能力,实现型壳强度与透气性的整体优化。

型壳强度与透气性的关系如图 4-42(a)所示,可见,WS 型壳在室温、800℃和 1 000℃时的透气性均皆优于全石英型壳,特别是高温下的透气性,更是远优于全石英型壳。与此同时,WS 型壳的坯体强度亦明显高于全石英型壳,WS 型壳在 800℃与 1 000℃时的高温强度亦与全石英型壳相当。由于针状石油焦的加入增加了型壳的厚度,使 WS 型壳的厚度

明显厚于全石英型壳。因此,WS 型壳在其高温强度不占优情况下仍具有明显优于全石英型壳的抗载荷能力,如图 4-42(b)所示。综上可知,针状石油焦的添加使 WS 型壳同时在型壳高低温抗载荷能力与高低温透气性方面得到极大提升,实现了型壳强度与透气性的整体优化。

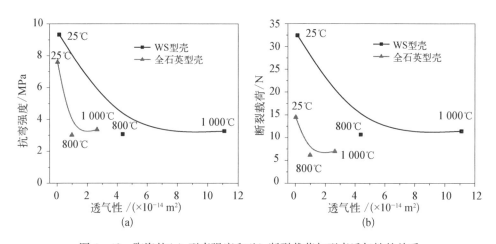

图 4-42　陶瓷的(a) 型壳强度和(b) 断裂载荷与型壳透气性的关系

4.3.6　陶瓷型壳的线性变形特性

型壳的热膨胀性是指型壳随温度升高而膨胀或收缩的性能,熔模铸造通常采用线膨胀系数来表示型壳和耐火材料的热膨胀性。型壳受热时尺寸增大是型壳材料的热膨胀和同素异构晶体转变所引起的,尺寸收缩则是由于型壳在脱水、物料的热分解、烧结、液相产生以及硅凝胶的缩合等因素使型壳更致密化的结果。

热膨胀性是型壳的一个重要性能,它对铸件的尺寸精度有直接的影响,还影响型壳的抗急冷急热和高温抗变形性能。采用线膨胀系数小,且膨胀均匀的型壳,是

符合优质型壳及优质铸件的要求的。

4.3.6.1　型壳的线性膨胀

对 MS 和 WS 两种陶瓷型壳进行了热膨胀系数的测量,测定温度范围为室温至 1 400℃。WS 型壳样品长度 $L = 19.94\,\mathrm{mm}$, MS 型壳样品长度 $L = 20.14\,\mathrm{mm}$,升温速率均为 5℃/min,空气气氛,型壳的平均线膨胀系数与平均线膨胀量如图 4 - 43 所示。由图可见,200℃之前,型壳的膨胀系数急速下降,200℃以后,MS 型壳的热膨胀系数与热膨胀量的变化基本呈现先恒定后骤降的趋势,而 WS 型壳的热膨胀系数与热膨胀量的变化除了在 800℃左右出现一个小拐点之外,在其他温度区间的变化相对较为均匀。

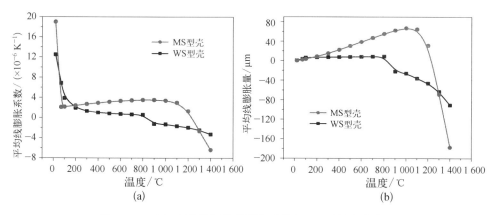

图 4 - 43　(a)型壳的平均线膨胀系数与(b)平均线膨胀量

此外,还测试了陶瓷型壳在不同焙烧温度和保温时间下冷却至室温后的烧结收缩,样品涂挂 8 层,块状样品尺寸 50 mm×40 mm×6 mm,如图 4 - 44 所示。测量样品在长宽两个方向上的烧结收缩,应确保型壳坯体在这两个方向的尺寸精度,型壳在这两个方向上的尺寸误差不得大于 0.04 mm。

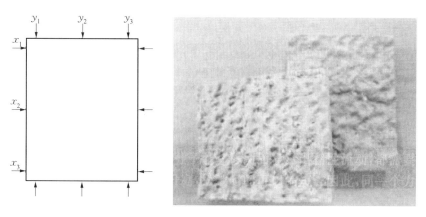

图 4 - 44　用于测量型壳烧结收缩率的型壳样品

实验结果如表 4-8 所示,可见,型壳的烧结收缩均为负值,这表明型壳烧结冷至室温后皆表现为尺寸收缩,型壳的烧结收缩随着烧结温度的升高和保温时间的延长而增大,而焙烧温度对烧结收缩的影响大于保温时间。当型壳焙烧温度低于1 100℃时,烧结收缩较小,随着保温时间的延长,烧结收缩亦增幅不大;而当烧结温度升至1 250℃以上时,烧结收缩开始显著增大,这与型壳中玻璃相数量增加、黏度降低以及熔融石英析晶更加显著有关。

表 4-8　陶瓷型壳在不同烧结温度和保温时间下的烧结收缩

焙烧温度/保温时间	WS 型壳		MS 型壳	
	$X/\%$	$Y/\%$	$X/\%$	$Y/\%$
1 000℃/1 h	−0.04	−0.02	−0.07	−0.04
1 000℃/3 h	−0.16	−0.18	−0.16	−0.13
1 000℃/5 h	−0.28	−0.22	−0.18	−0.20
1 100℃/1 h	−0.52	−0.50	−0.42	−0.48
1 250℃/1 h	−1.08	−1.11	−1.12	−1.11
1 400℃/1 h	−1.32	−1.29	−1.48	−1.40

4.3.6.2　型壳的线性变形机制

陶瓷型壳的线性变形与型壳中的物相与组织结构变化密切相关,如溶剂的挥发、晶型转变的发生、液态玻璃相的生成及玻璃相黏度的降低等都对型壳的线性变形有重要影响。典型的型壳焙烧过程中不同温度下的物相与组织结构变化如图 4-45 所示。

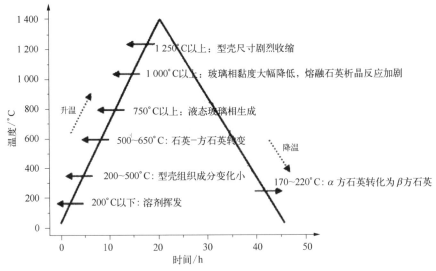

图 4-45　典型型壳焙烧过程中在不同温度下物相与组织结构变化

结合图 4-43 中的型壳线膨胀系数与线膨胀量可知,MS 型壳与 WS 型壳的线膨胀系数在室温至 200℃之间急速下降是由于型壳中溶剂的挥发造成的,溶剂的线膨胀系数要比型壳高 1～2 个数量级,因此,随着型壳中溶剂的挥发,型壳的线膨胀系数急剧下降。此阶段,型壳的线膨胀系数虽然变化较大,但由于型壳温度较低,因此,型壳线膨胀量并不大。

待型壳中的溶剂基本挥发干净后,型壳的线膨胀系数主要取决于型壳中玻璃相的黏度和数量。对于三元系(SiO_2-Al_2O_3-Na_2O)MS 型壳,当温度升至 500℃,型壳中的莫来石与 Na_2O 杂质发生交代反应,生成新晶相霞石,它是一种无附加阴离子的架装结构钠铝硅酸盐,熔点 1 526℃,在型壳中具有显著增强作用。因此,随着温度的升高,型壳的线膨胀系数一直保持稳定,当温度升至 1 050℃以上,MS 型壳中的霞石相黏附剧减,造成 MS 型壳的线膨胀系数急剧下跌,当温度超过 1 240℃,型壳的热膨胀系数为负值,型壳表现为收缩。

对于二元系(SiO_2-Na_2O)WS 型壳,在 800℃附近出现拐点,拐点处膨胀系数急剧减小,这主要是因为型壳中的 Na_2O 会与 SiO_2 在 793℃发生反应,生成液态玻璃相,从而降低型壳的膨胀系数。

型壳在高温下焙烧会产生液态玻璃相,这会使型壳在焙烧温度下发生烧结收缩,同时,由于型壳中的熔融石英在高温下会发生析晶,析出方石英,焙烧后的型壳在冷却至 170～220℃之间会发生方石英高低温晶型之间的转变,亦会产生体积收缩,这些因素导致型壳焙烧后会产生一定量的收缩,这些收缩能在一定程度上反映一定焙烧温度和保温时间下型壳中玻璃相的数量以及型壳的高温析晶程度,这对研究型壳的脱壳性有重要意义。

参考文献

[1] 张立同,曹腊梅,刘国利,等. 近净形熔模精密铸造理论与实践[M]. 北京:国防工业出版社,2007.

[2] Jones S, Yuan C. Advances in shell moulding for investment casting[J]. J. Mater. Process. Technol, 2003, 135(2-3): 258-265.

[3] Nick Cannell, Adrian S Sabau. Predicting Pattern Tooling and Casting Dimensions for Investment casting, Phase III[R]. Oak Ridge National Laborary, US. 2007.

[4] Nick Cannell, Adrian S Sabau. Predicting Pattern Tooling and Casting Dimensions for Investment casting, Phase II[R]. Oak Ridge National Laborary, US. 2006.

[5] 姜不居. 实用熔模铸造技术[M]. 沈阳:辽宁科学技术出版社,2008.

[6] 包彦堃,陈才金,朱锦伦. 熔模精密铸造技术[M]. 杭州:浙江大学出版社,2012.

[7] 中国铸造协会. 熔模铸造手册[M]. 北京:机械工业出版社,2000.

[8] 闫双景,王建力,吕志刚,等. 国际熔模铸造黏结剂及面层涂料附加物动态[C]. 中国铸造协会精铸分会第六届年会论文集,武汉,1999.

[9] Oles M, Sharkey R. A New Approach to the Treatment and Recovery of Alcohol From the

Exhaust Air Steam of Ethyl Silicate Shell Building[C]. In 9th world Conference on Investment Casting, San Francisco, California, USA. 1996

[10] 姜不居,周泽衡,陈冰,等.熔模铸造手册[M].北京:机械工业出版社,2000.

[11] 王建力.快干硅溶胶在熔模铸造中的应用研究[D].北京:清华大学,1997.

[12] Bozzo A T. Remasol Abdond SP - 3301 and LP - 3301 Binders[C]. In:48th Annual Technical Meeting, 2000.

[13] 陈冰.聚合物和纤维增强硅溶胶——国内外精铸技术进展述评(4)[J].特种铸造及有色合金,2005,25(4):231 - 233.

[14] 张扬正.大粒径、低黏度硅溶胶的制造方法[P].CN:86104144A,1998.

[15] 施为德,王秀景,段毅锐,等.高纯度、高浓度、高均匀颗粒分布的大颗粒二氧化硅的制造方法[P].CN:1155514A,1997.

[16] Vandermeer J. A New Silica Binder for Investment Shell Slurries[J]. INCAST, 1999(3):18 - 19.

[17] Noboru Ichinose. Introduction to Fine Ceramics - applications in Engineering[M]. ohn Wiley and Sons, 1987.

[18] Magna Industrials Limited Product Specification MIL/21. Zirmast - zirconia binder of refractory grade[R].

[19] Feagin R C. Method of Making a Ceramic Shell Mould[P]. US Patent 4,216,815, August 12th, 1980.

[20] Skoog A J, Moore R E. Refractory of the Past for the Future:Mullite and its use as a bonding phase[J]. Ceramic Bulletin, 1988, 67(7).

[21] Wood R L, VonLudwig D. Investment Casting for Engineers[M]. Reinhold Publishing Corporation, New York, 1952.

[22] Snow J D, Scott D H. Comparing Fused Silica and Alumino-Silicate Investment Refractories[J]. INCAST, 2001(4):24 - 25.

[23] 姜不居,闫双景,吕志刚,等.今日熔模铸造型壳一览[C].中国铸造协会精铸分会第六届年会论文集,武汉,1999.

[24] 陈冰.制壳耐火材料新秀——国内外精铸技术进展述评(5)[J].特种铸造及有色合金,2005,25(5):294 - 297.

[25] Worrall W E. Ceramic Raw Materials — Second Revised Edition[M]. Pergamon Press, 1982.

[26] Jerry D, David H S. Comparison Fused Silica to Alumino2Silicates in Water Based Shell Systems[C]. Investment Casting Institute:48th Annual Technical Meeting, USA, 2000.

[27] 籍君豪,徐广民.熔融石英在硅溶胶型壳中的应用[J].铸造,2008,57(8):788 - 792.

[28] 陈美怡,李自德.方石英转变及其在熔模铸造中的意义[J].铸造,1993,4:9 - 13.

[29] 张增艳,沈之雄,黄建平.精铸型壳的表面质量[J].造型材料,1997,3:44 - 45.

[30] 龚荣昌,李邦胜,杨永存,等.镍基高温合金/陶瓷型壳内表面白色物质的分析[J].铸造技术,2003,24(6):517 - 518.

[31] 赵明汉,周波,肖玉贵,等.精铸面层涂料真空涂覆工艺[C].上海有色合金及特种铸造国际会议论文集,1998,357 - 360.

[32] 刘孝福,娄延春,苏贵桥,等.定向凝固用陶瓷型壳高温力学性能研究现状[J].特种铸造及有色合金,2010,30(10):913 - 918.

[33] 孙庚辰,钟香崇. $Al_2O_3 - SiO_2$ 系耐火材料高温力学性能[J]. 材料科学进展,1988,2(4): 61 - 68.

[34] 赵恒义,宝音,佟天夫. 水玻璃型壳热变形特征研究[J]. 特种铸造及有色合金,1999,增刊(1): 24 - 25.

[35] 佟天夫,程德富,赵恒义,等. 熔模铸造水玻璃型壳 Na_2O 行为的研究[J]. 特种铸造及有色合金,1990(5): 17 - 22.

[36] 张立同,杨兴华. 电熔刚玉型壳的抗蠕变性与显微结构[J]. 铸造,1985(3): 25 - 30.

[37] Charis D G. Ceramic investment molds embodying a metastable mullite phase in its physical structure superalloys[P]. US Patent, 4188450, 1980.

[38] 侯会文. 定向凝固镍基高温合金叶片熔模精密铸造技术研究[D]. 哈尔滨: 哈尔滨工业大学,2002.

[39] 夏明仁,胡德元,段振瑞,等. 定向凝固熔模高温型壳的研究[J]. 航空材料,1986(3): 25 - 26.

[40] 肖克. 定向凝固空心叶片制壳工艺的改进[J]. 材料工程,1998(3): 36 - 38.

[41] 夏明仁,张勇. 单晶叶片高强度薄壁型壳研究[J]. 材料工程,1999(9): 74 - 77.

[42] 杨丁熬,陈树丰. 添加 Cr_2O_3 对莫来石尖晶石复合材料的烧结和性能的影响[J]. Foreign Renfractories, 2004, 29(1): 48 - 52.

[43] 张世东,陈仲强,等. 定向凝固铸造用氧化铝型壳热强度性能研究[J]. 铸造,2011,60(4): 338 - 340.

[44] Curran P M, Fassler M H, Perron J S. Calcia modified ceramic shell mold system[P]. CA Patent, 1080428A1, 1980.

[45] 李连清. 叶片定向凝固工艺[J]. 宇航材料工艺,2004(1): 11.

[46] Jan M Lane, John C. Reinforced ceramic investment casting shell mold and method of making such mold[P]. US Patent, 4998581. 1991.

[47] Asish G, Frederic J K, Philip H M, et al. Reinforced ceramic shell mold and related processes[P]. US Patent, 6352101. 2002.

[48] Asish G, Robert A G, Frederic J K, et al. Ceramic shell molds provided with reinforcement and related processes[P]. US Patent, 6431255. 2002.

[49] Rageev V N, John C. Reinforced ceramic shell mold and method of making same[P]. US Patent, 6568458 B2. 2003.

[50] 陈冰. 熔模铸件的尺寸稳定性和精度[J]. 特种铸造及有色合金,2003(1): 53 - 58.

[51] Norouzi S, Farhangi H, Nili-Ahmadabadi M, et al. Proc. Int. Conf. on Manufacturing Science and Technology, ICOMAST2006[C]. Maleka, Malaysia, 2006, 454 - 459.

[52] Saeid Norouzi, Hassan Farhangi. The Impact of Ceramic Shell Strength on Hot Tearing during Investment Casting[C]. International Conference on Advances in Materials and Processing Technologies, 2011, 662 - 667.

[53] Yuan C and Jones S. Investigation of fibre modified ceramic moulds for investment casting [J]. J. Eur. Ceram. Soc., 2003, 23(3): 399 - 407.

[54] Yuan C, Jones S and Blackburn S. The influence of autoclave steam on polymer and organic fibre modified ceramic shells[J]. J. Eur. Ceram. Soc., 2005, 25(7): 1081 - 1087.

[55] 郭馨,李晓阳,吕志刚,等. 硅溶胶型壳经高温作用后的形态和强度变化[J]. 特种铸造及有色合金,2011,31(7): 636 - 639.

[56] Yuan C, Withey P A and Blackburn S. Effect of incorporation of zirconia layer upon physical and mechanical properties of investment casting ceramic shell[J]. Materials Science and Technology, 2013, 29(1): 30-35.

[57] 籍君豪. 改善硅溶胶型壳脱壳性能的有效途径[J]. 特种铸造及有色合金, 2010, 30(3): 245-251.

[58] 张启富, 佟天夫. 熔模铸造发泡涂料和多孔性型壳的研究[J]. 特种铸造及有色合金, 1994 (5): 6-9.

[59] 张金智, 莫学明, 袁小红. 覆膜砂在硅溶胶熔模铸造中的应用[J]. 特种铸造及有色合金, 2010, 30(11): 1035-1037.

[60] 李桂芝, 佟天夫, 宝音. 精铸型壳脱壳性的测试方法[J]. 特种铸造及有色合金, 1991(3): 24-25.

[61] 饶磊, 李克, 张莹, 等. 基于 PC 机的型砂退让性检测装置的研制, 2008, 57(1): 33-35.

[62] 闫双景, 姜不居, 王建力, 等. FS-30 快干硅溶胶型壳工艺研究[J]. 特种铸造及有色合金, 1998(2): 13-16.

[63] 吕志刚, 闫双景, 崔旭龙, 等. 熔模铸造型壳制造与增强快干硅溶胶[J]. 铸造纵横, 2005 (10): 28-31.

[64] 寒金探. 硅酸乙酯型壳加入坯体强度增强剂——乳胶的研究[J]. 特种铸造及有色合金, 1992(3): 21-23.

[65] 罗守信, 盛玉海, 刘佑年. 硅酸乙酯——硅溶胶混合黏结剂及其精密铸造新工艺[C]. 中国铸造协会精铸分会第九届年会, 2005, 127-135.

[66] 闫双景, 赵红梅, 姜不居, 等. 硅溶胶与硅酸乙酯复合型壳探讨——缩短硅溶胶制壳周期方法之一[J]. 特征铸造及有色合金, 1997(3): 15-17.

[67] 杨世洲, 傅骏. 一种高性能熔模铸造复合型壳的制备工艺[J]. 铸造技术, 2010, 31(5): 628-630.

[68] 吕志刚, 姜不居, 闫双景, 等. 风速和湿度对硅溶胶干燥过程的影响. 特种铸造及有色合金, 2003(4): 48-49.

[69] Chakrabarti. Drying conditions and their effect on ceramic shell investment casting process [J]. Materials Science and Technology, 2002, 18(8): 935-940.

[70] 王乐仪, 史正兴, 彭兴恕. 硅溶胶黏结剂型壳的干燥及其测定[J]. 1981(2): 33-39.

[71] 李德成, 沈桂荣, 黄景福, 等. Replicast CS 用超薄高强型壳制备工艺[J]. 铸造技术, 1993 (5): 26-28.

[72] 华德峻. 型壳局部增厚对铸件缩孔的影响[J]. 特种铸造及有色合金, 2003(3): 43.

[73] 张勇, 夏明仁. 改善熔模铸造壳型壁厚均匀性的一种途径[J]. 材料工程, 1998(10): 39-40.

[74] 陈伟. 防止熔模铸造型壳分层的措施[J]. 机车车辆工程, 2002(3): 43-45.

[75] 甘玉生, 田军山, 齐萱. 型壳分层对熔模铸件质量的影响与对策研究[J]. 中国铸造装备与技术, 2002(4): 16-17.

[76] 荣忠祥. 熔模铸造型壳裂纹的消除[J]. 铸造, 1998(12): 49.

[77] 张敏华, 李冰, 陈建华. 基于 SL 原型的陶瓷型铸造型壳焙烧过程开裂问题的探讨[J]. 中国铸造装备与技术, 2003(4): 16-18.

[78] 高映民. 精铸件型壳蚁孔缺陷的研究[J]. 铸造技术, 2005(12): 1170-1171.

[79] 陈冰. 我国熔模铸造的可持续发展[J]. 特种铸造及有色合金, 2032(1): 24-26.

[80] 山屋洋树. 精密铸造法基本应用技术[J]. 铸锻造热处理,1992(7):45-46.

[81] Oberst R C, Mark Oles. Benefits of Using Recycled Ceramic Shell Mat erials in the Manufacture of Techni cal Refractories[C]. Investment Casting Institut e: 49th Annual Technical Meeting, USA, 2001.

[82] 章筑兴. 国外铸造废弃物的再生循环[J]. 造型材料,2000(2):41-42,36.

[83] 庄伟强. 固体废物处理与利用[M]. 北京:化学工业出版社,2001.

[84] Valenza F, Botter R, Cirillo P, et al. Sintering of waste of superalloy casting investment shells as a fine aggregate for refractory tiles[J]. Ceramics International, 2010, 36(2): 459-463.

[85] 赵恒义. 熔模铸造型壳废弃物组成及其再利用分析[J]. 特种铸造及有色合金,2005,25(1):52-54.

[86] Jiang J, Liu X Y, Yeung M. Factors affecting dimensional changes in solid ceramic moulds [J]. Trans. AFS, 2001, 109: 975-986.

[87] Jiang J, Liu X Y. Observations of mould dimensional changes during gelling in the ceramic mould process[C]. in: Proceedings of the 10th World Conference on Investment Casting, Paper 22, Monte Carlo, May 14-17, 2000.

[88] Jiang J, Liu X Y. The burning-out process of ceramic moulds[J]. J. Int. Metal Res. , 2004, 17(2): 1-7.

[89] Jiaren Jiang, Xing Yang Liu. Dimensional variations of castings and moulds in the ceramic mould casting process[J]. Journal of Materials Processing Technology, 2007, 189(1-3): 247-255.

[90] Morrell R, Quested P N, Jones S, et al. Studio Project DISIC-Dimensional stability of ceramic casting moulds[R]. National Physical Laboratory, UK. 2006.

[91] Chen X J, Li D C,Wu H H, et al. Analysis of ceramic shell cracking in stereolithography-based rapid casting of turbine blade [J]. The International Journal of Advanced Manufacturing Technology, 2011, 55(5-8): 447-455.

[92] Everhart W A, Lekakh S N, Richards V L, et al. Foam Pattern Aging and its Effect on Crack Formation in Investment Casting Ceramic Shells[C]. Columbus,OH: Transactions of the American Foundry, 2012.

[93] Everhart W, Lekakh S, Richards V, et al. Corner Strength of Investment Casting Shells [J]. International Journal of Metalcasting, 2013, 7(1): 21-27.

[94] 崔苗,陈海耿,徐万达. 加热炉内一维,非稳态,变热流钢坯温度场的解析解[J]. 中国冶金,2007,17(3):34-37.

[95] Liliana Zashkova. Mathematical modeling of the heat behaviour in the ceramic chamber furnaces at different temperature baking curves[J]. Simulation Modelling Practice and Theory, 2008, 16: 1640-1658.

[96] 陈冰. 快速成形技术在熔模铸造中的应用——国外精铸技术进展评述(12)[J]. 特种铸造及有色合金,2005,25(12):732-735.

[97] Ming Q, Leu M C, Richards V L, et al. Dimensional accuracy and surface roughness of rapid freeze prototyping ice patterns and investment casting metal parts. International Journal of Advanced Manufacturing Technology, 2004(24): 485-495.

[98] Liu Q, Sui G, Leu M C. Experimental study on the ice pattern fabrication for the

investment casting by rapid freeze prototyping[J]. Computers in Industry, 2002, 48: 181 - 197.

[99] Sarojrani Pattnaik, Benny Karunakar D, Jha P K. Developments in investment casting process-A review[J]. Journal of Materials Processing Technology, 2012, 212(11): 2332 - 2348.

[100] Glenn F. Flashfire Dewax Enters New Generation[J]. Incast, 1995(2): 14 - 15.

[101] Pacific Kiln, Insulat ions, Inc. Flashfire Dewax System Responds to Rapid Prototyping Needs[J]. Addresses Traditional Concerns. Incast, 1994(2): 13.

[102] 陈冰. 新一代闪烧脱蜡炉和废壳利用——国内外精铸技术进展述评(7)[J]. 特种铸造及有色合金, 2005, 25(7): 433 - 435.

[103] Tom J. Dewax and Burnout Energy Efficiency in the Investment Casting Foundry[J]. Incast, 2002(3): 19 - 21.

[104] 陈冰. 制壳过程自动化——国内外精铸技术进展述评(6)[J]. 特种铸造及有色合金, 2005, 25(6): 366 - 368.

[105] VA Technology Ltd. Offers Shell room Automation for the New Millennium[J]. Incast, 1999(3): 22 - 23.

[106] MK Technology ♯ s Cyclone. German Company Develops Machine for Automatic Shellbuilding and Drying: Reduces Process to Hours Rather than Days[J]. Incast, 2005(1): 23.

[107] Nick Mount ford. Environmental Regulat ions Spur Advances In Water Based Shell Syst ems & Shell Room Automation[J]. Incast, 1995(8): 14 - 15.

[108] 包彦坤, 俞炼聪, 匡阿根, 等. 熔模铸造用硅溶胶涂料的流变特性和工艺性能研究. 特种铸造及有色合金, 1993, (5): 4 - 8.

[109] Samantha Jones. Improved sol based ceramic moulds for use in investment casting[D]. University of Birmingham, 1993.

[110] Doles R S. A New Approach to the Characterization and Optimization of Investment Casting Shell Systems[C]. 9th World Conference on Investment Casting: San Francisco, California, USA, 1996, 8.

[111] Snyder B S, Scott D H, Snow J D. A New Combination Shell Strength and Permeability Test[C]. Investment Casting Institute, v51, 2003, 11: 1 - 26.

[112] 三机部发动机技术情报网精铸叶片调研小组. 熔模铸造译文集第二部分[M]. 上海: 上海科学技术情报研究所出版, 1977.

[113] 三机部发动机技术情报网精铸叶片调研小组. 熔模铸造译文集第二部分[M]. 上海: 上海科学技术情报研究所出版, 1977.

[114] Branscomb T. The importance of green MOR for autoclave cracking[C]. in: Proceedings of 50th Investment casting Institute (ICI) Technical Meeting, Chicago, 2002.

[115] Wang F, Li F, He B, et al. Microstructure and strength of needle coke modified ceramic casting molds[J]. Ceramic International, 2014, 40(1): 479 - 486.

[116] Vandermeer J. A unique silica binder for investment shell systems[C]. in: Proceedings of 10th World Conference on Investment Casting, Monte Carlo, Monaco, 2000, 3.

[117] Kline D, Lekakh S, Mahimkar C, et al. Crack formation in ceramic shell during foam pattern firing[C]. in: Proceedings of the Technical and Operating Conference, Chicago,

Illinois，USA，2009.

[118] Jones S，Leyland S. The use of conductivity as a means of assessing the extent of wet back in an investment casting mold[C]. in：Proceedings of 22nd BICTA Conference on Investment Casting，Bath，1995，4.

[119] Duffey D，Wexcoat A. Totally new concept in water based binders[C]. In Proceedings of 25th BICTA Conference on Investment Casting. Cheltenham，2001，paper 11.

[120] Park C W，Yoon S H，Oh S M. An EVS(electrochemicalvoltage spectroscopy) study for the comparison of graphitization behaviors of two petroleum needlecokes[J]. Carbon，2000，38(9)：1261 - 1269.

[121] Kang H G，Park J K，Han B S，et al. Electrochemical characteristics of needlecokerefined by molten caustic leaching as an anode material for a lithium-ionbattery [J]. Journal of Power Sources1，2006，53(1)：170 - 173.

[122] Leyland S P，Hyde R，Withey P A. The fitness for purpose of investment casting shells [C]. in：Proceedings of 8th International Symposium on Investment Casting(Precast 95)，CzechRepublic，Brno，1995，62 - 68.

[123] Hyde R，Leyland S P，Withey P A，et al. Evaluation of the mechanical properties of investment casting shells[C]. in：Proceedings of the 22nd BICTA Conference，Bath，September 1995，7.

[124] Everhart W，Lekakh S，Richards V. Corner strength of investment casting shells，International Journal of Metal casting，2013，7(1)：21 - 27.

[125] Kline D M. Controlling strength and permeability of silica investment casting molds[D]. Missouri university of science and technology，US，2010.

[126] Mueller H J. Particle and pore size distributions of investments[J]. Journal of Oral Rehabilitation，1986，13：383 - 393.

[127] Reza F，Takahashi H，Iwasaki N，et al. Effects of investment type and casting system on permeability and castability of CP titanium[J]. The Journal of Prosthetic Dentistry，2010，104(2)：114 - 121.

[128] Syverud M，Hero H. Mold filling of Ti castings using investments with different gas permeability[J]. Dental Materials，1995，11(1)：14 - 18.

[129] Matysiak H，Haratym R，Kbczyk M. Gas flow through a multilayer ceramic mould in lost wax foundry process[J]. Archievs of Foundry Engineering，2009，9(2)：155 - 158.

[130] Yuan C，Jones S，Blackburn S. Development of a New Ferrous Aluminosilicate Refractory Material for Investment Casting of Aluminum Alloys[J]. Metallurgical and Materials Transactions A，2012，43(13)：5232 - 5242.

[131] Jones S，Yuan C. Advances in shell molding for investment casting[J]. J. Mater. Process. Technol. ，2003，135(2 - 3)：258 - 265.

5 大型铸件的充型与凝固过程控制

由于整体尺寸大、结构复杂、壁厚差大、薄壁结构面积占比多等特点，大型铸件的充型行为与凝固过程呈现出与普通精密铸件不同的特征。如何保障铸件薄壁结构的完整充填、实现不同结构处凝固组织的均衡控制是大型铸件精密成型的技术难点之一。本章主要从影响大型铸件的充型与凝固过程的主要因素进行阐述，分别是合金熔体自身特性，浇注系统以及铸件结构特征。

5.1 合金熔体特性的调控及对组织与性能的影响

5.1.1 合金成分波动对 K4169 合金熔体热物性的影响

熔体的热物理性能如比热、黏度、表面张力、扩散系数、摩尔体积等，在合金铸造过程中非常重要，不仅影响熔体的流动性，还影响到合金的凝固行为。确定熔体的物性参数是铸造充型过程模拟及铸造缺陷模拟的基础，而计算机数值模拟分析已成为改进铸造工艺的重要手段之一。

K4169 是一种典型的铸造高温合金，具有优良的中温性能、机加工性能及焊接性能，广泛应用于航空、航天、船舶等领域中重要零部件的制造。K4169 合金化学成分中的 8 种主要元素 Ni、Cr、Fe、Mo、Al、Ti、C、Nb，在规定的名义成分中均有较宽的允许范围，当合金成分变化时有可能对熔体的热物性参数带来一定的影响。当不同的合金元素分别处于成分范围的上限或下限时，将形成多种成分组合，这为从铸造工艺设计角度出发对合金成分进行优化提供了可能。为通过优化合金成分改善合金铸造性能，首先需要准确地显示出合金成分波动对高温合金熔体热物性的影响规律。实验测定合金熔体的热物性参数是一个庞大且费时费力的工程，而且还存在测量误差。目前，随着计算分析软件的发展，以及各合金数据库的丰富，利用软件计算合金熔体的热物性参数已成为通行的做法。而相图热力学计算与材料性能计算软件 JMatPro 可以利用已有的材料数据库计算出合金熔体在不同温度下的热物性参数。

表 5-1 列出了 K4169 合金熔体在温度介于 1 380～1 500℃ 之间时，采用 JMatPro 计算的 8 种热物性参数，即密度、摩尔体积、比热、表面张力、黏度、热导率、扩散系数、热膨胀系数随成分变化的趋势（Ni、Cr、Nb、Mo、Al、Ti 共 6 种元素含量

分别取上限及下限计算,另外,C 元素含量取 0.04% 的质量分数,Fe 元素取余量)。表中的增加箭头(↗)和降低箭头(↘)分别表示当某元素含量从下限增加到上限时,相应热物理性能的变化趋势(注:其他元素含量始终取下限)。表 5-2 给出了K4169 合金熔体在 1 400℃和 1 500℃温度下 8 种热物性参数的波动范围。

表 5-1　K4169 合金中元素 Ni、Cr、Nb、Mo、Al 和 Ti 单个元素成分(wt%)从下限增加到上限时对熔体热物理性能参数的影响趋势

热物性 ＼ 成分	Ni 50.0 ↗ 55.0	Cr 17.0 ↗ 21.0	Nb 4.4 ↗ 5.4	Mo 2.8 ↗ 3.3	Al 0.3 ↗ 0.7	Ti 0.65 ↗ 1.15
密　度	↗	↘	↗	↗	↘	↘
摩尔体积	↘	↗	↗	↗	↗	↗
热膨胀系数	↗	↗	↗	↗	↗	↗
比　热	↘	↘	↗	↗	↗	↘
黏　度	↘	↗	↗	↗	↘	↗
表面张力	↗	↘	↘	↗	↘	↗
热导率	↗	↘	↘	↘	↘	↗
扩散系数	↗	↘	↘	↘	↘	↗

表 5-2　K4169 合金熔体在 1 400℃与 1 500℃时热物理性能参数的波动范围

温度/℃	密度/(g/cm³)	摩尔体积/(cm³/mol)	比热/(J/(g·K))	表面张力/(mN/m)
1 400	7.367 0~7.542 6	7.730 7~7.821 4	0.712 0~0.725 9	1 786.86~1 812.05
1 500	7.288 0~7.442 5	7.815 3~7.977 1	0.739 4~0.753 6	1 742.02~1 766.61

温度/℃	黏度/(mPa·s)	热导率/(W/(m·K))	扩散系数/(10⁻⁹ m²/s)	热膨胀系数/(10⁻⁶ K⁻¹)
1 400	8.050 3~8.474 3	25.260 3~27.465 5	0.963 7~1.014 4	25.799 9~27.430 3
1 500	6.585 7~6.924 2	26.544 8~28.842 1	1.249 9~1.314 1	26.755 1~28.313 3

　　K4169 合金的液相线温度与成分之间也有较大关系,随成分变化其液相线温度有一个变动范围。采用 JMatPro 计算的 K4169 合金在上述 8 个主要元素分别取上限或下限时(64 种组合)的液相线温度介于 1 342~1 380℃之间,与各种文献中报道的实验值比较一致[1-4]。JMatPro 热力学计算表明,Nb、Cr、Ti 元素对合金的液相线温度影响较大。这三种元素分别取上限的液相线温度比分别取下限低10℃左右,而同时取上限的液相线温度比同时取下限竟低达 33℃(注:不参与比较的元素含量取下限,下同)。Mo 和 Al 元素对合金液相线温度也有一定影响,它们分别

取上限比取下限低 3℃左右,而同时取上限和同时取下限时合金液相线温度差约为 5℃。增加 Cr、Nb、Ti、Mo、Al 等元素含量,可使合金成分更接近共晶成分从而液相线温度变得更低。

影响流动性的主要因素是熔体的黏度和液相线温度。尽管 Nb 和 Mo 含量增多会使熔体的黏度变大,考虑到降低液相线温度对提高流动性更有利,所以 K4169 中包含 Nb 和 Mo 在内的各种合金化元素应尽量取合金成分的上限。不过 Cr 是个例外。热力学计算表明,含 Cr 较高的合金容易生成体心 α-Cr 相,而 α-Cr 在晶界析出可能是造成合金冲击韧性降低的主要原因[5]。所以合金中 Cr 含量不宜取上限,可在 17.0~19.0 之间选取,这也有利于减小熔体的黏度。

5.1.2　超温处理对镍基高温合金熔体结构的影响

5.1.2.1　超温处理实验研究

采用差热分析法(differential thermal analysis,DTA)方法在过热条件下测量了不同熔体 K4169 相变特征温度。分别选取过热温度为 1 400℃、1 550℃、1 600℃、1 680℃,得到的升温段和降温段的 DTA 的曲线如图 5-1 所示。

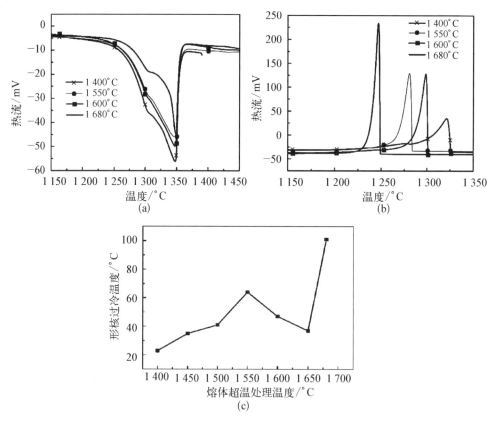

图 5-1　熔体超温处理对 K4169 高温合金凝固过程的影响

(a)升温曲线　(b)降温曲线　(c)过冷度

从升温过程中可以看出,在熔体超温处理温度为 1 400℃时,K4169 镍基高温合金的液相线温度为 1 349℃,固相线温度为 1 270℃。在降温过程中看出,γ 相形核温度在 1 326℃,MC 碳化物析出温度为 1 274℃。当熔体过热温度从 1 400℃加热到 1 550℃时,γ 相的形核温度从 1 326℃降到了 1 284℃,形核过冷度从 23℃升高到 64℃,进一步升高熔体过热温度到 1 600℃时,γ 相的形核温度由 1 550℃的 1 284℃升高为 1 301℃,形核过冷度变为 47℃,再次升高熔体过热温度到 1 680℃时,γ 相的形核温度变为 1 249℃,形核过冷度变为 101℃。这种现象与 Kolotukhin[6] 的研究结果一致。通过研究不同的熔体过热温度对 K4169 合金凝固过程的影响,可以发现 γ 相的形核温度随着熔体超温处理温度的升高,呈现出先降低后升高再降低的趋势,故 K4169 合金随着熔体超温处理温度的升高,其形核过冷度先升高后降低再升高,非平衡凝固温度区间先减小后增大再减小。由此表明,熔体超温处理通过改变熔体结构从而影响形核过冷度和非平衡凝固温度区间,对合金的凝固组织和性能有着重要的影响。

随着凝固技术和团簇物理学的发展,国内外学者认识到合金凝固组织与熔体结构有着直接的关系。合金熔体结构不仅与合金的成分有关,还与熔体的热历史密切相关。刘林等[7]研究了熔体均匀化处理温度对高温合金 In738LC 晶粒尺寸的影响,发现低的均匀化处理温度利于晶粒细化。殷凤仕[8,9]研究熔体过热处理对 M963 合金晶粒度的影响,发现当熔体过热温度达到 1 850℃时,获得了细小的等轴晶。因此,熔体过热处理对晶粒大小有着重要影响,其影响效果与过热的温度和处理时间有着密切关系,适当的过热温度和处理时间可以有效细化晶粒。

热控凝固工艺(TCS)的模壳预热温度处于合金固液相线间,很大程度上抑制了合金液在模壳内壁上形核,可以有效地保留熔体热处理后获得的高形核过冷度。因此,将熔体超温处理和 TCS 工艺相结合,获得的组织如图 5-2 所示。

研究了热控凝固工艺条件下不同超温处理温度对 K4169 合金的晶粒尺寸、缩孔和枝晶组织的影响,如图 5-2 所示。可以看出,随着熔体超温处理温度的增加,K4169 的平均晶粒尺寸出现了先减小后增大再减小的明显趋势。在熔体超温处理温度为 1 680℃时,晶粒平均直径为 82 μm。同时,枝晶组织由明显的树枝状变为粒状组织。缩孔也随着晶粒尺寸的减小,其数量也明显减小。

超温处理温度对晶粒度的影响在于改变了合金的熔体结构,进而影响了形核过冷度。金属结晶时的形核率和生长率都随着过冷度的增加而增大,且形核率的增长率大于生长率的增长。所以以增加过冷度会细化晶粒。

5.1.2.2 分子动力学模拟

由于存在多种合金化元素,镍基高温合金熔体的结构无疑是非常复杂的。初熔的镍基高温合金熔体中存在大量以碳化物为主的难熔颗粒,这些颗粒热力学上不稳定,随温度升高将会溶入熔体中。已有研究表明,熔体经 1 500℃过热处理后碳化物并没有完全溶解,然而熔体的过冷度并不随碳含量增加而明显变化[6]。因

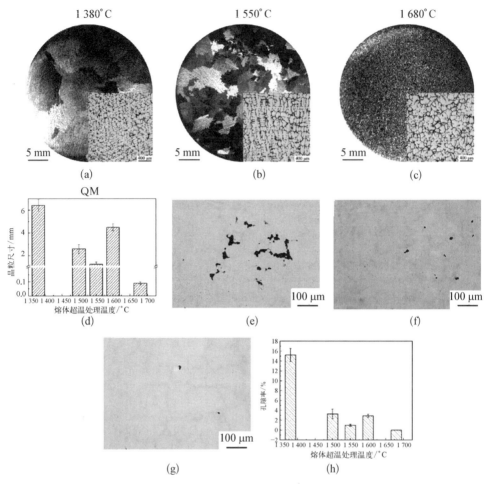

图 5-2　熔体超温处理对 K4169 高温合金组织的影响

(a～c) 晶粒和枝晶组织　(e～g) 缩孔　(d) 和 (h) 定量分析

此,碳化物难熔颗粒不大可能是 γ 相的形核核心,过冷度因超温处理的变化应另有原因。

　　有研究表明,某些高温合金熔体(如 M963)在较低的过热温度下,其结构因子在低 q 值区存在预峰[9]。随着温度的升高,该预峰消失;当温度再次降低时,预峰再次出现。从头算分子动力模拟研究发现,当镍基二元合金 $Ni_{1-x}Al_x$ 中 Al 含量较低时,熔体的结构因子上观察不到明显的预峰。随着 Al 含量的逐渐增大,结构因子上逐渐显现预峰的存在并在 Al 含量为 0.25($x=0.25$)时变得非常明显[10-14]。图 5-3 给出了不同 Al 含量的 $Ni_{1-x}Al_x$ 合金熔体在 1 500℃时的总结构因子和偏结构因子。

　　对 $Ni_{1-x}Al_x$ 合金熔体的键角进行统计(见图 5-4),可以发现 Ni-Ni-Al、Ni-Al-Ni 和 Ni-Al-Al 的键角分布函数与 Ni-Ni-Ni 键角分布函数曲线相类似,左侧的峰强于右侧的峰。然而,Al-Ni-Al 的键角分布函数与 Ni-Ni-Ni 以及

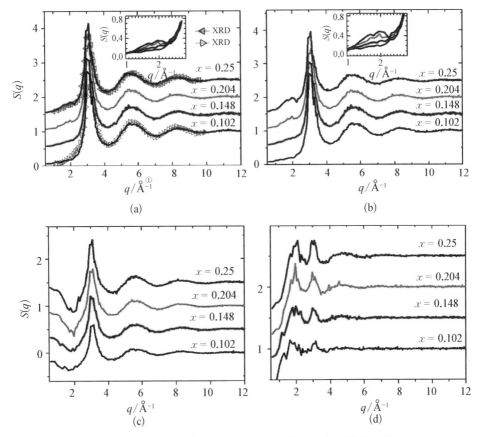

图 5-3 $Ni_{1-x}Al_x$ 在 1 500℃时的总结构因子和偏结构因子

(a) 总结构因子 S_{total}，图中的左三角和右三角图标表示文献[8]中报道的 XRD 所测结构因子
(b) 偏结构因子 S_{NiNi} (c) 偏结构因子 S_{NiAl} (d) 偏结构因子 S_{AlAl} (a)和(b)中的插图是 q 值区间
1.0~2.8 $Å^{-1}$ 内的放大图

Ni-Ni-Al、Ni-Al-Ni 和 Ni-Al-Al 的键角分布函数差异非常大。Al-Ni-Al 的键角分布函数在 105°处存在一个较为显著的峰，在 72°附近存在一个肩或相对较弱的峰。随着 Al 含量从 0.102 增加至 0.25，105°附近峰的强度略微减弱，但依然较强；72°附近的肩逐渐变得明显，直至变成一个峰。Al-Al-Al 的键角分布函数与 Ni-Ni-Ni 以及纯 Al 熔体的键角分布函数也不相同，它在 100°附近存在一很强的峰，在 60°和 140°附近存在两个肩。

从头算分子动力学模拟发现，在 $Ni_{1-x}Al_x$ 熔体中，Ni 原子有机会与 4 个 Al 原子同时成键。随着 Al 含量从 0.102 增加至 0.25，这种机会逐渐增加。考虑到甲烷分子(CH_4)的键角是 109.471°，该角度与 Al-Ni-Al 主峰的位置(约 105°)很接近。

① Å 为长度单位，1Å=10^{-10}m。——编注

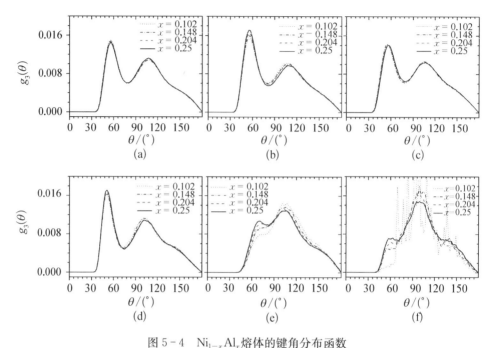

图 5-4 $Ni_{1-x}Al_x$ 熔体的键角分布函数

(a) Ni-Ni-Ni (b) Ni-Ni-Al (c) Ni-Al-Ni (d) Ni-Al-Al

(e) Al-Ni-Al (f) Al-Al-Al

因此，$Ni_{1-x}Al_x$ 熔体中的 Ni 原子跟与它成键的四个 Al 原子，有机会形成类似于甲烷分子（CH_4）的结构，如图 5-5(a) 所示。当熔体中存在足够多的甲烷分子状结构后，它们就有机会形成类似闪锌矿结构的 Ni-Al 键网络（见图 5-5(b)）。这种畸变的类闪锌矿结构的 Ni-Al 键网络将会导致结构因子在 q 值区间 $1.0\sim2.2$ Å^{-1} 内出现预峰。模拟还发现，$Ni_{1-x}Al_x$、$Ni_{1-x}Ti_x$、$Ni_{1-x}Ta_x$ 和 $Ni_{1-x}Nb_x$ 熔体中的异类原子之间的相互作用强于同类原子之间的相互作用。$Ni_{1-x}Ti_x$、$Ni_{1-x}Ta_x$ 和 $Ni_{1-x}Nb_x$ 熔体表现出与 $Ni_{1-x}Al_x$ 熔体相似的特征，即随着溶质元素含量逐渐增加至 0.25，这些熔体中都有机会出现类似闪锌矿结构的 Ni-M(M=Ti、Ta、Nb)键网络，并且结构因子上也都观察到了预峰[12]。当温度升高至 1 700℃后，$Ni_{0.75}Al_{0.25}$ 合金熔体结构因子的预峰并不消失。

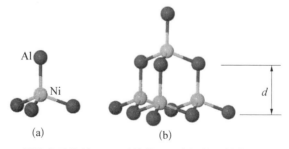

图 5-5 (a) 甲烷分子状的 Ni-Al 结构(b) 类闪锌矿结构的 Ni-Al 键网络

基于对 $Ni_{1-x}Al_x$、$Ni_{1-x}Ti_x$、$Ni_{1-x}Ta_x$ 和 $Ni_{1-x}Nb_x$ 熔体结构的模拟研究,可以推测高温合金熔体中少量的 Ti、Ta 和 Nb 会起到和 Al 元素相似的作用。经计算,M963 合金熔体中 Al+Ti+Nb 的含量大约为 16.28 at.%[①],在此浓度下的 $Ni_{1-x}Al_x$ 合金熔体的结构因子本不应该出现明显的预峰。较低过热温度下 M963 合金熔体的结构因子存在预峰[9],应该是熔体中的 Al、Ti 和 Nb 等溶质元素聚集、熔体中存在富溶质区的表现。随着过热温度升高预峰消失,说明熔体中的溶质元素分布趋于均匀;随过热温度降低预峰再次出现,表明 Al+Ti+Nb 富溶质区再次出现。可以推测,其他型号的高温合金熔体(如 K4169 合金)在较低的过热温度下也会存在贫溶质区和富溶质区的微观不均匀现象。在凝固过程中,熔体中的某些贫溶质区与(或)富溶质区可能较易诱发形核。对于前文提及的 K4169 合金熔体经 1 600℃ 和 1 650℃过热处理后 γ 相形核过冷度降低的现象,基于目前的研究结果还不能给出合理解释,有待进一步的深入研究。

5.1.3 微量元素对合金凝固组织和流动性的影响

5.1.3.1 微量元素 B、Zr 对 K4169 合金凝固特征参数、组织及流动性的影响

微量元素对高温合金凝固特性、组织和性能有显著影响[13-15]。调整微量元素的含量、研究微量元素对凝固特性及组织性能的影响对于合金成分控制和优化具有重要意义。

合金的凝固区间是一个重要的凝固参数,直接与合金的流动性关联。采用 DSC 测试了不同硼和锆含量高温合金的凝固特征温度,结果如图 5-6 和表 5-3 所示。γ 相是 K4169 合金的基体相,占有很大的体积分数,因此如果选定 γ 相初始熔化温度为固相线,能得到更好的表征流动性。所得 DSC 曲线如下图 5-6 所示。

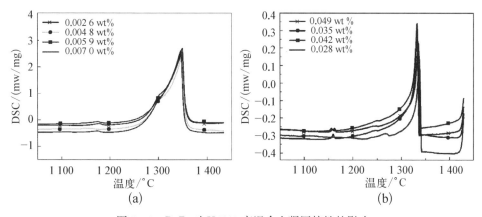

图 5-6　B、Zr 对 K4169 高温合金凝固特性的影响

(a) B 的影响　(b) Zr 的影响

---

① at.%代表原子百分比。——编注

表 5-3　元素硼对 K4169 高温合金凝固特征温度的影响

B 含量(wt %)	0.002 6	0.004 8	0.005 9	0.007
γ 固相/℃	1 295	1 304	1 316	1 303
液相/℃	1 347	1 349	1 349	1 346
凝固温度间隔/℃	52	45	33	43

从图 5-6 和表 5-3 中看出,元素硼对液相线温度影响不大,对 γ 固相线温度呈先增加后减小的趋势。随着硼含量的增加,液相线与 γ 固相线之间的凝固温度区间不断降低,当硼含量从 0.002 6 wt%增加到 0.005 9 wt%时,液相线与 γ 固相线之间的凝固温度间隔由 52℃减小到 33℃,当硼含量为 0.005 9 wt%时,凝固温度区间最小。当硼含量超过 0.005 9 wt%时,凝固温度区间又增加到 43℃。由图 5-6 和表 5-4 可以看出元素锆对合金的液相线温度影响不大,对 γ 固相线温度呈先增加后减小的趋势。随着硼含量的增加,液相线与 γ 固相线之间的凝固温度区间不断降低,当锆含量从 0.028 wt%增加到 0.042 wt%时,凝固温度区间由 52℃减小到 31℃,当锆含量为 0.042 wt%时,凝固温度区间最小。当锆含量超过0.042 wt%时,凝固温度区间又增加到 36℃。

Antony K C 等[16]的研究结果显示向 Ni-10Co-9Cr-9W-5.5Al-3.5Ta-1.5Mo-1.5Ti 高温合金中加入 0.012%的硼,凝固温度区间从 79℃降低到 72℃,与本实验结果基本一致。金属的凝固区间越宽,其枝晶就越发达,较小的固相体积分数就会导致流动停止。所以当硼含量为 0.005 9 wt%时,合金的流动性较好。

表 5-4　Zr 对 K4169 高温合金凝固特征温度的影响

Zr 含量/(wt %)	0.028	0.035	0.042	0.049
γ 固相/℃	1 295	1 307	1 315	1 310
液相/℃	1 347	1 345	1 346	1 346
凝固温度区间/℃	52	38	31	36

随着科技的进步,航空工业向高性能低成本方向发展,大型薄壁铸件整体精铸性能上具有较大的优势,使其应用日益广泛。提高高温合金熔体的流动性是改善大型复杂薄壁铸件成形质量的有效方法之一。流动性是指金属本身的流动能力,它与金属的成分、温度、杂质含量及其物理性质有关。它作为凝固特性的一个重要参数,理论上直接关系到金属的充型能力,实践中直接影响大型薄壁铸件充型的成败。

通常,采用浇注流动性试样的方法来测量液态金属的流动性及其充型能力,以流动性试样凝固后的流线长度或充型后薄处的面积来表征合金的流动性。目前流动性的测试绝大多数采用重力浇注方法,个别采用真空吸铸;沟道大多做成直棒形或弯曲成一定形状。常见的流动性试样的类型有辐射型(主要用于橡胶模)、螺旋模型(主要用于金属模)、真空试样(借助真空吸铸)、U型、阶梯型、板状、花盘型等。由于高温合金在真空条件下浇注,需要设计一种在真空条件下对高温合金流动性测试的模型及表征方法。

　　流动性测试是将液态合金浇入专门设计的流动性试样沟道(型腔)中,以其停止流动时获得的长度作为流动性指标;也可以用试样尖端或细薄部分被充填的程度作为流动性指标。后者旨在研究液态合金充填型腔细薄部分及棱角的能力。由于流动性的测定是在特定的铸型条件、浇注条件和试样沟道中进行的,所以,测定时必须稳定上述条件,才能保证测试结果有较好的再现性和精确度。对于评价标准有采用测量流线长度,也有采用测量体积分数等的方法。本实验是依据铝镁合金流动性的模型并考虑到所制备铸件的大尺寸变化梯度和最小壁厚的要求,设计了模型一来表征流动性,用模型二来验证其流动性。螺旋形流动性如图5-7所示。

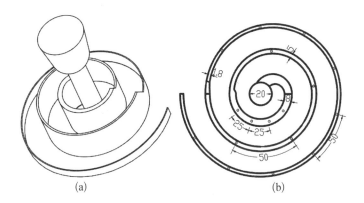

图 5-7　螺旋形流动性模型

(a) 流动性模型外形　(b) 流动性模型尺寸(mm)

　　螺旋是以渐开线的方式形成的,其方程为:

$$\begin{cases} X = 10(\cos\varphi + \varphi\sin\varphi) \\ Y = 10(\sin\varphi - \varphi\cos\varphi) \quad (\varphi \geqslant 0) \end{cases} \tag{5-1}$$

　　螺旋板的展开平面图如图5-7所示。螺旋板的内部为空腔,形成矩形或者梯形的流动通道。所述的流动通道由三段流动段组成,分别为第一级流动段、第二级流动段和第三级流动段。螺旋板中各段流动通道的截面积根据浇注系统大孔出流理论确定:第一级流动段与第二级流动段截面积的比例约为2:1。所述第三级流动段的截面积为变截面积。

　　为了增大流动性测试的有效范围和反映合金在不同厚度处的流动性,所述螺旋板中各段流动通道的长度确定为

$$l_1 : l_2 : l_3 = 1 : 2 : 4$$

所以第一级流动段的长度为 125 mm,第二级流动段的长度为 250 mm,第三级流动段的长度为 500 mm。

该模型是吸取螺旋型曲线弧线变化的优点并结合实际铸件的变截面尺寸特征和最小尺寸的要求,流动性沟槽随着长度的增加,总体的截面面积在减少。在实验中各参数相同的条件下,厚度 8 mm 和 5 mm 的型腔部分都完全充满,所以将 8 mm 和 5 mm 厚的长度换算成 1.8 mm 厚的长度,最终以换算得到的 1.8 mm 厚度处获得形状完整的流线长度加上换算的结果作为指标表征流动性。

根据式(5 - 2)计算合金在螺旋形模壳中的理论充型长度。

$$l = v \frac{F \rho_1}{P} \left[\frac{1}{\alpha_1} + \frac{x}{\lambda} + \frac{\sqrt{\pi \cdot \Delta x}}{b_2 \sqrt{v}} \right] \frac{kL + C_1(T_p - T_k)}{T_L - T_m} \qquad .(5 - 2)$$

式中:l 为流线长度,v 为在静压头为 H 作用下,液态金属在型腔中的平均流速,F 为铸件的断面积,P 为铸件为断面的周长,ρ_1 为液态金属的密度,α_1 为铸型侧的换热系数,x 为涂料层的厚度,λ 为涂料层的导热系数,b_2 为铸型的蓄热系数,k 为停止流动时液流前端的固相数量,L 为合金的结晶潜热,C_1 为液态金属的比热,T_p 为合金的浇注温度,T_k 为停止流动温度,T_L 为合金的液相线温度,T_m 为模壳温度。

根据式(5 - 3)把前两级厚度折算成最后一级厚度,即折算成第三级厚度后的流线长度。

$$l' = l_1' + l_2' + l_3 = \frac{l_1 P_1 F_3}{F_1 P_3} + \frac{l_2 P_2 F_3}{F_2 P_3} + l_3 \qquad (5 - 3)$$

式中:l' 为不同厚度处折算成第三级厚度后的总流动长度,F 为铸件的断面积,P 为铸件的断面的周长。以其填充满的合金流线长度作为高温合金流动性在该厚度处的流动性。

采用螺旋形试样,保证静压头一致,测定不同工艺条件对合金流动性的影响。该模型具有造价低、制造方便、使用简单、实用性强等优点。所述的试样可制成模壳,实现在真空下浇注,能测试合金在不同工艺下的流动性,可以反映合金的流动性随截面面积变化的规律,能保证测试精度以及提高测试结果的重现性。测量该螺旋状合金试样充满截面不同厚度宽度的流线长度,并按式(5 - 3)折算成 1.8 mm 厚度的流线长度做为高温合金 K4169 在浇注温度为 1 470℃下的流动性。

图 5 - 8 为不同含量的硼和锆对 K4169 高温合金流动性的影响。由图可以看出,随着硼含量的增加,合金流动性先是增加后减小的趋势,当硼含量在 0.004 8~0.005 9 wt%时,此时的流动性长度比母合金增加 50%左右。当硼含量超过 0.005 9 wt%时,流动性长度减小,但依然高于母合金的流动性。随着锆含量的增加,合金的充型长度大致呈现先增加后减少。当锆含量在 0.035~0.049 wt%时,

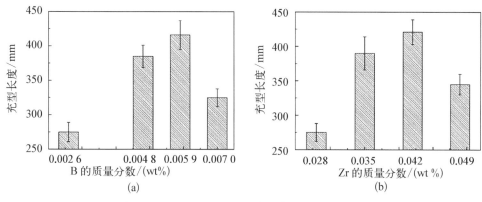

图 5-8 B 和 Zr 对 K4169 高温合金流动性的影响

(a) B 的影响 (b) Zr 的影响

此时的充型长度比母合金的充型长度增加 40%～55%。

硼和锆对合金流动性的影响主要是由于硼和锆减小了合金的凝固区间。金属的凝固区间越宽，其枝晶就越发达，较小的固相体积分数就会导致流动停止[17]。所以当硼含量为 0.005 9wt% 或者锆的含量为 0.042 wt% 时，合金的流动性较好。

Laves 相是一种脆性相在高温合金中会形成和扩展裂纹，另外在 K4169 合金中会消耗大量的 Nb 而减少主要强化相 $\gamma''(NbNi_3)$，因此在高温合金中 Laves 相越少越好。不同 B 含量对 Laves 相形貌及其含量的影响，如图 5-9 所示。在母合金中 Laves 相主要有两种形态，一种是共晶 Laves 相，另一种是板状的 Laves 相。随着 B 含量的添加，Laves 相的形貌并未发生明显变化，但 Laves 相的数量发和尺寸减小。随着 Zr 含量的增加，共晶 Laves 相的数量增加，块状的数量减少（见图 5-10）。同时 Laves 相的数量也明显减少。由于 Laves 相所在的枝晶间区域是 K4169 合金最后凝固的区域，从以上变化足以说明硼和锆的加入将导致合金最后阶段的凝固行为发生显著变化。一般认为 B 和 Zr 在晶界处富集会降低晶界处的扩散速率阻碍 Laves 相的析出。

5.1.3.2　化学细化对 K4169 合金凝固晶粒组织的影响

化学法是通过向金属或合金熔体中加入某种元素或化合物，能够使熔体在凝固前存在大量细小的形核质点，分散悬浮在熔体中，使形核率大大提高，晶粒明显细化。这些加入的元素或化合物即为细化剂，它们可以直接加入，也可以通过加入的物质与熔体反应生成。

不引入夹杂是化学细化剂选择的关键。根据高温合金的熔铸特点，细化剂的选取原则为[18]：

（1）不带入有害元素，细化剂的组成是合金中的元素；

（2）为防止细化剂沉淀或漂浮，细化剂和合金熔体之间的密度差应尽量小；

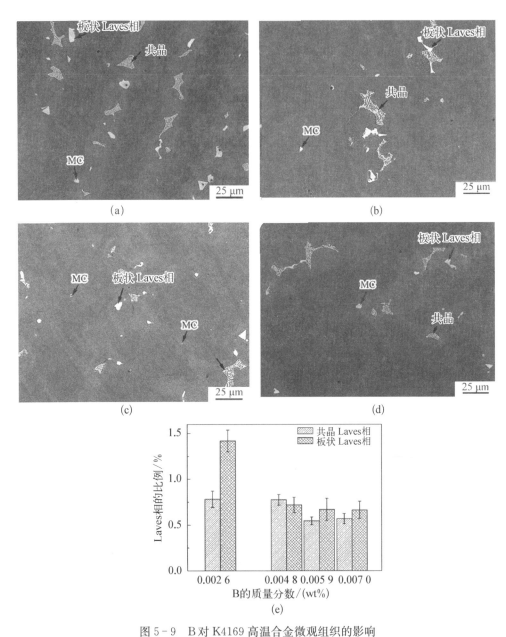

图 5-9　B 对 K4169 高温合金微观组织的影响

(a) 0.002 6 wt% B　(b) 0.004 8 wt% B　(c) 0.005 9 wt% B　(d) 0.007 0 wt% B　(e) 分析结果

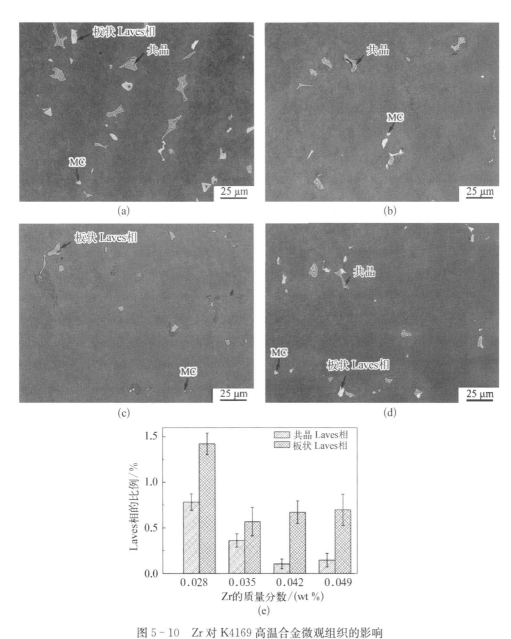

图 5 - 10　Zr 对 K4169 高温合金微观组织的影响

(a) 0.028 wt% Zr　(b) 0.035 wt% Zr　(c) 0.042 wt% Zr　(d) 0.049 wt% Zr　(e) 分析结果

（3）细化剂颗粒与基体之间具有良好的晶格匹配关系，以降低它们之间的界面能，使两者之间具有良好的润湿性，并在合金凝固时有促进新相在其外延生长等特点；

（4）细化剂颗粒应非常稳定，这些颗粒不易在液态金属中溶解或与合金液发生反应；

（5）细化剂应是脆性的，粉碎后表面应粗糙；

（6）细化剂颗粒应提高合金的机械性能。

结合以上原则，西北工业大学采用合金本身元素组成的金属间化合物作为细化剂的备选用对象。通过晶格错配度计算，结合熔点、密度等的考察，提出了两种晶粒细化剂：Co_3FeNb_2 细化剂和 CrFeNb 细化剂。两种都是高温合金 K4169 本身成分组成的金属间化合物，能细化晶粒组织，而不引入夹杂和影响性能。

表 5 - 5　　细化剂的晶体结构和物理参数[19]

细 化 剂	晶 体 结 构	密度/(g/cm³)	熔点/(℃)
Co_3FeNb_2	Hexagonal（六边形）	8.8	1 550
CrFeNb	Hexagonal（六边形）	8.2	>1 650

图 5 - 11 为不同工艺条件下细化剂对合金晶粒组织的影响。对于常规工艺，图 5 - 11(a)合金的凝固组织由中心等轴晶和边缘柱状晶组成。加入细化剂后合金的晶粒全为等轴晶，如图 5 - 11(b)。其晶粒尺寸由 4 560 μm 细化为 1 230 μm。在热控工艺条件下，合金为粗大的等轴晶，添加细化剂后，晶粒明显细化。合金的平均晶粒尺寸由 3 340 μm 细化为 126 μm。当细化剂与基体之间的错配度小于 12% 时，细化剂有好的细化效果。经测定知 K4169 的 γ 基体为 fcc 结构，其晶体常数为 0.358 6 nm。根据二维点阵错配度模型，细化剂 Co_3FeNb_2 和 CrFeNb 的错配度都小于 10%。结果表明细化剂 Co_3FeNb_2 和 CrFeNb 的(0001)面与 γ 基体(111)面之

图 5 - 11　不同工艺条件下化学细化剂对晶粒组织的影响

(a) T_p＝1 380℃，T_m＝900℃　(b) T_p＝1 380℃，T_m＝900℃，加细化剂　(c) T_p＝1 380℃，T_m＝1 290℃　(d) T_p＝1 380℃，T_m＝1 290℃，加细化剂

间的错配度分别为 4.45% 和 3.34%[19]。细化剂作为 γ 基体的形核质点,提高形核率,使晶粒细化。一般在晶粒细化时加入的颗粒是晶粒数的 $10^3 \sim 10^4$ 倍。通过计算,加入的细化剂颗粒数比实际晶粒数多,未发挥作用的剩余细化剂颗粒在晶粒生长过程中富集和偏聚到晶界上,可通过阻碍晶界迁移和原子扩散而起到部分限制晶粒长大的作用,这样也促进了晶粒细化。

对比常规工艺条件下加入细化剂(见图 5-11(b))和热控凝固工艺条件下(见图 5-11(d))的晶粒组织,可以看出细化剂在热控工艺条件下有更高的细化效率。通常情况下,合金的铸造组织取决于形核和生长条件。当熔体开始凝固时,由于熔体与模壳的温差大,模壳的激冷作用使其形核自由能低从而由模壳内壁开始形核。然而当模壳温度处于合金的固相线时,模壳内壁的激冷作用减弱,大量的形核质点同时形核,因此其晶粒尺寸明显小于常规工艺下的晶粒尺寸[20]。

5.2 基于大型铸件结构特征的充型过程模拟

一直以来,水力模拟是型腔充填过程模拟的主要方法。但是,由于铸型实际充填过程是同时伴随着凝固过程的,型腔截面尺寸、流动表面特性以及熔体物性,随时间和位置的变化而变化。水力模拟将充填和凝固过程分离开来,因此,水力模拟的结果偏离实际情况较多。基于此,以低熔点合金作为流动介质的模拟方法,以及有限元软件模拟的方法,成为复杂铸件充型过程模拟的主要方法。

其中,低熔点合金模拟采用与目标合金具有相似凝固特性、成本较低、熔点较低的合金,浇铸到透明型壳或实际型壳中,通过实际观测或破坏性检测分析充填凝固过程的方法。铸造过程计算机模拟是近几十年迅速发展起来的现代铸造工艺研究方法。通过有限元软件模拟铸件的充填和凝固过程,进行工艺分析,发现影响铸件质量的内部因素,可在工艺实施前优化或验证所采用的铸造工艺参数。这对于指导铸造工艺设计、提高铸件质量具有重要意义。高温合金具有易氧化性,熔炼温度高,铸造生产工艺试验难度较大,可以采用铸造过程计算机模拟减少工艺试验次数,缩短试制周期,降低生产成本。

5.2.1 重力浇注低熔点合金充型过程的物理模拟和数值模拟

5.2.1.1 物理模拟

实验铸型采用石英玻璃制作,如图 5-12(a)所示,选用 ZL102 合金作为模拟介质。在浇注过程,为了减少热量散失,用硅酸铝保温材料将浇注系统包裹起来。合金浇注温度为 800℃,铸型温度为 20℃。合金液充型过程由高速摄影记录下来,并通过红外热像仪来获得合金液充型过程的相对温度场变化。摄影仪器为美国 VRI 公司 PhantomV12.1 高速摄像仪,温度场测量采用美国 FLIR 公司的 SC7300 中波热像仪,如图 5-12(b)所示。

图 5-13 是 ZL102 铝合金熔体充型过程的不同时刻流体形态。由图可以看

(a)

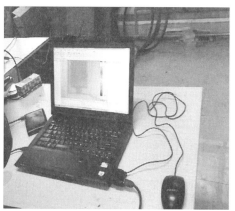

(b)

图 5-12 实验模型及装置(西北工业大学杨光昱教授提供)

(a) 石英玻璃模型 (b) 红外热像仪

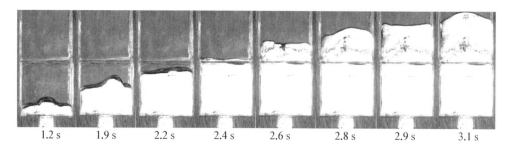

图 5-13 铝合金重力充型过程流体形貌随时间变化过程

出,合金液进入型腔后,来自内浇道的冲击射流喷射进入型腔,引起正对内浇道上方的液面凸起,并形成中心波。随着熔体倾注进行,充型逐渐变得平稳,液面波动减小,趋于平稳。

进一步观察垂直浸没流的位置可以发现,铝合金熔体充型过程中的液面凸起位置随着熔体充型进程的进行,它并不是一直正对着内浇道位置,而是向右发生了一定的偏移量,这是因为重力充型过程射流区合金速度水平分量和两侧涡流区对射流区的影响所致。这和水力物理模拟过程及高温合金熔体充型过程的数值模拟结果是一致的。

图 5-14 是铝合金熔体重力充型过程中流体各部分相对温度场变化情况。可以看到,模型型腔下部的合金液充型过程的温度场变化趋势与数值模拟结果的温度场变化趋势基本符合。

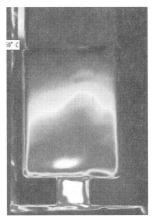

图 5-14　铝合金重力充型过程合金相对温度场

5.2.1.2　数值模拟

图 5-15 为计算得到的铝合金重力条件下充型过程不同时刻的速度场和温度场分布情况。由此可见,低温合金数值模拟实验模型尺寸及边界条件与物理模拟均保持一致。

液体在充填下半部分型腔时,重力条件下 ZL102 铝合金熔体的充型过程与物理模拟过程基本相似。充型初期,在重力作用下进入型腔的液流由于惯性,有保持其运动方向和动量的倾向,形成贯穿已充填区域的潜流。潜流在运动中不断与周围介质发生动量交换,其结果是使潜流扩展,平均流速逐渐下降。在静压力差的作用下部分流体速度方向发生改变,向四周漫流,遇到型壁后发生碰撞,由于动量守恒,流体运动方向再次发生变化,形成涡流区。由图中可以看出中心流体一直保持较大的流速,在到达液面时,其速度仍保持较大值,使自由液面中心处呈凸起状。在整个充型过程中,在横向形成了中部较宽的射流带,两边为涡流区,后涡流区明显较大,且一直存在没有消失。这样的充型流态使得中心流体一直保持较高的温度,使高温射流区和周围涡流不仅动量交换增加,伴随着热量交换也增加。由图中温度分布可以看出铸件在充型初期,高温射流区不是特别明显,即横向温度梯度还保持在较小的水平。随着充型的进行,特别是变截面后,中心流体温度明显高于周

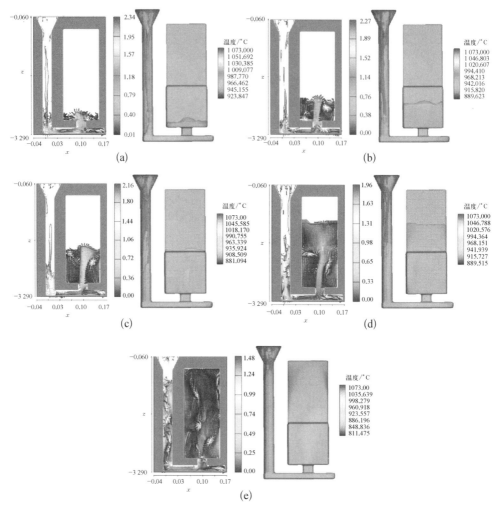

图 5 - 15　铝合金重力条件下合金充型过程不同时刻的速度场和温度场

围,在横向存在较大的温度梯度。

由于截面的突变,合金液流经变截面处时,由于流体的连续性使得中心高速射流区面积变大。随后,由于熔体流程的增加,沿途一直存在着动量及热量的交换,且薄壁部分高温液体散热较快,使得前沿液体的温度明显减小,并且铸件横向温度梯度也明显变小。与水利模拟不同,合金液熔体的热物性参数受温度影响较大,熔体温度的明显降低使得合金液的密度、表面张力及黏滞力都有所增加,所以耦合温度场后的冲击射流遇到的阻力也逐渐增大,使得自由液面逐渐趋于平稳,流速再次减小。由于黏滞力的增大,型腔壁对熔体形成的速度边界层尺度增加更加明显,合金液在薄壁部分的充型后期,随着合金液温度的继续降低,靠近型腔表面的速度边界层内的合金液已经开始凝固。

5.2.2 重力浇注 K4169 合金特征件充型实验和数值模拟

通过数值模拟与低熔点合金实验模拟,我们对薄壁试样以及变截面试样的充填过程有了一定的了解。为了验证高温合金薄壁试样填充过程的特性,下面进一步对高温合金试样实际浇注过程进行实验分析。

5.2.2.1 数值模拟

1) 浇注温度对充填率的影响

浇注温度对充型过程的影响很大,浇注温度高,合金液的流动性好,易于充型。充填率是指充入型腔的合金液的体积和型腔体积比,为了考察浇注温度对充填率的影响,选取浇口面积为 610.86 mm² (以下均相同),浇注流量为 2 kg/s,换热系数 1 000 W·m⁻²·K⁻¹,铸型温度为 800℃,浇注温度分别为 1 380℃、1 450℃、1 550℃作为起始浇注温度,进行数值模拟。

根据铸件形成理论[21]可知,当合金液液流头部的凝固分数达 20% 的时候,充型是很难继续进行的。图 5-16 为浇注温度对 K4169 合金薄板件充型的影响,每个浇注系统中左边为 1.5 mm 薄板,右边为 1 mm 薄板。当 K4169 合金液前端出现 20% 的凝固分数的时候(根据图 3-3 可知,凝固分数 20% 的对应 K4169 合金液温度为 1 350℃),浇注温度为 1 450℃的充型面积明显比 1 380℃要大,这就说明,在底注式熔模铸造过程中,合金液浇注温度的提高有利于合金熔体的充型。根据对 K4169 合金的黏度和温度的关系计算发现(见图 3-6),温度提高有利于合金液黏度的降低,有利于合金液的充型。这两个方面验证了提高浇注温度有利于 K4169 合金液的充型。另外,图 5-16(a)中可以明显看出,1.5 mm 的薄板件熔体明显比 1 mm薄板件充填顺利,充填面积更大些。图 5-16(c)为浇注温度为 1 550℃的薄板充填率,可以看出,当浇注温度达到 1 550℃,合金熔体可以完整充满整个薄板铸

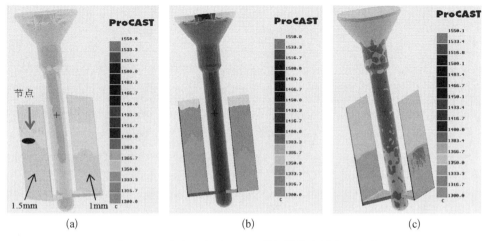

图 5-16 浇注温度对 K4169 薄板铸件充填率的影响

(a) 1 380℃ (b) 1 450℃ (c) 1 550℃

件。从图 5 - 16(a)可以看出，K4169 合金充型困难主要原因是合金液的前端出现了一定的凝固分数的合金液节点，根据计算可知凝固分数 20% 对应的合金液温度为 1 350℃，如图 5 - 18 所示。

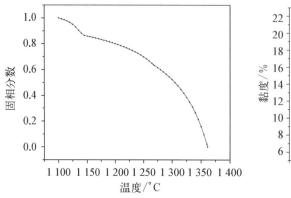
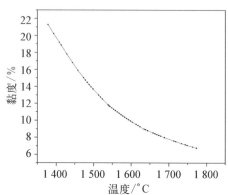

图 5 - 17　K4169 合金的固相分数和温度的关系　　图 5 - 18　K4169 合金的黏度和温度的关系

2）型壳温度对充填率的影响

选取较低的浇注温度 1 380℃，换热系数 1 000 W·m^{-2}·K^{-1}，浇注流量为 2 kg/s，型壳温度为 700℃，800℃，900℃的条件进行数值模拟。

图 5 - 19 为型壳温度对 K4169 合金液充型温度分布的影响。由图 5 - 17 可知，当 K4169 合金液的温度为 1 350℃时，合金液的凝固分数达到 20%，充型就变得困难。图 5 - 19 表明，对于 1 mm 薄板件（右），当型壳温度为 700℃时，薄板铸件的中部温度已经下降到 1 350℃，在该部位容易形成浇不足等缺陷。随着型壳温度的增加，薄壁件中低于 1 350℃的合金液面积减少。当型壳温度为 800℃时，合金液在充

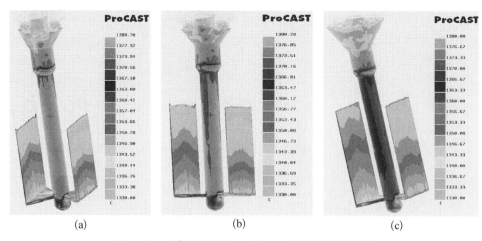

图 5 - 19　型壳温度对 Ti - 47Al 合金液温度场的影响

(a) 700℃　(b) 800℃　(c) 900℃

型过程中,在合金液前端只出现少量面积的低温度。当型壳温度为 900℃时,合金液在充型过程中,在合金液前端没有出现低于 1 350℃的低温度,较易充型完整。可见,在底注式熔模铸造过程中,型壳温度的提高有利于充填率的提高。

3) 小结

通过数值模拟的方法研究了浇注温度、型壳温度等铸造工艺参数对 K4169 合金熔体在底注式熔模铸造过程中的充型规律及凝固过程的影响。结果如下:

(1) 浇注温度的提高有利于 K4169 合金熔体的充型。在浇注温度 1 550℃以下时,浇注温度和充填率呈线性关系。型壳温度的提高有利于合金液的充型,当型壳温度低于 900℃时,型壳温度和充填率呈线性关系。

(2) 根据模拟结果确定了获得充型良好的薄壁铸件最佳工艺参数区间,当浇注速度分别为 2 kg/s、3 kg/s 时,能够完整充型薄板铸件的浇注温度分别为 1 550℃或更高。

(3) 对于不同厚度的薄壁铸件,铸造工艺参数对其充填率及凝固特性的影响不一样。当薄壁铸件厚度为 1 mm 时,浇注工艺参数对其铸件充型的影响较为明显。并且在铸件凝固过程中,由于铸件较薄,凝固速度过快,工艺参数的改变对其凝固特性无明显变化。而 1.5 mm 薄壁铸件可通过浇注工艺参数的优化,获得性能优良的成品。说明在重力条件下,大型复杂薄壁铸件充型及凝固过程均需严格控制浇注工艺参数,但更薄的薄壁铸件成型仍不理想。

5.2.2.2　薄壁特征件实验分析

1) 高温合金薄壁特征件浇注结果分析

本实验采用底注式熔模铸造工艺,研究不同浇注温度及型壳预热温度对不同厚度尺寸的 K4169 高温合金薄壁特征件的充型、凝固冷却速率及凝固组织。

高温合金选择 K4169 合金,薄壁板的厚度尺寸分别有 2 mm,1.5 mm,1 mm。该熔模铸造采取底注式浇注系统。

型壳的制作分为两步:蜡模的制备和型壳的制备。根据铸件浇注系统的需要,压制特征石蜡零件,然后将其粘接成铸件形状的模组。蜡模制备完成后,在石蜡薄板上粘上三个单孔陶瓷盲管,便于浇注实验过程中插入热电偶,实时对型壳及 K4169 熔体充填凝固过程情况进行温度监测,如图 5 - 20 所示。

图 5 - 20　热电偶安装位置示意图

实验中,浇注温度为 1 550℃,型壳预热温度为 900℃,浇注流量为 2 kg/s,浇注得到的 2 mm 薄板铸件外形如图 5 - 21 所示。

(1) 型壳冷却速度曲线。

在以上浇注条件下,通过黑匣子炉温跟踪仪记录型壳的温度曲线如图 5 - 22 所

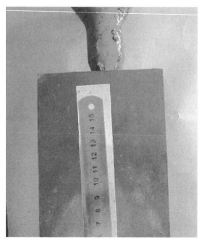

图 5-21 2 mm 薄壁板铸件外形

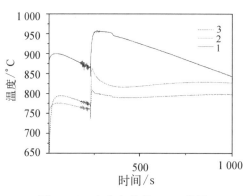

图 5-22 实验中型壳 1、2、3 位置
浇注时的温度曲线

示,图中的显示的通道 1、通道 2、通道 3 分别记录的是图 5-22 中型壳对应的 1、2、3 位置的温度冷却曲线。图中的 3 条曲线第一个峰值为型壳从电阻炉中取出后的初始温度值,约为 900℃。之后 250 s 左右,可见 3 条温度曲线陡增,说明熔体在此刻充填到型壳中热电偶对应的位置。通过曲线陡增的顺序和温度大小,薄板件是由下至上顺序充填。并且在浇注开始时,型壳的温度已降至 760～870℃,为了验证温度变化的规律性,采用上述参数对上述过程进行了模拟,温度的分布跟实际过程相似。

另外,通过曲线 1 及曲线 2 陡增点的时间差及横壳上位置 1、2 之间的距离,可以推算出,K4169 在薄板件处的充型速率约为 0.1 m/s。

数值模拟中得到的位置 1、2、3 处的型壳冷却曲线,如图 5-23 所示,与实验中得到的型壳冷却曲线大体一致。说明合金热物性与型壳热物性参数选择是适合的,利用 Procast 数值模拟能较准确地反映浇注过程中型壳及铸件上各点的冷却情况。

（2）浇注系统中不同部位的凝固组织变化。

选取 1.5 mm 的薄板件,针对浇注系统中不同的部位:主浇道处,内浇道拐角处,薄板底部,薄板顶部,以及铸件中出现的冷隔处,进行了晶粒大小分析,如图 5-24～图 5-27 所示。

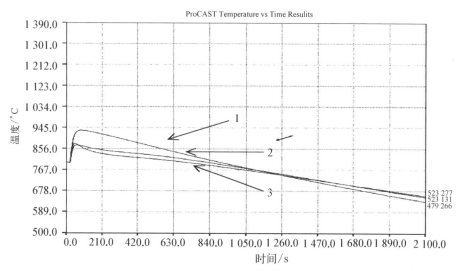

图 5-23　数值模拟中型壳 1、2、3 位置浇注时的温度曲线

从图 5-24 中可以看出，柱状主浇道处形成的晶粒尺寸较大。由于该处靠近浇口，高温合金液通过时间较长，直径较大，凝固速度快，有利于枝晶的生长及长大过程。图 5-25 为 5 mm 扇形内浇道拐角处晶粒组织照片，可以明显看出，在 5 mm 厚度板处，晶粒仍较为粗大，横截面上大约形成 2～3 个大晶粒。在 5 mm 的厚度板向 1.5 mm 的厚度板过渡处，晶粒尺寸逐步减小。

图 5-24　主浇道处晶粒组织

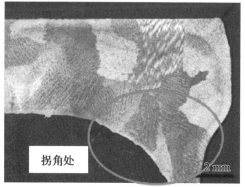

图 5-25　内浇道拐角处晶粒组织

图 5-26(a)和图 5-26(b)分别为 1.5 mm 薄板件底部与顶部位置的晶粒组织图，图中显示薄板底部较顶部晶粒粗大，说明了薄板件充型过程由底部到顶部依次充填造成凝固时薄板顶部冷却速度更快。而薄板底部靠近内浇道，熔体通过造成的持续导热，有利于枝晶的长大，因此晶粒尺寸也就较粗大。

对于 1.5 mm 厚度薄板充填不完整件，取冷隔缺陷处进行晶粒组织分析，如图 5-27 所示。冷隔前端处晶粒较细小，说明此处熔体凝固速度过快。熔体流过型腔

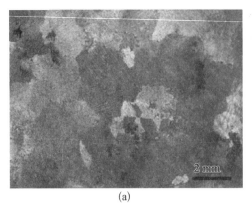 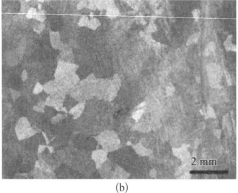

　　　　　(a)　　　　　　　　　　　　　　　(b)

图 5-26　1.5 mm 薄板底部晶粒组织

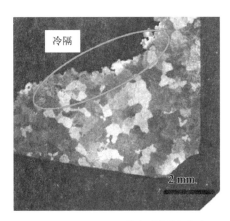

图 5-27　1.5 mm 薄板冷隔缺陷处
晶粒组织

后持续散热,温度降低严重,黏度上升,表面张力造成的阻力增加,最终流动停止。根据铸件形成理论[21]可知,当合金液液流头部的固相分数达 20% 的时候,充型是很难继续进行的。对比图 5-27 和图 5-26(b),可以看出冷隔处的晶粒组织大小接近于薄板顶部边缘处。

2)壁厚对薄板充填率及凝固组织的影响

(1)厚度对薄板试样充填率的影响。

实验中,在熔体温度为 1 550℃,型壳预热温度为 900℃浇注条件下得到的铸件如图 5-28 所示,图中从左到右 2 mm,1.5 mm 和 1 mm 薄板件。对于 2 mm 薄板件,如图 5-28(a)所示,铸件充填率基本上达到 100%,薄板的顶端和两侧均完整充型,从铸件表面上观察无明显冷隔、缩孔等缺陷,表面平整。对于 1.5 mm 和 1 mm 的薄板件,如图 5-28(b)和 5-28(c)所示,铸件充填完整度逐步完善,1.5 mm 薄板件充填率约为 90%左右,1 mm 薄板件充填率仅为 30%左右。1.5 mm 和 1 mm 的薄板件的表面不光整,在铸件边缘处出现较多的冷隔缺陷。这说明在型壁厚度变小,易于出现浇不足,冷隔等缺陷。

(2)不同厚度的薄板件晶粒尺寸变化。

2 mm,1.5 mm,1 mm 薄板铸件,按图 5-20 所示的薄板件位置 2,分别得到的金相组织照片如图 5-29 所示。图中能清楚地看到薄板凝固组织中典型的树枝晶结构,薄壁件内树枝晶排布均匀。枝晶由外向内生长,可以推断出薄壁件的枝晶生长方式是由两侧向中心生长。图 5-29(c)所示 1 mm 薄板中枝的主轴长度所占厚度尺寸超过 60%的厚度。该结果与同步辐射中的 Al-20%Cu 合金薄板板观察的

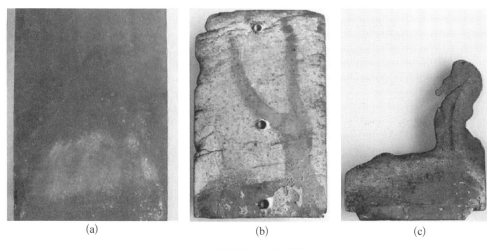

(a)　　　　　　　　　　　　(b)　　　　　　　　　　　　(c)

图 5 - 28　不同厚度尺寸的薄板充填率

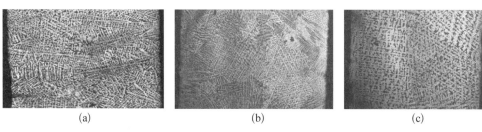

(a)　　　　　　　　　　　　(b)　　　　　　　　　　　　(c)

图 5 - 29　不同厚度尺寸的薄板金相组织

(a) 2 mm　　(b) 1.5 mm　　(c) 1 mm

结果较为相符,薄板件的枝晶生长方式是由两侧向中心生长。

　　对于相同条件下的,不同厚度尺寸薄板件横截面得到的晶粒组织,如图 5 - 30 所示。从图中可以得到,1 mm 薄板晶粒尺寸较细小,由于冷却速度大,晶核迅速在薄板表面形成长大,横截面上晶粒数平均约为 2~3 个,如图 5 - 30(c)。随着薄板厚度尺寸的增大,晶粒尺寸变得粗大,如图 5 - 30(a),2 mm 薄板件横截面上晶粒数平均约为 1~2 个。可以预计的是,不管是 1 mm,还是更厚的壁厚,都有可能在适当条件下出现单个晶粒横穿截面的情况。

　　3) 浇注工艺参数对薄壁板充填率及凝固组织的影响

　　影响底注式熔模铸造 K4169 合金熔体充填率及薄壁板凝固组织影响的主要因素是浇注温度、浇注速度和型壳温度,当浇口位置和浇道尺寸设计完毕,浇注速度就成为定量,因此,下面通过实验研究浇注温度和型壳温度两个因素对充填率及凝固组织的影响。此研究选择 1.5 mm 薄壁铸件作为研究对象。

　　(1) 浇注温度对薄壁板充填率及凝固组织的影响。

　　a. 薄壁板充填率。

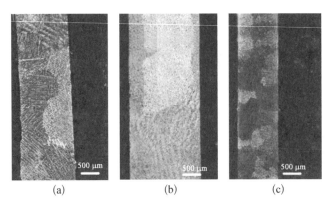

图 5 - 30   不同厚度尺寸的薄板件晶粒组织

(a) 1.5 mm   (b) 2 mm   (c) 1 mm

选取 1.5 mm K4169 合金薄板特征件,浇注速度为 2 kg/s,型壳温度为 800℃,浇注温度分别为 1 380℃、1 450℃、1 550℃,实验结果如图 5 - 31 所示。从图可以看出,随着浇注温度的提高,充填率明显得到改善,当浇注温度为 1 550℃时,充填率为 100%,这和模拟结果是一致的。在数值模拟过程中,当 K4169 合金液前端出现 20%的凝固分数的时候,只是表示此处节点容易先凝固,阻碍合金液充型,但模拟仍能充型完型。图 5 - 32 为浇注温度和 K4169 薄板铸件充填率的关系。从图可以看出,浇注温度和充填率基本是线性关系,浇注温度越高,充填率越大。

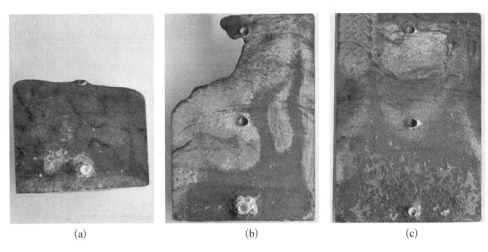

图 5 - 31   浇注温度对 K4169 合金薄壁件充填率影响

b. 薄壁板凝固组织。

对于 a. 中浇注条件下的薄壁铸件,选取铸件上特征处(位置为如图 5 - 20 中点 2 处),得到的金相组织如图 5 - 33 所示。从图中可以看出,浇注温度为 1 550℃的铸件比浇注温度为 1 380℃和 1 450℃的晶粒尺寸明显大得多。随着浇注温度的提

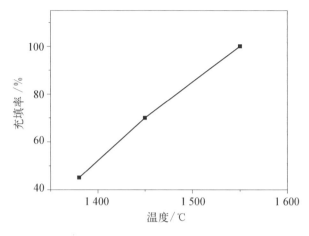

图5-32 浇注温度和K4169合金薄板铸件充填率的关系

升,有利于铸件中枝晶的生长及晶粒长大过程,容易形成粗大晶粒。同时说明,提高浇注温度,以提高充填率,不利于晶粒细化。

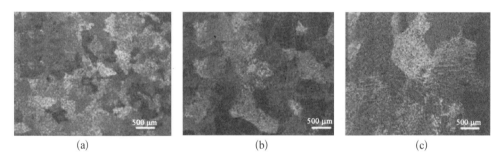

图5-33 不同浇注温度下薄壁铸件的金相组织

(2) 型壳温度对薄壁板充填率及凝固组织的影响。

a. 薄壁板充填率。

选取 1.5 mm K4169 合金薄板特征件,浇注流量为 2 kg/s,浇注温度为 1 450℃,型壳温度分别为 700℃、800℃、900℃,实验结果如图 5-34 所示。从图可以看出,随着型壳温度的提高,充填率明显得到改善,当浇注温度为 900℃时,充填率达到 100%。型壳温度的提高,主浇道及内浇道处的合金液凝固时间延长,补缩通道持续时间变长,有利于薄壁铸件的补缩,减少铸件缩孔形成。这和模拟结果大体一致,只是在数值模拟中达到 100% 充填率浇注温度仅需 1 380℃,而实际实验中需要更高的浇注温度,可能原因是型壳导热系数、环境温度、熔体比热及黏度设定参数与实际有偏差造成的。

b. 薄壁板凝固组织。

对于 a. 中浇注条件下的薄壁铸件,选取铸件上特征处(位置为如图 5-20 中点

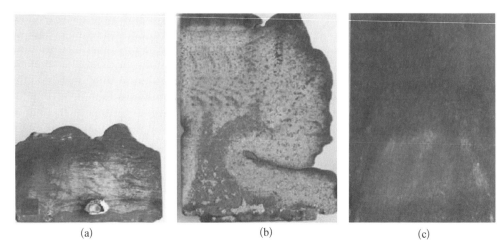

图 5-34 型壳温度对 K4169 合金薄壁件充填率影响

2 处),得到的金相组织如图 5-35 所示。从图中可以明显地看出,型壳预热温度为 900℃的铸件比浇注温度为 700℃和 800℃的晶粒尺寸大得多。型壳预热温度的提升,有利于铸件中枝晶的生长及晶粒长大过程,容易形成粗大晶粒。说明在高温合金薄壁铸件的铸造中,降低型壳预热温度,有利于晶粒细化,但同时也易出现铸件充填不完整。

图 5-35 不同型壳温度下薄壁铸件的金相组织

4)薄壁铸件充填及凝固过程分析

(1)薄壁铸件充填过程中合金液表面张力及流量分析。

对合金液前端进行受力分析,如图 5-36 所示,由表面张力 σ 作用产生的拉普拉斯力为 $P_L = 4\sigma/\delta$(δ 为铸件的壁厚),ΔP 为浇口处合金液压头形成的压差。充型过程中,忽略铸型与合金液的阻力及自身重力作用,则合金液前端合力为 $P = \Delta P - 4\sigma/\delta$。对于同一高度处的合金液前端,$\Delta P$ 和 σ 相同,因而合金液充填驱动力主要受壁厚影响。壁厚越小,驱动力越小,合金液充型越困难,这可以解释图 5-28 中不同厚度尺寸的薄板充填率规律。同时,从中可以得出在合金液充型过程中增加压差有利于提升充填率,反重力调压铸造技术则为此提供了便利条件。另外,根据薄壁板间合金液流量公式 $Q = \dfrac{W\delta^3}{12\eta}\dfrac{\partial P}{\partial x}$,式中 W 为薄板宽度,δ 为铸件的壁厚,η 为合金液黏度,$\dfrac{\partial P}{\partial x}$ 为合金液前端压差[22]。可以分析得出薄板壁厚越厚,合金液充型流量越大。由于薄板的冷却速度较大,特别是薄板厚度尺寸过小时,如图 5 - 28(b),合金液容易形成层叠状冷隔缺陷。

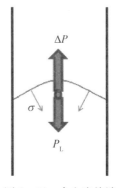

图 5 - 36　合金液前端受力示意图

(2) 薄壁铸件凝固过程传热分析。

由于陶瓷型铸型的材料导热系数比 K4169 合金铸件的导热系数小得多,而且铸型的壁厚比铸件的壁厚大,故铸型的热阻比铸件的热阻大得多,凝固传热中铸型中的温度梯度也比铸件大得多,超出一到两个数量级,因此,薄壁铸件中的温度梯度可忽略不计,铸件凝固期间的传热主要由铸型热阻所控制。根据铸型中温度分布,利用傅立叶定律求得凝固层厚度 M 与时间 t 的关系[22]:

$$M = C\sqrt{t} \tag{5-4}$$

式中,C 为凝固常数。由该式可知,薄壁铸件凝固时,凝固厚度与凝固时间的平方根成正比,而凝固常数则受铸型和金属的物性值及金属的浇注温度和铸型初始温度的影响。上式说明平板铸件凝固时间与铸件的厚度平方成正比,对于薄壁铸件,壁厚尺寸越小,铸件凝固时间越短,合金液充填时间和补缩时间越短,容易造成浇不足。

综上所述,影响薄壁铸件合金液最终充填体积的因素主要有薄板壁厚、充填速度、压差大小、浇注温度和铸型温度等。薄板壁厚越厚,充填速度越大,压差越大,浇注温度越高,薄壁铸件合金液单位时间越易完整充填。针对浇注温度的精确控制,实际生产中目前已经趋于成熟。然而,在重力条件下,压差不易控制,且在浇注过程中合金液的冲击下,压力极易波动,充型不稳定。在反重力铸件中,铸件充型压差通过合金液表面气体压力调节,可实现精确控制,从而熔体可平稳地充型,有利于薄壁铸件的完整充填。另外,调压铸造中铸件凝固过程可持续调节压差的大小,理论上有利于薄壁铸件中熔体的补缩,从而改善铸件的凝固特性。

(3) 小结

通过重力条件下底注式熔模铸造实验方法,探索了不同浇注温度及型壳预热温度对不同厚度尺寸的 K4169 高温合金薄壁特征件的充型、凝固冷却速率及凝固组织的影响,并与数值模拟结果进行了对比分析。

a. 通过在合金液充填路径上的型壳不同位置添加热电偶测温,不仅可以反映型壳和铸件的冷却情况,还能推算出合金液的充型速度。实验中测量的型壳冷却曲线与数值模拟中得到相同位置的型壳冷却曲线大体一致,说明数值模拟技术能较准确地反映浇注过程中型壳及铸件上各点的冷却情况。

b. 通过不同厚度的薄壁铸件的充填率对比分析得到,在浇注温度1 550℃,型壳预热温度900℃的条件下浇注,当薄板的厚度尺寸过小时,铸件充型凝固过程中在部分位置容易先凝固产生冷隔区,不利于铸件充型完整。

c. 测量结果表明,薄壁试样浇注温度和充填率基本是线性关系,浇注温度越高,充填率越大。随着型壳温度的提高,充填率也明显得到提升。

d. 实验结果表明,晶粒细化与充填完整是一对技术矛盾。因此,协调控制浇注温度,型壳温度是高温薄壁铸件铸造工艺的关键。

5.3 大型铸件特征结构凝固组织演变同步辐射分析

重力浇注时薄壁结构的充填和补缩困难一直是铸造业的难题,尽管各类压力铸造已成功应用于轻合金的薄壁铸件大规模生产[23,24],但是高温合金的大型复杂薄壁铸件仍然依赖于传统的重力铸造。通常,提高浇注温度和模壳温度能够增加金属液的流动性,延长凝固时间,可以在一定程度上提高薄壁铸件的充型能力,但也容易导致铸件晶粒粗大,引起缩松、缩孔以及热裂等缺陷,从而严重影响铸件的的力学性能。以往研究主要聚焦于壁厚、浇注温度以及冷却速度等对薄壁件微观组织形成的影响上。壁厚对冷却速度影响非常大,减少壁厚会急剧增加冷却速度[25,26],导致枝晶臂间距和晶粒度变小。已有研究表明:冷却速度在 $0\sim1$ K/s 范围内时非平衡共晶量增加,冷却速度在 $1\sim10$ K/s 时非平衡共晶量减少[27]。低过热时晶粒细小而均匀;中等过热时晶粒尺寸随温度呈非线性增加;高过热时晶粒尺寸呈线性增加[28]。

显微尺度上的凝固组织研究涉及较多的方法。其中较为常见的方法包括传统的金相实验、透明有机合金的模拟、快速冷却技术、计算机模拟和同步辐射X射线原位成像技术。同步辐射是具有从远红外到X光范围内的连续光谱、高强度、高度准直、高度极化、特性可精确控制等优异性能的脉冲光源,可以开展其他光源无法实现的许多前沿科学技术研究。同步辐射成像法广泛应用于金属合金凝固过程中组织形貌演变的研究,是从第三代同步辐射光源开始的。该方法具有原位、实时、连续快速成像等优点,其最突出的优势在于对动力学规律的研究。目前国内外利用同步辐射成像技术开展的金属合金组织研究主要集中在枝晶组织形貌以及生长动力学,凝固界面形态及生长动力学,合金相、晶粒、粒子形貌以及生长动力学,缺陷形貌及演变动力学等。

我国的同步辐射光源包括位于北京的第一代同步辐射光源,位于合肥的第二代同步辐射光源以及位于上海浦东的第三代同步辐射光源。上海光源(SSRF)于2009年建成并投入使用,其电子束能量为3.5 GeV,仅次于日本的SPring - 8

(8 GeV)、美国的 APS(7 GeV)和欧盟的 ESRF(6 GeV),居世界第四。拥有 60 多条线站的建设能力。其中,X 射线成像及生物医学应用光束线站(BL13W1)是第一批建成的 7 个线站之一,可以进行相衬度成像和吸收成像分析,主要用于材料、古生物、考古、地球物理等样品的无损、高分辨、动态、三维成像研究。

5.3.1　模型合金的选择与同步辐射成像实验样品制备

对于高温合金来说,由于合金熔点过高,对实验设备提出了近乎苛刻的要求。另一方面,镍基合金凝固过程中的成分衬度相差较小。因此,要得到清晰的凝固组织照片,需要入射光有较高的辐射强度和较高的亮度,目前现有的光源的性能难以达到较短的曝光时间,大的时间间隔对于凝固过程的研究是不可接受的。因此,需要寻找一种合适的模型合金替代 K4169 合金进行同步辐射成像实验。

通用的模型合金采用亚共晶 Al - Cu 合金:

(1) 亚共晶 Al - Cu 合金有较低的熔点,如图 5 - 37 所示,其液相线温度在 548~660℃。

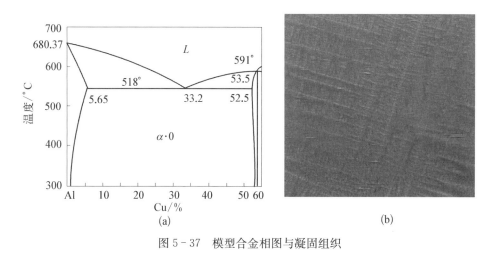

图 5 - 37　模型合金相图与凝固组织

(a) Al - Cu 合金相图;(b) Al - 20wt%Cu 组织图

(2) Al 和 Cu 的原子量相差近一倍,因此亚共晶合金具有较好的成像衬度。

(3) 亚共晶 Al - Cu 合金和 K4169 合金同属共晶系合金,在固相线以上只有 L+α 两相,K4169 合金在固相线以上也只有一个 L+γ 的两相区。两者在凝固组织和枝晶生长形态上具有较高的相似度,如图 5 - 37 和图 5 - 38 所示。

如图 5 - 39 所示,根据薄壁铸件特点,分别制备了两种宽度为 2 mm 和 5 mm、厚度为 0.5 mm 的样品。熔点为 600℃的 Al - 20 wt%Cu 薄片夹在两层铝片中间,用混合硅溶胶和 Al_2O_3 粉末密封,装在 U 型石英管内。石英管分支分布在样品两侧,通氩气冷却。在自制的真空电阻加热炉上进行 X 射线成像实验。为了模拟不同浇注温度和铸型温度,分别将样品加热到 680℃、700℃、750℃、800℃、850℃。起

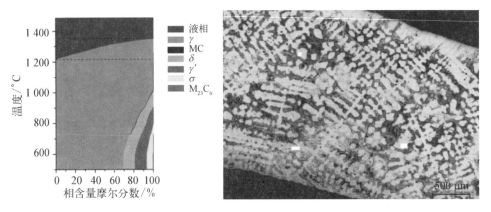

图 5-38　基于相图热力学计算的 K4169 合金相组成与薄壁凝固组织
(a) 基于相图热力学计算的 K4169 合金相组成　(b) 薄壁凝固组织

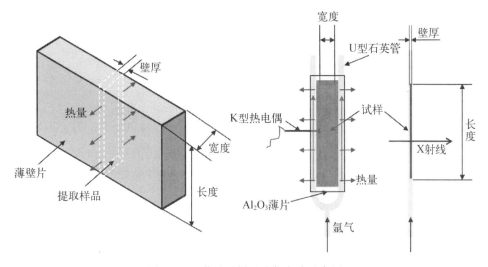

图 5-39　薄壁试样及冷却方式示意图

始温度保温 15 min，使熔体均匀化，在压强为 0.1 MPa 下的石英管内，从底部入口以恒定流速 8.51 m³/h 通入氩气。用 K 型嵌入式热电偶测量冷却速度。

在上海光源 BL13W 线站上完成了同步辐射 X 射线相位衬度成像实验。所有实验中入射单色 X 射线能量为 25 keV，图像空间分辨率为每像素 $7.4 \times 7.4~\mu m^2$，曝光时间为每帧 0.5 s。

5.3.2　枝晶生长动力学

5.3.2.1　薄壁结构处的枝晶形貌

图 5-40 是 2 mm 薄壁件的凝固组织图。2 mm 薄壁试样的凝固组织是拉长等轴晶晶粒组织，枝晶臂相互交接形成密集的枝晶网络，最后凝固的共晶相分散在毛

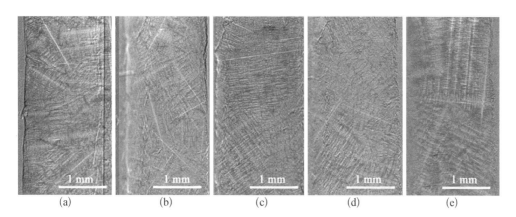

图 5 - 40　不同凝固起始温度下 2 mm 薄壁试样的凝固组织

细枝晶间隙中形成熔体互连的毛细共晶网络。

当凝固起始温度为 680℃,在氩气吹入 U 型石英管后,立即有等轴晶在模壁形核如图 5 - 41(a),枝晶臂指向中心迅速生长成拉长等轴晶。致密的枝晶网络在几秒内就形成,枝晶间剩余的液体成分随即接近共晶成分。致密的枝晶网络形成了特征尺寸在 1～10 μm 的毛细通道。在表面张力的作用下,熔体的流动受到阻滞,从而阻碍邻近区域的补缩。凝固过程中没有明显的枝晶粗化发生,凝固组织为拉长的等轴晶。

当凝固起始温度提高到 800℃,如图 5 - 41(b)。晶粒在侧壁形核,枝晶数量明显减少。等轴晶的枝晶臂从侧壁伸展到中心而形成拉长的等轴晶。对 2 mm 壁厚试样总体而言,侧壁冷却不会对中部凝固产生影响,起始温度自 680～850℃变化,枝晶网络的疏密程度变化不大。

在任何凝固起始温度条件下,薄壁试样中枝晶结构是完全的等轴晶。当凝固起始温度为 680℃[见图 5 - 43(a)],从侧壁向中心,在很短的时间内出现大量细小的等轴晶。枝晶网络非常密集以至于不能为补缩提供足够的糊状区空间。当凝固起始温度低于 750℃时,凝固组织为致密的等轴晶[见图 5 - 42(a)～(b)]。然而,当凝固起始温度提高到 750℃以上时[见图 5 - 43(b)],起始凝固时试样中央区域形核生成小的等轴晶在浮力作用下向上漂浮,壁厚造成试样冷却速度下降,枝晶网络密度下降,枝晶间隙变大,能够看到明显的共晶区[见图 5 - 42(c)]。当凝固起始温度提高到 800℃,枝晶网络变得松散,枝晶间出现大块的共晶区[见图 5 - 42(d)]。当凝固起始温度达到 850℃,在试样中下部的中央区域,出现大面积的共晶区[见图5 - 42(e)]。5 mm 薄壁试样的凝固组织受凝固起始温度影响较大:随着凝固起始温度的升高,枝晶网络逐渐变得松散,共晶组织逐渐在中心区域聚集而连成块状。

缓慢的凝固速度造成枝晶发生粗化。凝固形核依然从侧壁开始,中心存在的

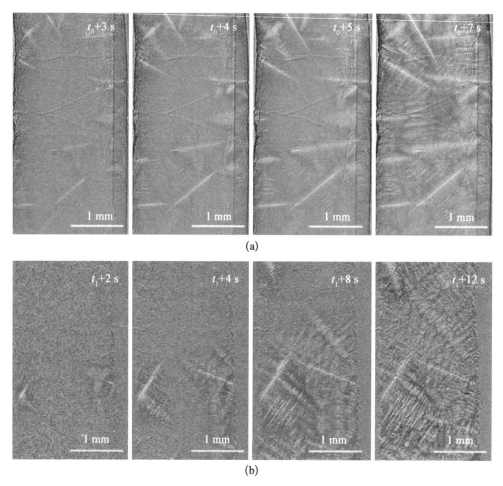

图 5-41　2 mm 薄壁试样凝固组织演化序列图

(a) 凝固起始温度 680℃　(b) 凝固起始温度 800℃

高温度熔体延缓了枝晶向中心生长。正如以上分析的,与 2 mm 薄壁试样不同的是,5 mm 薄壁试样的凝固组织对初始熔体温度更为敏感。

5.3.2.2　热场和溶质场

凝固组织的形貌演变主要依赖于热场和溶质场。正如前面提到的,2 mm 薄壁试样的凝固组织是拉长的等轴晶,5 mm 薄壁试样的凝固组织则是正常的等轴晶。

试样是从薄壁结构中提取出来的,试验中热量从试样的垂直方向扩散可以假定为 0。由于实验是在真空炉中进行,所有试样表面的对流传热可以忽略。也就是说,相对于试样两侧的氩气冷却,试样表面的辐射传热可以忽略。

由于共晶具有固定的熔点,通常,共晶前沿轮廓可认为是等温线。本书实验中,采用 X 射线成像图片相减的方法显示出共晶前沿形状[见图 5-44(a)～(b)],代表试样横截面的等温线。凹形的共晶轮廓说明中心的温度比侧壁的温度高,并

图 5 - 42　不同凝固起始温度下 5 mm 薄壁试样的凝固组织

(a) 680℃　(b) 700℃　(c) 750℃　(d) 800℃　(e) 850℃

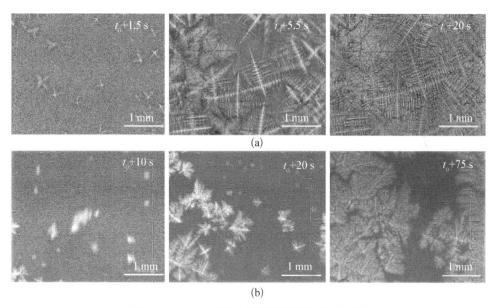

图 5 - 43　5 mm 薄壁试样凝固组织演化序列图

(a) 凝固起始温度 680℃　(b) 凝固起始温度 850℃

且从侧壁到中心存在横向的温度梯度($G_H > 0$)。由于沿等温线的切线斜率存在变化,故等温线上每一点的横向温度梯度不同。

对试样横截面的分析,可以直观地显示壁厚对边壁/心部温度梯度、凝固时间差的影响。假设固相凝固速度为 V_s,等温线凹陷深度为 H,冷却速度为 R_c,壁厚为 W,那么表面到芯部的温度差 ΔT 可以表达为

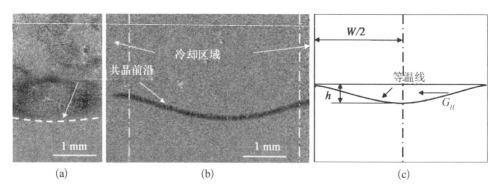

图 5-44 两种薄壁试样的共晶前沿

(a) 2 mm 薄壁试样 (b) 5 mm 薄壁试样 (c) 凝固组织预测计算参数示意图

$$\Delta T = \frac{R_c H}{V_s} \tag{5-5}$$

则平均水平温度梯度 G_H 为

$$G_H = \frac{2\Delta T}{W} \tag{5-6}$$

侧壁与心部熔体的凝固时间差 t_d 为

$$t_d = \frac{\Delta T}{R_c} \tag{5-7}$$

表 5-6 显示 G_H 随凝固起始温度的升高而增加。而且,壁越薄,G_H 越小。

表 5-6 两种试样不同凝固起始温度(BT)下 R_c、ΔT 和 G_H 值

BT/℃	$W=2$ mm			$W=5$ mm		
	$R_c/(K/s)$	$\Delta T/K$	$G_H/(K/mm)$	$R_c/(K/s)$	$\Delta T/K$	$G_H/(K/mm)$
680	2.48	0.040 5	0.040 5	1.68	1.969 1	0.787 6
700	2.08	0.041 6	0.041 6	1.04	2.195 6	0.878 2
750	1.49	0.043 3	0.043 3	0.69	3.151 6	1.260 6
800	1.16	0.045 8	0.045 8	0.50	3.851 9	1.540 8
850	0.87	0.047 2	0.047 2	0.33	5.145 8	2.058 3

对于 2 mm 的试样,R_c 较大,G_H 非常小,t_d 大约为 0.016～0.054 s,这意味边壁的冷却效应影响了试样的整个横截面。枝晶臂的生长速度远大于 1 mm/s,故枝晶网络能够快速形成,即枝晶网络形成时间较小(DNFT)。

对于 5 mm 试样,G_H 随 R_c 减小而增加。当凝固起始温度小于 800℃时,t_d 大约为 1.172～4.568 s。边壁附近首先形核,枝晶向中心逐步生长(枝晶臂的生长速度大约为 200 $\mu m \cdot s^{-1}$)。新的等轴晶在枝晶尖端前沿的过冷熔体中产生,最终凝固

组织形成粗化的等轴晶。当凝固起始温度达到 850℃时,R_c 非常小而 G_H 非常大,t_d 达到了 15.593 s。心部形成由于密度较小而快速上浮的等轴晶。铝铜亚共晶合金初生晶因为上浮,富含 Cu 元素的高密度共晶熔体区逐渐形成,最终形成大面积共晶区。

5.3.2.3 壁厚对充型和补缩能力的影响

薄壁铸件生产的技术瓶颈是完整充填和充分补缩。通常的解决方法为提高浇注温度和模壳温度。密集的枝晶网络将会阻滞共晶熔体流动以填充因凝固而引起的晶间微小空洞。当壁厚为 2 mm,而依靠提高浇注温度和模壳温度会导致组织粗化和共晶相富集,从而损害铸件性能。因此,需要深入研究薄壁结构凝固过程中影响充型和补缩工艺的关键因素。

1) 充型压力和补缩压力

众所周知,浇注充填过程中,金属熔体将受到黏滞力 F 以及与模壁作用产生的拉普拉斯力 P 共同阻力。其中,

$$F = \eta S \frac{\mathrm{d}v}{\mathrm{d}x} \tag{5-8}$$

式中:η 是熔体的动力学黏度系数,S 是两层流之间的相对面积,$\mathrm{d}v/\mathrm{d}x$ 是速度梯度。η 与温度相关,随温度的增加而减小,F 与壁厚无关。其中,

$$P = \frac{4\sigma}{W} \tag{5-9}$$

式中:σ 是熔体的表面张力系数,是由金属液与模壁的润湿关系决定;W 是铸件壁厚;P 随 W 的减小而增加。对于厚壁铸件,适当增加浇注温度,改善模腔表面性能以及增加压力有益于充型。

当枝晶出现时,增加了熔体与已凝固晶体间的表面张力,阻力进一步增加。一旦枝晶相互接触,枝晶间隙变成毛细微通道,表面张力的作用成为唯一阻力。在这种条件下,熔体流动依赖于熔体中的压力梯度,其关系式可以表达如下所述。

枝晶间隙的金属液流动由压力驱动,其最大流动速度 V_1 由达西定理(Darcy's law)表达:

$$V_1 = \frac{k}{\eta f_l} \nabla P \tag{5-10}$$

其中:k 是熔体渗透率,f_l 是液相分数,∇P 是压力梯度矢量。假设合金熔体凝固收缩速度为 V_2:

$$V_2 = \frac{R_c}{G_H} \beta \tag{5-11}$$

其中:β 是凝固收缩率。它表示补缩熔体的最小速度。根据式(5-10)和式(5-11),如果 $V_1 \geqslant V_2$,则不会形成缩松。

则避免缩松的条件可以解析为

$$\nabla P \geqslant \frac{\eta f_t R_c}{k G_H} \beta \qquad\qquad (5-12)$$

根据表 5 - 6,可以计算出两种壁厚试样的 ∇P 相对比值。对于 2 mm 试样,不同凝固起始温度 ∇P 的比值为:

$$\nabla P_{680℃} : \nabla P_{700℃} : \nabla P_{750℃} : \nabla P_{800℃} : \nabla P_{850℃}$$
$$= 1 : 0.817 : 0.562 : 0.414 : 0.301$$

对应的,对于 5 mm 试样,不同凝固起始温度 ∇P 的比值为:

$$\nabla P_{680℃} : \nabla P_{700℃} : \nabla P_{750℃} : \nabla P_{800℃} : \nabla P_{850℃}$$
$$= 1 : 0.556 : 0.257 : 0.152 : 0.075$$

那么 2 mm/5 mm 壁厚试样的补缩压力比值分别为:

$$\nabla P_{2\,mm} : \nabla P_{5\,mm}\,|_{680℃} = 28.707、$$
$$\nabla P_{2\,mm} : \nabla P_{5\,mm}\,|_{700℃} = 42.221、$$
$$\nabla P_{2\,mm} : \nabla P_{5\,mm}\,|_{750℃} = 62.868、$$
$$\nabla P_{2\,mm} : \nabla P_{5\,mm}\,|_{800℃} = 78.049、$$
$$\nabla P_{2\,mm} : \nabla P_{5\,mm}\,|_{850℃} = 114.967$$

显然,提高凝固起始温度能够在一定范围内减小补缩压力,并且厚壁件的补缩过程更容易。壁厚是影响充型和补缩的重要因素,这种影响甚至会随壁厚减小成数量级的增加。

2) 充型时间和补缩时间

充型过程和补缩过程是铸造的两个关键阶段。铸件最薄处的充型能力与浇注温度、模壳温度以及模型型腔内表面性质具有复杂的关系。当铸模的所有因素已经确定,那么合金熔体的浇注温度就是其唯一的关键因素。为获得完美的铸件,必须考虑完整的浇注系统以提供有效的补缩。亚共晶合金凝固过程可以分为两个阶段:枝晶形成阶段和共晶相凝固阶段。图像分析表明,薄壁铸件浇注成型可以以枝晶网络形成为分界点,分为有效充型阶段和共晶相凝固阶段。在枝晶网络形成之前,可以认为是有效的充型阶段。枝晶网络形成时间(DNFT)是有效的充型时间(针对薄壁铸件)。那么枝晶网络形成之后到"共晶相凝固"前的时间段定义为补缩阶段。相应的,补缩时间(FT)被定义为 DNFT 之后与凝固之前的时间间隔。

图 5 - 45(a)显示两种薄壁试样在不同凝固起始温度下的 DNFT。实验数据用指数函数 $y = a x^n$ 拟合。指数 n 的大小能够反映 DNFT 随凝固起始温度变化的敏感性。当凝固起始温度从 660℃ 提高到 850℃,2 mm 试样的 DNFT 仅增加了 2.14 倍。然而,5 mm 试样的 DNFT 增加了 6.36 倍。相比于 5 mm 试样,2 mm 试样

DNFT 对于凝固起始温度不敏感。

图 5 - 45(b)可以看到,在相同的条件下,2 mm 试样的 FT 随凝固起始温度提高增加了 3.21 倍,而 5 mm 试样的 FT 增加了 4.5 倍。可以说,壁厚 2 mm 试样 FT 对凝固起始温度的敏感度比 DNFT 对凝固起始温度的敏感度要强。而 5 mm 试样恰恰相反,DNFT 对凝固起始温度的敏感度比 FT 对凝固起始温度的敏感度要强。

该特性可以采用每个试样自身的 FT/DNFT 比值来表达。如图 5 - 45(c)所示:2 mm 试样的 FT/DNFT 比值随凝固起始温度的增加而增加,但是 5 mm 试样的 FT/DNFT 比值随凝固起始温度的增加而减少。这就意味着无限制的增加浇注温度对于提高 2 mm 薄壁件的充型能力不明显。

图 5 - 45(d)显示了两种试样之间 DNFT 的比值随凝固起始温度的增加迅速增加,然而两种试样之间 FT 的比值随凝固起始温度的增加趋于常数。这表明充型时间对铸件壁厚敏感,减小壁厚将急剧减小充型能力。

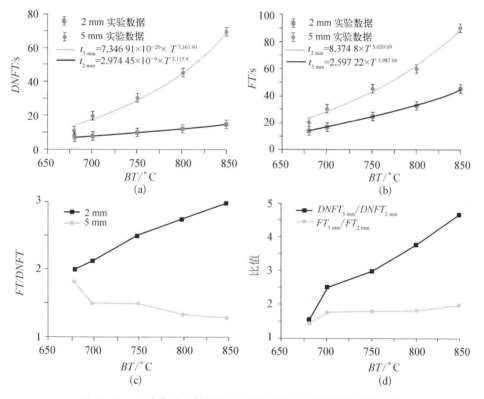

图 5 - 45 两种薄壁试样的不同凝固阶段随凝固起始温度的变化

(a) 枝晶网络形成时间(DNFT) (b) 补缩时间(FT) (c) FT/DNFT 比值 (d) $DNFT_{5\,mm}$/$DNFT_{2\,mm}$以及 $FT_{5\,mm}$/$FT_{2\,mm}$

从以上分析来看,仅增加凝固起始温度不能显著地提升薄壁件的充型能力。由于模壳的耐热性以及组织细化的要求,不可能无限制的提高模壳的预热温度。

也就是说,对于薄壁件的铸造,最好在凝固开始之前完成充型。换句话说,需要快速充型。那么适度提高浇注温度,在枝晶网络形成之前确保完整充型对于重力铸造极为重要。但是对于大型复杂薄壁铸件依旧较困难,故保持较高的静压力以确保熔体在枝晶间隙流动尤为重要。

参考文献

［1］ Knorovsky G A,Cieslak M J, Headley T J, et al. Inconel 718: A solidification diagram [J]. Metallurgical Transactions A, 1989, 20: 2149-2158.

［2］ Cieslak M J, Headley T J, Knorovsky G A, et al. A comparison of the solidification behavior of Incoloy 909 and Inconel718[J]. Metallurgical Transactions A, 1990, 21: 479-488.

［3］ 熊玉华, 杨爱民, 李培杰, 等. K4169 高温合金组织细化研究[J]. 航空材料学报, 2001, 21(3): 24-28.

［4］ Antonsson T, Fredriksson H. The effect of cooling rate on the solidification of Inconel718 [J]. Metallurgical and Materials Transactions B, 2005, 36: 85-96.

［5］ 王改莲, 吴翠微, 张麦仓, 等. α-Cr 在 Inconel718 合金中析出行为的微观分析[J]. 稀有金属材料与工程, 2002, 31(1): 37-40.

［6］ Kolotukhin E V, Tyagunov G V. Crystallization of superalloys with various contents of carbon[J]. Journal of materials processing technology, 1995, 53: 219-227.

［7］ Liu L, Zhen B L, Banerji A, et al. Effect of Melt Homogenization Temperature on the Cast Structures of IN 738 LC Superalloy[J]. Scripta Metallurgica et Materialia, 1994, 30: 593-598.

［8］ Yin F S, Sun X F, Li J G, et al. Effects of Melt Treatment on the Cast Structure of M963 Superalloy[J]. Scripta Materialia, 2003, 48: 425-429.

［9］ Yin F S, Sun X F, Guan H R, et al. Effect of Thermal History on the Liquid Structure of a cast Nickel-base Superalloy M963[J]. Journal of Alloys and Compounds, 2004, 364: 225-228.

［10］ Roik O S, Samsonnikov O V, Kazimirov V P, et al. Short and medium-range order in liquid binary Al-Ni and Al-Co alloys[J]. Journal of Molecular Liquids, 2009, 145: 129-134.

［11］ Ma J B, Chen S H, Dai Y B, et al. The local structure of molten $Ni_{1-x}Al_x$: An *ab initio* molecular dynamics study[J]. Journal of Non-Crystalline Solids, 2015, 425: 11-19.

［12］ 马建波. 镍基合金熔体局域结构的从头算分子动力学研究[D]. 上海: 上海交通大学, 2015.

［13］ Zhou P J, Yu J J, Sun X F, et al. The role of boron on a conventional nickel-based superalloy. Materials Science and Engineering A, 2008, 491: 159-163.

［14］ Tsai Y L, Wang S F, Bor H Y, et al. Effects of Zr addition on the microstructure and mechanical behavior of a fine-grained nickel-based superalloy at elevated temperatures[J]. Materials Science and Engineering A, 2014, 607: 294-301.

［15］ Zhang J, Singer R F. Effect of Zr and B on castability of Ni-based superalloy IN792[J].

Metallurgical and materials Transactions A，2004，35：1337 - 1342.

[16] Antony K C，Radavich J F. Solute effects of boron and zirconium on microporosity[C]. Proceedings of the Third International Symposium on Superalloy 1976，Claitor Publishing，Warrendale，PA，1976：137 - 146.

[17] 周伟，刘林，介子奇，等. 硼对 K4169 高温合金流动性及缩松的影响[J].稀有金属材料与工程，2014，12：3082 - 3088.

[18] Liu L，Huang T W，Xiong Y H，et al. Grain refinement of superalloy K4169 by addition of refiners：cast structure and refinement mechanisms[J]. Materials Science and Engineering A，2005，394：1 - 8.

[19] Wang F，Zhang J，Huang T W，et al. Preparation of inoculants used in superalloy and analysis of the atomic matching models[J]. Journal of Materials Science & Technology，2013，29：387 - 392.

[20] Jie Z Q，Zhang J，Huang T W，et al. Enhanced grain refinement and porosity control of the polycrystalline superalloy by a modified thermally-controlled solidification[J]. Advanced Engineering Materials，2016：1 - 7.

[21] 安阁英. 铸件形成理论[M].北京：机械工业出版社，1990.

[22] 林柏年.金属热态成形传输原理[M].哈尔滨工业大学出版社，2000.

[23] Ghomashchi M R，Vikhrov A. Squeeze casting：an overview[J]. Journal of Materials Processing Technology，2000，101：1 - 9.

[24] 王猛，曾建民，黄卫东.大型复杂薄壁铸件高品质高精度调压铸造技术[J].铸造技术，2004，25(5)：353 - 358.

[25] Kim S W，Durrant G，Lee J H，et al. The effect of die geometry on the microstructure of indirect squeeze cast and gravity die cast 7050（Al - 6. 2Zn - 2. 3Cu - 2. 3Mg）wrought Al alloy[J]. Journal of Materials Science，1999，34：1873 - 1883.

[26] Pedersen K M，Hattel J H，Tiedje N. Numerical modelling of thin-walled hypereutectic ductile cast iron parts[J]. Acta Materialia，2006，54：5103 - 5114.

[27] Eskin D，Du Q，Ruvalcaba D，et al. Experimental study of structure formation in binary Al - Cu alloys at different cooling rates[J]. Materials Science and Engineering A，2005，405：1 - 10.

[28] Ferguson J B，Meysam T K，John C M，et al. Predicting the Effect of Pouring Temperature on the Crystallite Density, Remelting, and Crystal Growth Kinetics in the Solidification of Aluminum Alloys[J]. Metallurgical and Materials Transactions B，2014，45：1407 - 1417.

6 大型铸件铸造缺陷的 预测与控制

大型铸件具有尺寸大、结构复杂、壁厚差大、变截面位置多、薄壁面积占比多等结构特点,在铸造过程中极易产生缩孔、缩松、夹杂和冷隔等铸造缺陷,严重降低铸件的质量,甚至导致铸件报废,制约着高性能航空发动机的研制进程。大型铸件铸造缺陷检测技术、大型铸件中铸造缺陷的定量预测以及大型铸件铸造缺陷的控制与修复技术,是航空发动机大型铸件研制的关键内容。

6.1 大型铸件缺陷检测方法

6.1.1 铸件前处理要求

X 射线检测法主要用于检查铸件是否存在裂纹、孔洞和夹杂等缺陷。在进行射线检测前,铸件必须进行必要的前处理。具体包括,首先铸件需切除浇冒系统,并打磨平整;其次铸件表面必须清除妨碍射线检验和影响底片上缺陷影像辨识的模壳材料;最后,目视检验铸件表面质量必须为合格。

6.1.2 X 射线检测工艺选择

在按常规方法制定无损检测工艺前提下,针对大型铸件,在能穿透铸件的情况下,尽量采用较低的管电压,减少 X 射线能量。此时被透照铸件对射线的吸收能力增强,可使有缺陷部位和无缺陷部位的黑白对比度增大,从而提高底片灵敏度。X射线底片的衬度与胶片种类有关,工业上常规检测通常采用的胶片为 GE 公司生产的 AGFA C7 规格胶片,研究人员对比了不同胶片类型对无损检测结果的差异,选用 AGFA C7 和 AGFA D3 规格的胶片,具体为 AGFA C7:G3 类,粒度为中粒的胶片;AGFA D3:G1 类,粒度为微粒的胶片。对于薄壁部位,采用高灵敏 AGFAD3型底片分辨率提高,漏检率降低,如图 6-1(a)所示;随着构件厚度增加,微小缺陷检测难度增大,两类胶片检测能力差别减小,如图 6-1(b)所示。针对大型铸件底片选取原则为:薄壁部位采用高灵敏底片提高检测精度,厚大部位采用传统底片,降低成本。

6.1.3 大型铸件 X 射线检测工艺优化

为克服现有大型铸件 X 射线无损检测技术的不足,研究人员发明了一种复杂环

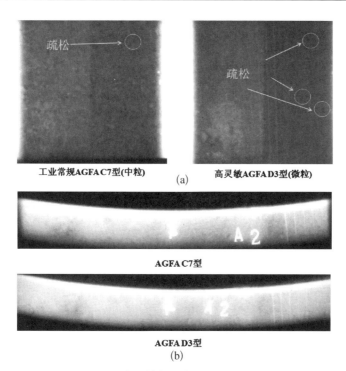

工业常规AGFA C7型(中粒)　(a)　高灵敏AGFA D3型(微粒)

AGFA C7型

AGFA D3型

(b)

图 6-1　大型铸件 X 射线检测底片选择

(a) 薄壁部位　(b) 厚大部位

形精密铸件 X 射线检测工装及其检测方法,以降低铸造缺陷漏检率,并提高检测工艺稳定性。该工装如图 6-2 所示,其工作原理如下:工装包括平移、翻转、旋转和伸缩装置,方法是通过调整翻转手柄将翻转支架调整到水平状态,锁定从动齿轮定位销以固定翻转支架;将待测铸件水平放到主、从动滑轮上,调整伸缩臂长度使主、从动滑轮从 4 个方向固定待测铸件到翻转支架上;拉动工装底座到 X 射线检测探头正下方,通过万向轮锁扣锁定万向轮;打开从动齿轮定位销,摇动翻转手柄调整翻转支架到预定检测角度,锁定从动齿轮定位销;打开主动滑轮锁扣,摇动主动滑轮手柄旋转待测铸件到预定检测部位,锁定主动滑轮锁扣;打开探头进行成像及拍

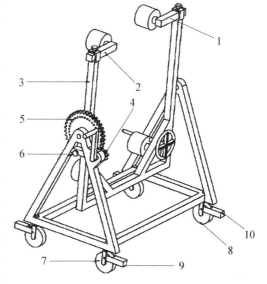

图 6-2　大型精密铸件 X 射线无损检测工装示意

1,2—伸缩臂;3—翻转支架;4—主动齿轮;5—从动齿轮;6—从动齿轮定位销;7,8—万向轮;9,10—万向轮锁扣

片检测,重复以上操作,完成对复杂环形精密铸件 100％ 全方位的 X 射线拍片检测。

6.1.4　无损检测新方法探索

针对大型复杂薄壁铸件的厚大部位,传统 X 射线检测很难确定缺陷的深度。相控阵超声检测是指超声波与铸件相互作用,就反射、投射和散射的波进行研究,

对铸件进行宏观缺陷检测、几何特征测量、组织结构和力学性能变化的检测和表征,并进而对其特定应用性进行评价的技术,在铸件厚大部位检测方面具有显著优势,例如,基于 FPGA（Field Programmable Gate Away）开发的相控阵超声成像系统,最小延时可达 20 ms,探测深度 60 mm。Omniscan MX UT 型超声检测设备如图 6-3 所示。

图 6-3　相控阵超声设备

6.2　大型铸件解剖与缺陷分析

在工程实践中,疏松缺陷根据其尺寸大小可以分为宏观缩孔和显微疏松[1]。宏观缩孔是用肉眼或放大镜可以看见的分散的细小缩孔,而借助显微镜观察到的聚集或分散的细微空洞称为显微疏松[2,3]。传统的 X 射线无损检测技术仅能从整体上评价铸件内部宏观缩孔缩松缺陷,裂纹和夹杂等缺陷分布等状况,无法准确获知铸件内部与力学性能息息相关的显微疏松分布情况,而显微疏松缺陷不但降低了大型复杂薄壁铸件的组织致密性,而且严重降低了铸件在服役条件下的力学性能,尤其是疲劳性能[4-7],严重降低构件长时服役寿命。因此,需要对铸件进行本体解剖以掌握其内部缺陷状况。

以某型后机匣铸件为例,说明大型铸件解剖的基本步骤和缺陷分析方法。首先根据该铸件的结构特点,确定解剖位置,具体包括吊耳、内外法兰、小凸台等铸件主要承力部位和外圆周环面、支板等铸件的大面积薄壁部位。在 100 倍金相显微镜下,显微疏松缺陷最严重位置 1 mm×1 mm 区域内显微疏松缺陷所占的面积百分比表示为显微疏松指数*,其不同缺陷水平金相照片如图 6-4 所示。

由于铸件各部位凝固条件不同,大型铸件各个部位显微疏松指数差异巨大。图 6-5 列出了吊耳处取样显微疏松分布情况。由图可知,在后机匣铸件截面厚度为 23 mm 的厚大吊耳部位,由于冒口补缩不足,在吊耳最后凝固部位的显微疏松指

---

　　* 显微疏松指数是表征显微疏松的量化数值,其表示方法参见"GB/T 14999.7—2010　高温合金铸件晶粒度、一次枝晶间距和显微疏松测定方法"。

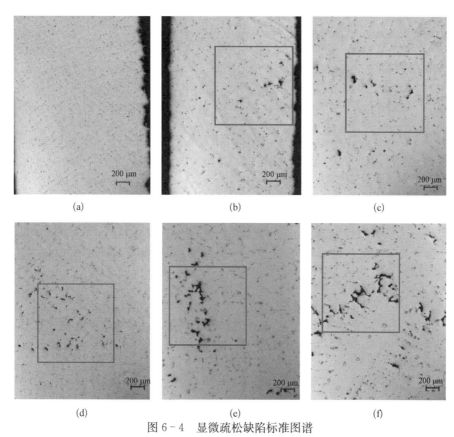

(a)   (b)   (c)

(d)   (e)   (f)

图 6-4 显微疏松缺陷标准图谱

(a) 无缺陷 (b) 疏松指数为 0.5 (c) 疏松指数为 1 (d) 疏松指数为 2
(e) 疏松指数为 4 (f) 疏松指数为 5

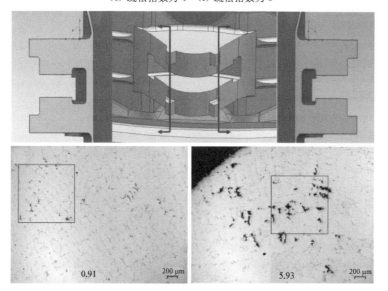

图 6-5 吊耳截面上的显微疏松

数高达 5.93。

整个后机匣铸件共制备 107 个样品,其中显微疏松指数大于 1 的有 33 个;在 33 个样品中,厚大部位取样有 9 个,占总数的 27.3%;变截面部位取样有 12 个,占总数的 36.4%;厚度小于 3 mm 的薄壁部位取样有 12 个,占总数的 36.4%。可以看出,后机匣铸件的厚大部位整体显微疏松指数相对较少;而变截面部位和大面积薄壁部位显微疏松缺陷整体较多是制约大型复杂薄壁后机匣铸件制造的瓶颈问题之一。

6.3　大型铸件缺陷的结构效应

大型铸件结构不同,局部冷却条件不同,最终导致铸件内部微观组织差异很大。某型后机匣铸件内部缺陷分析发现显微疏松指数与铸件结构厚度之间相关度不高,不存在显著的函数关系,如图 6‐6 所示。

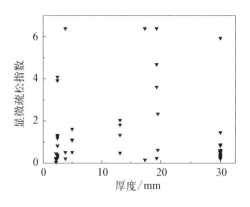
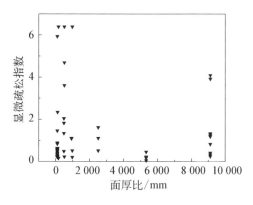

图 6‐6　铸件厚度与显微疏松　　　　图 6‐7　铸件面厚比与显微疏松
　　　　　指数之间的关系　　　　　　　　　　　指数之间的关系

而显微疏松指数与铸件局部结构的面厚比(截面积与厚度之比)之间存在显著的函数关系,如图 6‐7 所示。面厚比在 1 000∶1 以下时,显微疏松指数较大,即在铸件的厚大部位,容易产生显微疏松缺陷;随着铸件面厚比增大,显微疏松指数逐渐减小,面厚比在 1 000∶1～6 000∶1 范围内,显微疏松指数与面厚比呈反比例函数关系;但当面厚比继续增大到 10 000∶1 时,大型复杂薄壁铸件中再次出现大量显微疏松缺陷。

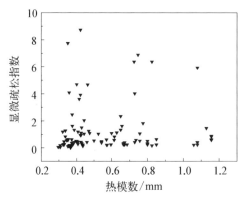

图 6‐8　铸件热模数与显微疏松
　　　　指数之间的关系

图 6‐8 为显微疏松指数与大型复杂薄壁铸件热模数之间的关系,铸件中热模数主要集中在 0.3～0.9 mm

之间,且随着热模数的增大,显微疏松指数总体呈下降趋势。

6.4 大型铸件中显微疏松缺陷

随着先进装备对高端铸件质量要求越来越苛刻,必须尽可能减少铸件内部缺陷,尤其是显微疏松缺陷。伴随凝固理论和计算机的发展,显微疏松的数学描述及其定量预测成为可能。

6.4.1 显微疏松定量预测

Carlson K. 等人基于经典的 $Niyama$ 判据提出了无量纲显微疏松判据模型,该判据仅需知道固相分数-温度曲线和合金的总收缩率就可以预测凝固过程中形成的总显微疏松体积分数,其对 WCB 钢和 AZ91D 镁合金预测结果与实验结果吻合很好[9]。基于无量纲 $Niyama$ 显微疏松判据,并考虑微量气相析出可实现高温合金铸件薄壁部位显微疏松定量预测。

6.4.1.1 薄壁显微疏松预测数学模型

由铸件温度场模拟可知,铸件薄壁部位具有近定向凝固特征。因此可采用一维定向凝固模型推导无量纲显微疏松预测函数,该体系的达西定律可以表达为如下形式:

$$f_1 V_1 = -K \, \mathrm{d}P/(\mu \mathrm{d}x) \tag{6-1}$$

式中:f_1 为液态体积分数;V_1 为固/液两相区(糊状区)的液体的速率(收缩速率);μ 为合金的动力学黏度;P 为熔体压力;x 为空间坐标。固-液两相区的渗透率 K,则由 Kozeny-Carman 关系决定:

$$K = \lambda_2 f_1^3 /(180(1 - f_1)) \tag{6-2}$$

式中:λ_2 为合金二次枝晶间距。

假设合金的液体和固体密度在凝固过程中始终保持不变,这样就可以用密度来定义合金总的凝固收缩,即总凝固收缩 $\beta = (\rho_s - \rho_1)/\rho_1$。然后运用 β 简化一维质量守恒方程,通过积分可知,固液两相区的收缩速率是恒定的,可表达为,$V_1 = -\beta L$,其中 L 为凝固速率。而且 L 又可用温度梯度 $G(\mathrm{d}T/\mathrm{d}x)$ 和冷却速率 $R(\mathrm{d}T/\mathrm{d}t)$ 的形式表达,这样固-液两相区的凝固收缩速率就可以表示为

$$V_1 = -\beta R/G \tag{6-3}$$

将式(6-3)代入式(6-2)后整理可得:

$$\mathrm{d}P/\mathrm{d}x = \mu \beta R f_1 /(KG) \tag{6-4}$$

由图 6-9 可知,凝固过程中随着固相分数的增大,糊状区熔体的压力会从液相压力 P_{liq} 下降到某一临界压力 P_{cr},在这一临界压力下将会形成显微疏松缺陷。在这里,将临界压降(液相压力与临界压力的差值)定义为 $\Delta P_{\mathrm{cr}} = P_{\mathrm{liq}} - P_{\mathrm{cr}}$。其中液相

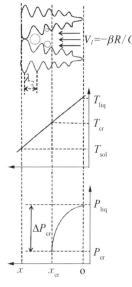

图 6-9　糊状区凝固示意

压力就是体系环境压力与局部液体压力之和。而临界压力则需要考虑气孔稳定存在时的压力平衡。这个平衡可以由 Young-Laplace 方程给出,即 $P_{cr} = P_p - P_\sigma$,其中 P_p 为孔内压力,P_σ 为毛细压力。毛细压力可以由 $P_\sigma = 2\sigma/r_0$ 计算得到,其中 σ 为显微疏松孔与周围液体之间的表面张力,r_0 为显微疏松形成时的初始曲率半径,初始曲率是一个与热物性、尺寸以及显微疏松形成区域几何性质有关的函数。对于熔体内没有溶解气体的纯凝固收缩,孔内压力(仅由合金元素的蒸汽产生的压力)可以忽略不计。这样 Young-Laplace 方程可以简化为

$$P_{cr} = -P_\sigma = -2\sigma/r_0 \qquad (6-5)$$

从式(6-5)中可以看出,临界压力是一个负值,在形成显微疏松过程中,首先要克服固-液界面的表面张力。假设动力学黏度、温度梯度和冷却速度在显微疏松产生过程中保持不变,对式(6-4)进行积分,从临界点积到液相区,就可以得到如下方程:

$$\Delta P_{cr} = \int_{P_{cr}}^{P_{liq}} \mathrm{d}P = \int_{x_{cr}}^0 \frac{\mu\beta R f_1}{KG} \mathrm{d}x = \int_{T_{cr}}^{T_{liq}} \frac{\mu\beta R f_1}{KG} \frac{\mathrm{d}x}{\mathrm{d}T} \mathrm{d}T$$

$$= \frac{\mu\beta R}{G^2} \int_{f_{1,cr}}^1 \frac{f_1}{K} \frac{\mathrm{d}R}{\mathrm{d}f_1} \mathrm{d}f_1 \qquad (6-6)$$

式中:x_{cr}、T_{cr}、$f_{1,cr}$ 分别为压力下降到临界压力 P_{cr},显微疏松缺陷开始形成时所对应的位置、温度和液相分数。

为了将式(6-6)得到的积分值无量纲化,引入一个无量纲的温度参数 θ,$\theta = (T - T_{sol})/\Delta T_f$,其中 $\Delta T_f = T_{liq} - T_{sol}$ 为凝固的温度范围,T_{liq} 为液相线温度,T_{sol} 为合金完全凝固时的温度。同时,再将式(6-2)引入式(6-1),就可以得到:

$$\Delta P_{cr} = \frac{\mu\beta\Delta T_f}{\lambda_2^2} \frac{R}{G^2} I(f_{1,cr}) \qquad (6-7)$$

式中:

$$I(f_{1,cr}) = \int_{f_{1,cr}}^1 180 \frac{(1-f_1)^2}{f_1^2} \frac{\mathrm{d}\theta}{\mathrm{d}f_1} \mathrm{d}f_1 \qquad (6-8)$$

根据合金热物理性能计算获得的固相分数-温度曲线,计算出式(6-8)中的积

分值。将 $I(f_{\mathrm{l,cr}})$ 的平方根定义为无量纲的 $Niyama$ 判据值（N_y^*），整理式（6-7）后得到了新判据的表达式：

$$N_y^* = \sqrt{I(f_{\mathrm{l,cr}})} = \frac{G\lambda_2\sqrt{\Delta P_{\mathrm{cr}}}}{\sqrt{\mu\beta\Delta T_{\mathrm{f}}R}} \qquad (6-9)$$

无量纲 $Niyama$ 判据不仅考虑了凝固热力学与动力学条件（结晶温度范围 ΔT_{f}，温度梯度 G 和冷却速度 R），同时也考虑了合金的热物性（合金的动力学黏度 μ，总凝固收缩率 β），以及固-液两相区的临界压力降 ΔP_{cr}。假定在显微疏松形成过程中，局部的液体流动将停止，最终显微疏松指数 f_{p} 与临界压力下的液相分数 $f_{\mathrm{l,cr}}$ 有关，可以用方程表示为

$$f_{\mathrm{p}} = \beta f_{\mathrm{l,cr}} \qquad (6-10)$$

无量纲判据的优势在于给定凝固条件和材料热物性后，显微疏松指数可以定量给出。根据式（6-7）到式（6-10），显微疏松指数可以表达为无量纲 $Niyama$ 值的函数。对特定合金而言，无量纲 $Niyama$ 值可以直接从局域凝固参数和合金热物性获得：

$$N_y^* = \frac{G\lambda_2\sqrt{\Delta P_{\mathrm{cr}}}}{\sqrt{\mu\beta\Delta T_{\mathrm{f}}R}} \qquad (6-11)$$

无量纲 $Niyama$ 值确定以后，铸件中显微疏松指数可以由 N_y^*-f_{p} 函数关系获得；另外，计算过程中二次枝晶间距 λ_2 采用 Fisher 和 Kurz 理论定量给出：

$$\lambda_2 = C_\lambda R^{-1/3} \qquad (6-12)$$

式中：C_λ 为常数，其值与合金种类有关，可通过实验结果拟合获得。

6.4.1.2　K4169 合金薄壁显微疏松定量预测函数

在进行无量纲显微疏松预测过程中，采用热物性计算软件包 JMatPro 计算合金的热物性参数，包括熔体密度温度曲线、固相分数温度曲线、熔体动态黏度和结晶温度间隔等，再根据式（6-7）到式（6-10）计算合金无量纲 $Niyama$ 值与显微疏松指数之间的函数关系式。

JMatPro 软件计算的 K4169 高温合金温度与固相分数关系曲线如图 6-10 所示；为简化计算，无量纲温度与液相分数关系曲线，如图 6-11 所示。

为了得到图 6-11 中曲线的斜率，采用多项式方程对曲线进行拟合。根据曲线的结构特点，将曲线分成 4 段进行拟合，拟合结果为图 6-11 中点划线，拟合表达式如表 6-1 所示。根据曲线的拟合公式，可以得到 $\mathrm{d}\theta/\mathrm{d}f_{\mathrm{l}}$ 的表达式，将其代入式（6-8）可得 4 段积分式。在求解积分过程中，对于任意给定的 f_{l} 的值，有确定的 $I(f_{\mathrm{l,cr}})$ 值与之对应。当 K4169 高温合金临界液相分数在整个凝固范围 0～1 之间

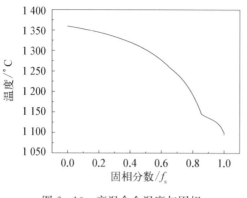

图 6-10　高温合金温度与固相
　　　　　分数关系曲线

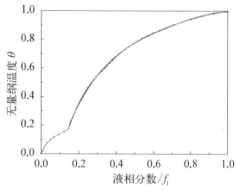

图 6-11　无量纲温度与液相分数
　　　　　之间函数关系

取值时,即可建立一条 $f_{1,\text{cr}} - I(f_{1,\text{cr}})$ 函数关系曲线,如图 6-12 所示。结合式 (6-4),式(6-5)和图 6-12 中函数关系式,可以将 $f_{1,\text{cr}} - I(f_{1,\text{cr}})$ 函数关系转换为无量纲 $N_y^* - f_p$ 函数关系,为了更直观地反映出两者之间的函数关系,在绘制曲线时,对 N_y^* 进行取对数处理,如图 6-13 所示。

表 6-1　无量纲温度(θ)与液相分数(f_1)之间拟合关系

液相分数(f_1)	θ 与 f_1 函数关系
0.752 48~1	$\theta = 0.23 + 1.65f_1 - 1.22f_1^2 + 0.34f_1^3$
0.511 69~0.752 48	$\theta = -0.115 + 3.1f_1 - 3.3f_1^2 + 1.344f_1^3$
0.144 56~0.511 69	$\theta = -0.428\,4 + 5.54f_1 - 10.04f_1^2 + 9.32f_1^3 - 3.27f_1^4$
0~0.144 56	$\theta = 3.25f_1 - 32.84f_1^2 + 172.72f_1^3 - 300.82f_1^4$

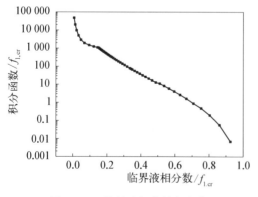

图 6-12　临界液相分数与积分
　　　　　函数之间关系

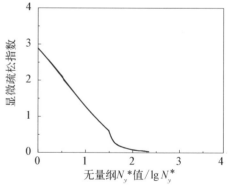

图 6-13　无量纲 N_y^* 值与显微疏松
　　　　　指数之间关系

因此,对于 K4169 高温合金铸件显微疏松缺陷预测问题,只要计算出无量纲 $Niyama$ 判据值 N_y^*,就可以根据图 6-13 获得显微疏松指数的数值,完成铸件显微疏松指数预测。

6.4.1.3　薄壁显微疏松定量预测及结果分析

根据无量纲显微疏松判据数学式(6-11)可知,需要计算动力学黏度,凝固收缩率,温度梯度和二次枝晶间距等参数。根据 JMatPro 热力学计算 K4169 高温合金的动力学黏度为 8.9 mPa·s;合金密度与温度曲线如图 6-14 所示。

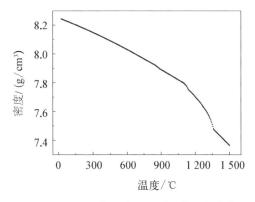

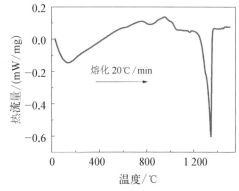

图 6-14　K4169 高温合金不同温度下密度曲线　　　图 6-15　K4169 高温合金 DSC 曲线

由图 6-14 可知,液相密度约为 7.48 g/cm³,固相密度约为 7.8 g/cm³,计算合金总固相收缩为 0.042 8。采用 DSC 实验测定合金的固-液相线温度并计算合金结晶温度间隔为 150℃,如图 6-15 所示。

二次枝晶间距可通过实验拟合经验公式计算获得,如前所述,经典二次枝晶间距计算公式(6-12)中,C_λ 是与合金成分相关的常数;图 6-16 给出了 K4169 高温合金铸件冷却速度和二次枝晶间距的实验结果,拟合实验数据,其斜率为 C_λ 值 4.8×10^{-5} m·(℃/s)$^{1/3}$,该结果将应用于后续 K4169 合金铸件二次枝晶间距计算中。

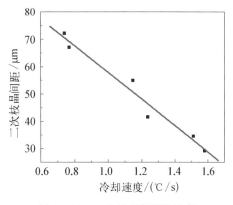

图 6-16　二次枝晶间距与冷却速度之间关系

而温度梯度和冷却速率通过有限元计算获得,铸造充型凝固过程模拟完成后,运行后处理模块 Visual Cast 直接计算出铸件上不同部位的温度梯度和冷却曲线,进而获得冷却速度。ProCast 软件模拟的网格和温度场如图 6-17 所示,由温度场模拟结果可知铸件薄壁部位近似于定向凝固,符合无量纲 $Niyama$ 使用条件。

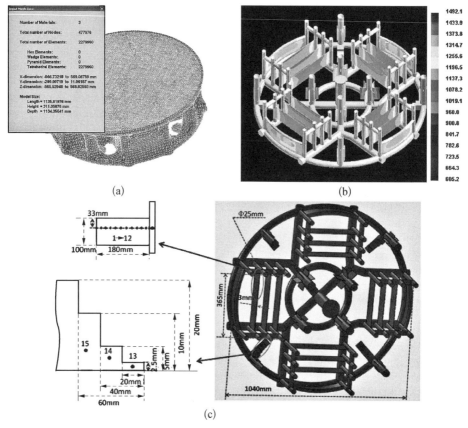

图 6-17　特征铸件有限元网格和温度场

(a) 有限元网格　(b) 温度场　(c) 铸件几何形貌

图 6-18 给出了铸件中某点热电偶测试和 ProCast 模拟冷却曲线结果,两者吻合较好。因此,在随后的冷却速率计算中温度场采用模拟结果。

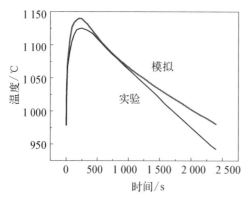

图 6-18　实验和模拟冷却曲线对比

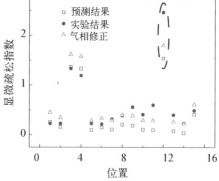

图 6-19　特征铸件不同位置处实验
结果和预测结果

此外,假设在液相线温度下,液相压力与大气压力平衡,在计算中临界压降设为 0.1 MPa。

定量预测 K4169 高温合金铸件中显微疏松指数,首先根据式(6-11)计算无量纲 N_y^* 值,再根据图 6-10 获得显微疏松指数。图 6-19 给出了大型复杂薄壁 K4169 高温合金铸件中各特征位置的显微疏松指数预测结果和实验结果,发现两者吻合较好。例如,图6-20给出特征点 3 的实测显微疏松指数为 1.26,而无量纲疏松预测结果为 1.25。

根据 Campbell 等人的研究[10],熔体在工业真空炉浇注过程中不可避免地会卷入氧化膜,在铸件中形成双层氧化膜,最终显微疏松在氧化膜上形成,但是该无量纲判据函数不能预测由于不合理的浇注系统设计而卷入的气泡

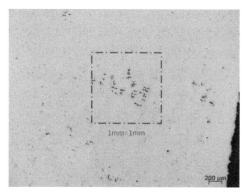

图 6-20 显微疏松指数为 1.26 的金相形貌

或模壳与熔体反应产生的气体。虽然熔体经过精炼,由于模壳反应或熔体中微量气相形成元素聚集形核会提高显微疏松指数,而参考母合金和高温合金铸件中气相形成元素含量,如表 6-2 所示,可以发现铸件中气相元素含量总量比母合金中增加了 51%。

表 6-2 母合金和铸件中气体元素含量

元 素	氧(O)	氮(N)	氢(H)
母合金/(wt%)	0.000 9	0.004 0	0.000 12
铸件/(wt%)	0.004 5	0.003 0	0.000 07

目前,虽然很难定量微量气相形成元素在大型复杂薄壁铸件显微疏松中所占比例,但是通过数据拟合方式可以考察表 6-2 中微量气相形成元素对基于凝固收缩的无量纲显微疏松预测结果的影响,式(6-13)给出了图 6-16 中大型复杂薄壁铸件中显微疏松的预测结果和实验结果的拟合关系:

$$y_{实验} = n_1 \cdot y_{预测} + n_2 \qquad (6-13)$$

式中:n_1 和 n_2 为与合金中气相元素相关的系数,在本研究中分别为 1.05 和 0.18。将经过式(6-13)修正后的无量纲显微疏松预测结果放入图 6-19 中,发现修正后的预测结果与实验结果整体差距减小。

再者,特征点 12 处实验结果与预测结果差别巨大。该点用来验证无量纲显微疏松判断的适用范围。铸件特征点 12 处厚度远远大于其他特征点的厚度,已经不

能满足定向凝固条件。事实上,该点位置已经形成了宏观封闭热节,再次表明该无量纲判据模型不适用于形成孤立熔池的厚大部位。

6.4.2 显微疏松的 X 射线三维成像

铸件中显微疏松通常具有复杂的三维空间形貌,传统的金相实验法仅能观察到显微疏松的截面形貌,很难充分表征显微疏松的大小、形貌和分布特征。然而显微疏松的形状、大小和分布极大地影响铸件的疲劳性能[11]。随着材料研究领域检测方法的进步和计算机技术的发展,显微疏松表征研究受到广泛的重视。显微疏松的形貌表征不但可以揭示镍基高温合金凝固过程中显微疏松的形成机理,而且可为显微疏松与力学性能关系研究提供有力数据支持,尤其为后机匣铸件在交变载荷作用下疲劳寿命预测提供数据基础。

6.4.2.1 显微疏松空间分布特征

应用新技术新方法研究显微疏松形貌是材料科学与工程领域的一个重要趋势。计算机断层扫描成像技术具有精确和三维可视化的优点,广泛应用于航空关键铸件无损检测。工业 CT 利用透过物体许多角度的射线去重建物体横截面图像,断层图像与铸件的材料、几何结构、组成成分和密度特性相对应,通过对铸件进行三维连续扫描,可以得到显微疏松的位置、形状和尺寸等信息,与传统的底片照相技术相比,不会产生结构的重叠[12],利于研究铸件中显微疏松缺陷形成机制。

根据 X 射线检测结果确定显微疏松在某型后机匣铸件上的位置,然后进行线切割取样。在工业 CT 成像时,试样固定到步进马达的平移和旋转载物台上进行三维扫描与重建,后机匣铸件取样位置及重建结果如图 6-21 所示。

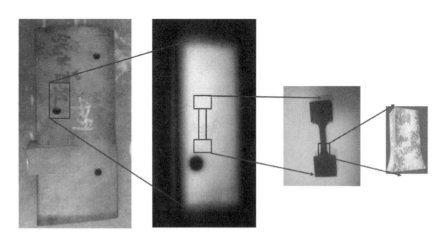

图 6-21 后机匣铸件取样及三维扫描重建示意

为了更加直观地研究后机匣铸件内部显微疏松形貌,设定灰度阈值对重建后三维图像进行分割,显微疏松空间分布如图 6-22 所示(通过颜色区分单个显微疏松），显微疏松整体呈现"海绵"状，有聚集型显微疏松，也有分散型显微疏松，且主要分布在后机匣铸件支板内侧（靠近砂芯一侧）。

此外，对后机匣铸件内部显微疏松的尺寸分布进行定量统计，如图 6-23 所示，发现随着显微疏松等效直径的增大，后机匣铸件中显微疏松的数量减少，并呈现半正态分布特征。

图 6-24 为从试样夹头开始到试样中部横截面上显微疏松指数分

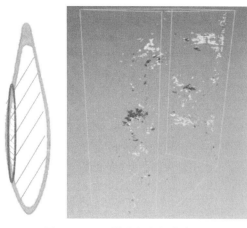

图 6-22　显微疏松空间分布

布曲线，发现横截面上显微疏松指数呈现波形不规则特征，这直接反映了铸件内部显微疏松的复杂形貌。

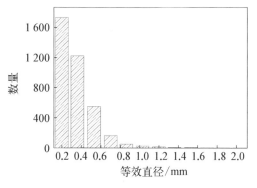

图 6-23　显微疏松尺寸分布

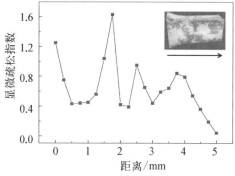

图 6-24　横截面上显微疏松指数

从以上工业 CT 检测结果可知，后机匣铸件薄壁支板上显微疏松主要分布在靠近内部砂芯的支板内侧面，该部位散热较慢，相当于存在结构热节，属于最后凝固部位，最终产生大量显微疏松。这种显微疏松缺陷不同于典型的薄壁显微疏松缺陷，在设计浇冒系统时应充分考虑砂芯的影响，适当增加冒口设计余量，可以有效抑制这类显微疏松缺陷的出现。

6.4.2.2　显微疏松三维形貌特征

高能量、高分辨的同步辐射 X 射线成像技术使进一步表征铸件内部显微疏松的精细结构特征成为可能。为了表征大型复杂薄壁铸件显微疏松形貌的精细结构，利用上海光源 BL13W 线站的同步辐射断层扫描技术，对 K4169 高温合金后机匣铸件静态样品进行高分辨 CT 扫描，然后再利用先进的图像处理技术进行三维重构，获得了后机匣铸件中厚/薄壁部位枝晶间显微疏松清晰的三维形貌，如图 6-25

所示。为了定量描述显微疏松的形貌，引入显微疏松形貌特征因子——长径比，发现铸件厚壁部位的显微疏松呈"椭圆形"，其长径比约为1.53；铸件薄壁部位的显微疏松呈扁平的"马鞍形"，其长径比约为1.57。显微疏松大小、分布和形貌的定量表征，为 K4169 高温合金大型复杂薄壁铸件中显微疏松缺陷形成原因研究及其定量预测提供了基础。

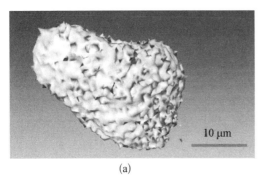

(a)　　　　　　　　　　　　　　　(b)

图 6-25　显微疏松三维形貌

(a) 厚壁部位　(b) 薄壁部位

6.4.3　显微疏松与力学性能关系

高温合金铸件通常具有两种使用状态，标准热处理态和热等静压＋标准热处理态，构建两种状态下铸造缺陷与力学性能之间关系，尤其是显微疏松缺陷与力学性能之间关系具有巨大的理论意义和应用价值。

6.4.3.1　显微疏松对拉伸性能的影响规律

图 6-26 给出了标准热处理和热等静压＋标准热处理两种状态下显微疏松指

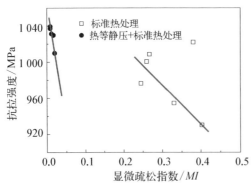

图 6-26　显微疏松与抗拉强度的关系

数与拉伸性能之间的关系。虽然标准热处理和热等静压＋标准热处理试样的抗拉强度均随着显微疏松指数的增大呈直线减小趋势，但是两种状态下试样的抗拉强度与显微疏松之间相关性大小不同。标准热处理态试样的显微疏松指数减少0.05，抗拉强度相应提高约21 MPa；而热等静压＋标准热处理态试样的显微疏松指数减少 0.05，抗拉强度提高幅度超过 130 MPa。采用最小二乘法拟合标准热处理态试样的抗拉强度和显微疏松指数，结果为

$$UTS_{ST} = -433.3MI + 1\,104.4$$
$$R_{UTS, ST} = -0.874\,1 \tag{6-14}$$

式中：UTS_{ST} 为标准热处理态试样抗拉强度；MI 为显微疏松指数；$R_{UTS, ST}$ 为相关性系数。采用最小二乘法拟合热等静压＋标准热处理态试样的抗拉强度和显微疏松指数，结果为

$$UTS_{HIP+ST} = -2\,694.7MI + 1\,064.5$$
$$R_{UTS, HIP+ST} = -0.979\,5 \tag{6-15}$$

式中：UTS_{HIP+ST} 为热等静压＋标准热处理态试样抗拉强度；$R_{UTS, HIP+ST}$ 为相关性系数。

对比标准热处理和热等静压＋标准热处理态试样的线性拟合结果可知，K4169高温合金标准热处理态试样的相关性系数绝对值明显小于热等静压＋标准热处理态试样的相关性系数。经过标准热处理后的铸件中仍残存较多 Laves 相、大块碳化物，它们不仅降低了铸件的抗拉强度，而且减弱了显微疏松指数对抗拉强度的影响。而铸件经过热等静压＋标准热处理后，铸件中 Laves 相和大块碳化物得到有效消除，且组织均匀化程度提高，热等静压＋标准热处理态试样的相关性系数绝对值接近 1，说明该状态下合金的抗拉强度与显微疏松指数的线性相关度更高。不考虑铸件后处理状态的影响，图 6-26 中所有样品的抗拉强度与显微疏松指数的相关性系数 $R_{UTS} = -0.608\,5 \ll 1$，这间接说明了显微疏松指数虽然是影响抗拉强度的重要因素但不是唯一因素。

图 6-27 给出了显微疏松指数与断后伸长率的关系，可以看出随着显微疏松指数的增大，经过标准热处理和热等静压＋标准热处理试样的断后伸长率也呈直线减小趋势，但两种状态下试样的断后伸长率与显微疏松指数之间相关性大小差异较大。标准热处理态试样的显微疏松指数减少 0.1，断后伸长率提高 3% 左右；而热等静压＋标准热处理态试样的

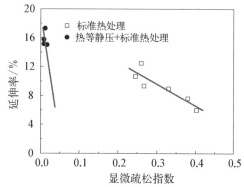

图 6-27　显微疏松与断后伸长率的关系

显微疏松减少 0.01，断后伸长率提高幅度即超过 3%，采用最小二乘法拟合标准热处理态试样的断后伸长率和显微疏松指数，结果为

$$EL_{ST} = -30.5MI + 18.8$$
$$R_{EL, ST} = -0.892\,9 \tag{6-16}$$

式中：EL_{ST} 为标准热处理态铸件的断后伸长率；$R_{EL, ST}$ 为相关性系数。采用最小二

乘法拟合热等静压＋标准热处理态试样断后伸长率和显微疏松指数,结果为

$$EL_{HIP+ST} = -344.2MI + 19.4 \tag{6-17}$$
$$R_{EL,HIP+ST} = -0.914\,1$$

式中：EL_{HIP+ST} 为热等静压＋标准热处理的铸件断后伸长率；$R_{EL,HIP+ST}$ 为相关性系数。对比标准热处理和热等静压＋标准热处理态样品的线性拟合结果可知,两组的断后伸长率与显微疏松指数的相关性系数绝对值均接近或超过 0.9,并且相差不大,说明即使在标准热处理态铸件中存在大量 Laves 相和大块碳化物情况下,显微疏松指数依然能够强烈地影响铸件的伸长率。

经标准热处理和热等静压＋标准热处理处理的样品的断后伸长率与显微疏松指数在总体上呈现出较好的线性相关性(图 6‐27 中所有样品的断后伸长率与显微疏松指数的相关性系数 $R_{EL} = -0.881\,0$)。这进一步说明 K4169 高温合金铸件的断后伸长率与显微疏松的含量关系非常密切,热等静压处理能有效消除铸件内部显微疏松缺陷,极大地提高了合金断后伸长率,而标准热处理引起的微观组织变化对铸件断后伸长率的影响则相对较小。

6.4.3.2　显微疏松对持久性能的影响规律

铸件中显微疏松的存在,改变了持久载荷作用下铸件内部应力分布,在表面光滑的显微疏松周围形成持久微孔和裂纹源,并聚集长大导致铸件断裂失效。图 6‐28,图 6‐29 分别给出了 650℃/620 MPa 下标准热处理和热等静压＋标准热处理两种状态下的持久寿命,持久塑性与显微疏松之间的关系。可以看出标准热处理态持久寿命和持久塑性均随着显微疏松指数的增加而减小,其线性拟合关系如下所示：

$$SR = 48.56 - 5.21MI \tag{6-18}$$

$$EL = 9.42 - 1.35MI \tag{6-19}$$

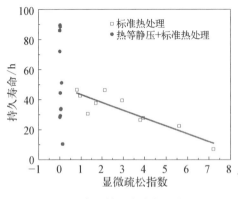

图 6‐28　高温持久寿命与显微疏松
　　　　指数的关系

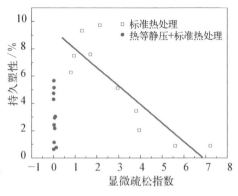

图 6‐29　高温持久塑性与显微
　　　　疏松指数的关系

式中:SR 为持久寿命;EL 为持久塑性。然而热等静压+标准热处理后,显微疏松指数总体较小,但持久寿命和持久塑性却在一个较大的范围内变化,这与热等静压处理虽然闭合但未完全愈合显微疏松有关。

6.4.3.3 显微疏松对疲劳性能的影响

以后机匣铸件本体试样为例,按要求加工测试试样,进行室温轴向拉压控制应力方式疲劳测试,试验环境为静态空气介质,加载波形为三角波,控制方式为轴向应力 380 MPa,应力比−1,试验频率 0.3 Hz,并统计试样失效前的疲劳循环次数(疲劳强度);图 6-30 给出了疲劳试样断口附近金相形貌,发现试样 Ⅰ 断口附近有大量显微疏松缺陷,而试样 Ⅱ 断口附近显微疏松较少,其对应定量显微疏松指数及疲劳寿命如表 6-3 所示。

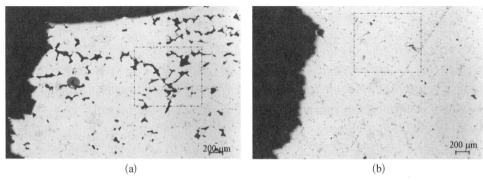

(a)   (b)

图 6-30　断口附近显微疏松形貌(1 mm×1 mm 区域)

(a) 试样 Ⅰ　 (b) 试样 Ⅱ

表 6-3　典型结构处疲劳寿命

试 样 号	Ⅰ	Ⅱ
疲劳寿命/循环次数	36 405	>130 000
显微疏松指数	12.27	0.47

6.5　LAVES 相的形成与预测

K4169 镍基高温合金中加入的合金元素多,合金化程度高,凝固温度范围宽,合金元素的凝固偏析严重,主要偏析元素为铌(Nb)元素,基体中含有 4.0%~6.4%的固溶强化 Nb 元素。由于溶质原子 Nb 在基体中的溶解度小,凝固过程中 Nb 原子向枝晶间液相富集,凝固末期在枝晶间区域发生 γ+Laves 共晶反应,在枝晶间形成大量的岛状有害脆性 γ+Laves 共晶相,偏析严重时形成块状初生 Laves 相。Laves 相一旦形成,采用目前航标规定的热处理制度无法消除 Laves 相。由于 Laves 相中固定了大量的 Nb 等强化元素,基体中固溶的 Nb 元素减少,从而降低固溶强化效果,同时,Laves 相的形成也减少强化相 γ' 和 γ'' 的数量,减弱沉淀强化效应。而且,低熔点 Laves 相在枝晶间或晶界的富集,一方面,Laves 相是裂纹有利形核位置,在拉伸断口上形成大量的枝晶间裂纹;另一方面,Laves 相容易成为焊接裂纹源,影响铸件的补焊质量。

由此可见,K4169 合金铸件铸造凝固过程中的成分偏析及形成的 Laves 相是铸件的主要缺陷之一,恶化铸件的力学性能。高温合金研究专家郭建亭等研究 K4169 合金时发现,当合金中含有较多的 Laves 相时,合金的室温拉伸强度降低 20%,塑性降低 60%,650℃、620 MPa 条件下持久寿命降低 60%。因此,消除偏析及抑制有害脆性 Laves 相的形成是 K4169 镍基高温合金大型复杂薄壁斜直板涡轮后机匣研制和铸件生产的关键技术问题。

铸造凝固过程中成分偏析的形成是宏观温度场、溶质场及微观枝晶生长多场多尺度耦合作用的结果,影响合金成分偏析因素繁多且关系错综复杂。这些因素包括凝固过程中的固相反扩散、液体有限扩散、枝晶臂粗化、枝晶尖端过冷和共晶界面过冷等。尽管学者通过对溶质分配过程的影响,建立起一些凝固过程中浓度随固相分数增加的微观偏析解析模型和数值模型;但均为基于单一凝固条件下溶质分配规律研究,更不能对后机匣这种大型复杂薄壁铸件不同结构部位,由多种因素共同耦合作用下的偏析程度进行预测判定。因此,研究并建立适合高温合金 K4169 复杂结构铸件不同结构凝固过程的微观偏析程度的判定准则及预测方法,为优化调整铸造工艺设计提供依据,对大型复杂结构铸件的铸造生产具有重要的指导意义。

6.5.1　微观偏析程度 MSI 判定准则

根据 Laves 相的形成元素可知,Laves 相是高温合金凝固过程中由于 Nb、Mo 元素的高度偏聚形成的。因此,凝固末期 L→γ+Laves 共晶反应产生的 Laves 相的含量及分布与 Nb、Mo 元素的偏析程度相关,即与糊状区中液相中 Nb、Mo 的溶质浓度相关。而 Nb、Mo 溶质偏析演变规律取决于它们在液相及固相中的扩散时间及扩散距离。

根据经典凝固理论可知,在一般的合金凝固条件下,微观尺度的溶质再分配行为以及产生的微观偏析不仅取决于合金的物性参数(如液相扩散系数 D_l,固相扩散系数 D_s,溶质分配系数 k)及外部工艺条件如凝固速率 v(或者局部凝固时间 t_f)和温度梯度 G,而且还与枝晶的生长方式、复杂变化的凝固枝晶形貌以及凝固过程端部效应——枝晶尖端曲率等因素密切相关。尽管近年来学者们大力研究了多元合金的合金成分变化的凝固特性、凝固过程中的固相反扩散、液体有限扩散、枝晶臂粗化、枝晶尖端过冷、共晶界面过冷和凝固体积变化等溶质分配过程的影响,建立起一些凝固过程中溶质浓度随固相分数增加的微观偏析解析模型和数值模型。但是,现有的溶质分配的微观偏析模型都建立在研究凝固过程中溶质浓度随固相分数增加的变化,只能表示界面浓度 C_1^* 与固相分数 f_s 的函数关系,并不能据此确定最终固相的成分分布。因此,现有的溶质分配的微观偏析模型只能研究某一特定凝固条件下溶质分配,并且必须考虑固相分数这一动态参量,而不能判定对于一个大型复杂零件不同结构部位、由多种因素共同作用下的偏析程度判定。

所谓偏析,就是由于溶质在液相及固相中的溶解度不同以及迁移率不同而引起的空间浓度差异,即与固液界面两侧的溶质原子运动规律相关。当不考虑液相流动时,枝晶生长过程中的溶质偏析主要决定于液固界面两侧的溶质扩散通量。如果溶质在固相中的溶解度低于其在液相中的溶解度($k<1$),随着界面的推进,将会不断排出溶质,固液界面前沿的液相中的浓度将从固液界面处的最大值按指数规律沿远离界面处衰减。

根据溶质扩散过程中的过饱和度定义,即尖端处的溶质变化量 ΔC 与平衡浓度差 ΔC^* 之比为过饱和度 Ω,即

$$\Omega = \Delta C / \Delta C^* = (C_1^* - C_0)/C_1^*(1-k) \tag{6-20}$$

过饱和度 Ω 代表了合金凝固前沿溶质扩散的驱动力。根据 1947 年 Ivantsov 推导出的旋转抛物面扩散问题的数学解,对于半球冠枝晶,扩散方程的解表明过饱和度 Ω 等于枝晶尖端半径 R 与特征扩散距离之比 δ_C(特征扩散长度表示该扩散长度内所含的全部溶质等于无穷远边界层所含的溶质总量),即

$$\Omega = R/\delta_C \tag{6-21}$$

式中,$\delta_C = 2D_1/v$。而这个无量纲比值就是 Péclet 数,即 $Pe_1 = \Omega$,因此,

$$Pe_1 = \frac{vR}{2D_1} \tag{6-22}$$

可见,Péclet 数表征了固液界面前沿由过饱和度所确定的扩散驱动力。如果仅考虑径向扩散,生长着的球状晶周围的边界层厚度等于球的半径,即枝晶端部的溶质扩散长度 L 近似等于球的半径 R。因此,式(6-22)可表示为

$$Pe_1 = \frac{vL}{2D_1} \tag{6-23}$$

由于实际凝固过程中常常出现共晶而使液相浓度不可能继续增大,为了能够真实地描述凝固末端的成分分布,必须考虑固相中的逆扩散。根据质量守恒原理,固相中溶质原子逆扩散的快慢程度取决于无量纲参数 α,也称为 Fo_s,它表示了固相中的扩散边界层厚度 δ_s($\delta_s = 2D_s/v$)与系统尺寸 L 的比例关系

$$Fo_s = \alpha = \frac{D_s t_f}{L^2} \qquad (6-24)$$

借助于数学物理中应用广泛的 Buckingham π 无量纲分析理论,对凝固过程中溶质分配进行无量纲分析。基于对固液界面两侧液相及固相溶质原子的扩散通量研究,以及根据溶质质量守恒,表征凝固过程中的溶质偏析程度的偏析指数(microsegregation index,MSI)可表示为[13]

$$MSI = \frac{Pe_1}{kFo_s} \qquad (6-25)$$

其中 $Pe_1 = \dfrac{vL}{2D_1}$,$Fo_s = \dfrac{D_s t_f}{L^2}$,代入式(6-25),可得

$$MSI = \frac{Pe_1}{kFo_s} = \frac{1}{2kD_1D_s}\frac{vL^3}{t_f} = A \cdot \frac{vL^3}{t_f} \qquad (6-26)$$

式中:$A = \dfrac{1}{2kD_1D_s}$ 为包含合金材料的物性参数,取决于材料的选择。对于同一零件上的不同结构部位,A 可以认为是常数。

从式(6-26)可知,影响偏析指数 MSI 的凝固条件有凝固速度,特征扩散距离及局部凝固时间。偏析指数 MSI 随凝固速度 v,特征扩散距离 L 增大而增大,而随局域凝固时间 t_f 延长而减小。根据枝晶生长理论可知,一般而言,固液界面排出溶质的速率正比于枝晶生长速率,而排出的溶质必须沿界面浓度梯度方向扩散出去。因此,生长速率越大,浓度梯度就越大,溶质偏析指数就越大。

对于过冷熔体中以等轴树枝晶生长的晶粒,以枝晶生长过程中平均生长速度 $\overline{v}$ 代替枝晶瞬间速度 v,则由

$$\overline{v} = \frac{L}{t_f} \qquad (6-27)$$

式中:L 为特征扩散距离。则偏析指数 MSI 可以进一步表示为

$$MSI = \frac{Pe_1}{kFo_s} = \frac{1}{2kD_1D_s}\frac{L^4}{t_f^2} = A \cdot \frac{L^4}{t_f^2} \qquad (6-28)$$

局域凝固时间 t_f 是指系统中某一固定点从凝固开始到结束所需的时间,也就是从枝晶尖端到枝晶根部所经历的时间。可见,局域凝固时间表征了枝晶臂与液相接触的时间。根据 Kattamis 和 Flemings 在 1965 年和 Feurer 和 Wunderdlin 在 1977 年的研究工作,得出的二次枝晶间距 λ_2 近似地随局域凝固时间的立方根变化。

$$\lambda_2 = 5.5\,(Mt_f)^{1/3} \tag{6-29}$$

其中，$M = 166 \cdot \dfrac{\Gamma D_l \ln(C_{eut}/C_0)}{m(1-k)(C_0 - C_{eut})}$，$\Gamma$ 为 Gibbs-Thomson 系数，Ceut 为共晶成分。

从式(6-29)可见，局域凝固时间越长，二次枝晶间距 λ_2 越大，枝晶臂与液相接触的时间越长，固相溶质原子逆扩散越充分，导致固相中的浓度梯度降低，溶质偏析程度降低，因此偏析指数减小。

金属凝固结束后的二次枝晶间距 λ_2，在很大程度上是由枝晶生长过程中溶质扩散场决定的。在枝晶臂的粗化过程中，当糊状区内存在逆扩散时，逆扩散主要发生在二次枝晶臂间，对于过冷熔体中的等轴树枝晶生长方式，二次枝晶间距 λ_2 是溶质扩散的特征长度，能很大程度上反映局部的凝固时间，因此，二次枝晶臂间距的大小直接影响着成分偏析、第二相的分布，从而对铸件的微观组织及力学性能产生影响。一般而言二次枝晶间距为扩散长度，即 $L = \dfrac{\lambda_2}{2}$。

代入式(6-28)得：

$$MSI = \frac{Pe_1}{kFo_s} = \frac{1}{32kD_1D_s}\frac{\lambda_2^4}{t_f^2} = A' \cdot \frac{\lambda_2^4}{t_f^2},\ A' = \frac{1}{32kD_1D_s} \tag{6-30}$$

而对于具有定向凝固性质的柱状晶，二次枝晶不发达，糊状区中溶质元素主要富集于一次枝晶间，其特征扩散距离对应于一次枝晶间距的一半，即 $L = \lambda_1/2$。

把 $L = \lambda_1/2$ 代入式(6-28)得

$$MSI = \frac{Pe_1}{kFo_s} = \frac{1}{32kD_1D_s}\frac{\lambda_1^4}{t_f^2} = A' \cdot \frac{\lambda_1^4}{t_f^2},\ A' = \frac{1}{32kD_1D_s} \tag{6-31}$$

6.5.2　利用 MSI 判据函数对后机匣大铸件特征部位进行预测

尽管近年来学者们大力研究了二元及多元合金的凝固特性、凝固过程中的固相反扩散、液体有限扩散、枝晶臂粗化、枝晶尖端过冷等对溶质分配过程的影响，建立起一些凝固过程中浓度随固相分数增加的微观偏析解析模型和数值模型；但均基于单一凝固条件下溶质分配规律研究，不能对后机匣这种大型复杂薄壁铸件不同结构部位、由多种因素共同耦合作用下的偏析程度进行预测判定。后机匣铸件含有大面积空心支板、变截面、吊耳、凸台及环套环等结构，以下利用 MSI 判据函数对其各特征结构处的偏析程度进行预测。

首先采用 ProCast 软件对特征件的充型、凝固等过程进行模拟，得到了相关的温度场与微观结构等信息。大铸件所使用的是镍基高温合金 K4169,浇注温度为 1 500℃,模壳预热温度为 950℃。在 *MSI* 偏析指数预测时需要用到很多参数,分为两类,一类是合金热物性参数,属于定值;另一类是凝固参数,是随着铸件结构和工艺条件而变化的。

关于 *MSI* 偏析指数所涉及的热物性参数如平衡分配系数 k、液相扩散系数 D_l、固相扩散系数 D_s,假定其在凝固区间内为常数,把浇注母材的合金成分输入 JMatPro 热力学计算软件,由 JMatPro 热物理参数计算模块计算获得。具体的计算方法包括:

(1) 借助 JMatPro 软件对 K4169 合金进行相图计算,结合相关文献,获取本实施例中计算所用各热物理参数。各参数如下: $\Gamma = 3.65 \times 10^{-7}$ km, $k_{Nb} = 0.48$, $D_{l,Nb} = 3 \times 10^{-9} (\text{m}^2/\text{s})$, $D_{s,Nb} = 2.82 \times 10^{-13} (\text{m}^2/\text{s})$, $C_{0,Nb} = 4.3 \text{wt}\%$, $C_{eut,Nb} = 19.1 \text{wt}\%$, $m_l = -10.9$, $T_l = 1360℃$, $T_s = 1180℃$。

(2) 应用了 ProCast 有限元软件对铸件的铸造充型、凝固过程进行仿真模拟,获取铸件各个部位的局域凝固时间 t_f。

(3) 利用 ProCast 软件自带的二次枝晶间距计算模块计算铸件各结构部位的 λ_2 值。

(4) 把从 ProCast 获取的局域凝固时间 t_f、二次枝晶间距 λ_2,以及 JMatPro 的计算的热物理参数代入式(6-30)中,并借助 ProCast 的 ViewCast 模块,计算复杂结构铸件各结构部位的 *MSI* 偏析指数。根据各个结构部位 *MSI* 偏析指数的大小,判定铸件各结构部位的微观偏析程度。

(5) 预测结果和解剖结果对比。解剖实物如图 6-31 所示,分别对铸件 12 个特征部位进行定量金相统计,并与预测结果进行对比,对比结果如图 6-32 所示。可见,预测结果和解剖结果吻合,偏析指数越大,微观偏析越严重,凝固末期形成的枝晶间 Laves 相含量就越高。

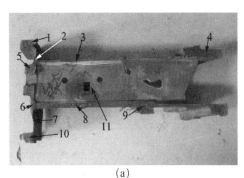
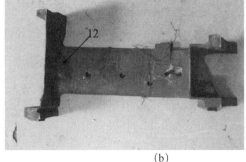

(a)　　　　　　　　　　　　　　(b)

图 6-31　铸件实物

(a) 正面　(b) 正面

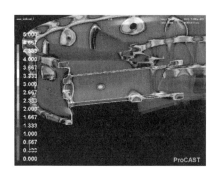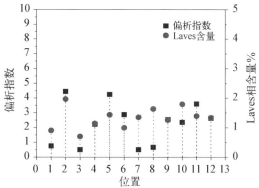

图 6-32　MSI 偏析指数预测结果与 Laves 相含量实验结果对比

6.6　大型铸件的修复焊接技术

6.6.1　大型铸件修复焊接的必要性

虽然大型铸件精密铸造技术在不断进步与发展,但是铸件中仍然会不可避免地出现疏松、气孔、夹杂、裂纹等缺陷,这些缺陷对铸件在高温工作环境下的使役性能和寿命必然会带来严重的伤害,甚至成为重大隐患,必须进行焊接修复。此外,在大型复杂薄壁铸件精密成型制造的过程中,由于成型工艺上的需要,往往在某些薄壁部位预留有一些工艺孔,这些工艺孔也需要通过焊接的方法进行修补,才能保证构件在结构和功能上的完整性。

6.6.2　缺陷补焊的几个关键问题

6.6.2.1　薄壁件焊接变形控制问题

薄壁铸件缺陷补焊将经历局部焊接热过程,焊缝及其周围金属将积累大量的应力和应变。由于薄板厚度方向上刚性拘束较弱,局部补焊时若无外加刚性拘束则应力将部分释放,并表现为变形。其变形的主要形式为波浪变形。该变形大小是铸件材料特性与焊接工艺参数、坡口形式、拘束条件等综合交互作用的结果。若存在刚性拘束,则应力应变积累于焊缝与热影响区,当接头组织无法承受其较大的应力应变时,将诱发焊缝中裂纹缺陷的产生。控制焊接变形的关键是控制其在焊接热过程中产生的应力应变,并采取拘束工艺阻止其表现为焊接变形,同时保证残留于接头内部的应力不致产生裂纹。焊接残余变形是焊接后残存在于结构中的变形。它包括纵向收缩变形、横向收缩变形、弯曲变形、角变形等,其中纵向、横向收缩变形是导致其他变形的主要原因。而影响纵向收缩变形量的主要因素是焊件截面积、焊缝长度、焊接线能量、剖口形式等。影响横向收缩变形的主要因素有线能量、焊件厚度、剖口形式等。

可利用激光三角测位法对镍基高温合金薄板的焊接变形进行测量。对厚度为

2 mm 的 Inconel718 平板在无拘束的条件下沿平板中心进行直线焊接,冷却使其应力充分释放后,测得的焊接变形结果如图 6-33 所示。

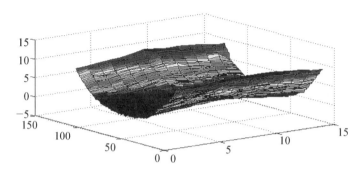

图 6-33　平板(2 mm)焊接变形量检测结果

　　由图可知,镍基高温合金平板在无拘束条件下,焊接残余变形量较大,总体呈现焊缝宽度方向中间凹陷,焊缝长度方向中间凸起的变形规律,同时也伴有局部随机波浪变形。运用热弹塑性三维有限元(3D FEM)方法,对镍基高温合金薄板焊接总体变形量进行模拟计算和预测。图 6-34(a)所示为厚度 2 mm 镍基合金平板上沿中心线进行直缝焊接的有限元模拟计算网格(为简化计算,根据对称原理只算一半),根据模拟计算所得到的焊接变形结果如图 6-34(b)所示,可见在焊接过程中,平板直焊缝接头处已经开始形成焊缝宽度方向中间下凹,焊缝长度方向中间凸起的总体变形趋势。图 6-34(c)所示为厚度 2 mm 平板上对直径 10 mm 圆孔(用以模拟薄壁铸件上的工艺孔修补焊接)环形封闭焊缝进行焊接的模拟计算网格,其模

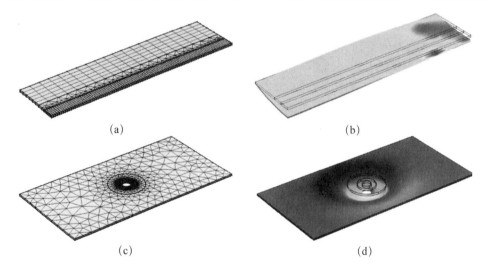

(a)　　　　　　　　　　　　　　　　(b)

(c)　　　　　　　　　　　　　　　　(d)

图 6-34　热弹塑性 3D FEM 焊接过程模拟

(a)平板直焊缝模拟网格　(b)平板直焊缝变形与热应力分布　(c)圆孔环形封闭焊缝模拟网格
(d)圆孔环形封闭焊缝变形与热应力分布

拟计算的焊接变形结果如图 6‑34(d)所示,可见在焊接过程中,圆孔环形封闭焊缝总体呈下凹变形。

在上述模拟计算过程中,可对不同焊接参数与工艺条件下的焊接温度场进行模拟,从而预测不同焊接工艺参数(如焊接电流、焊接速度)、分段焊接顺序、拘束方式等对焊接变形的影响,以便采取相应的工艺措施,使焊接变形尽可能控制在允许的范围内。

6.6.2.2 补焊二次缺陷控制问题

所谓二次缺陷是指大型薄壁铸件缺陷修补焊接以后,通过焊后检验在修补焊缝及其热影响区发现的气孔、夹杂、未焊透、咬边、裂纹等焊接缺陷,也就是一次缺陷(即铸造缺陷)修补后在同一部位发现的次生缺陷。二次缺陷的产生与很多因素有关,其中关键的因素主要包括铸件的材料因素、结构因素以及补焊的工艺因素。

对于 Inconel718 合金大型复杂薄壁铸件而言,补焊过程中可能会产生多种二次缺陷。实践经验表明,出现二次缺陷最多的主要是焊接热裂纹,这与镍基高温材料本身的裂纹敏感性比较高有关,也与其组织特征和结构特点有关。因此,下面将主要围绕着焊接热裂纹,展开对镍基高温合金补焊二次缺陷控制的讨论。

对 Inconel718 合金薄板构件进行焊接热裂纹敏感性研究,焊后着色渗透及 X 射线检查,可以发现焊接热裂纹主要有以下 5 种类型:① 焊缝中心线处纵向和横向裂纹;② 热影响区裂纹;③ 毗邻焊趾焊缝中横向裂纹和热影响区裂纹组成的复合裂纹;④ 弧坑裂纹;⑤ 多层段焊接中前焊道弧坑裂纹与后焊道焊缝凝固裂纹的复合裂纹。各类焊接裂纹位置示意如图 6‑35 所示。

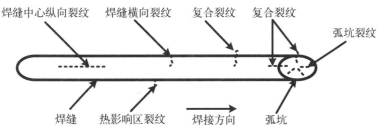

图 6‑35 焊接热裂纹示意图

经焊接接头裂纹处截面及裂纹表面形貌与 EDS 成分分析发现,焊缝纵向、横向裂纹、弧坑裂纹为凝固裂纹,热影响区为液化裂纹。凝固裂纹又叫结晶裂纹,镍基高温合金都具有不同程度的结晶裂纹敏感性。固溶强化的高温合金具有较小的结晶裂纹敏感性;而 Al、Ti 含量较低($<4wt\%$)的沉淀强化高温合金具有中等的结晶裂纹敏感性,而 Al、Ti 含量高的沉淀强化高温合金和铸造高温合金具有较大的结晶裂纹敏感性。此外,高温合金的状态也会影响合金的裂纹敏感性。经均匀化处理固溶状态的合金比时效状态的合金具有较小的裂纹敏感性,合金固溶状态比平整和冷轧状态具有较小的裂纹敏感性。因为在平整和冷轧以后,合金强度和

硬度增加,塑性下降。时效处理也是如此,使焊接件的拘束度增大,裂纹敏感性也增加。

对于析出强化型镍基高温合金的凝固裂纹敏感性可用敏感性指数 P_{SC} 表示

$$P_{SC} = 69.21w(\text{Ti}) + 27.3w(\text{Nb}) + 9.0w(\text{Mo}) + 300w(\text{Si}) - 55.3$$

$$(6 - 32)$$

式中: w 为质量分数。P_{SC} 值越大,表示越容易产生焊接凝固裂纹。热影响区近缝区液化裂纹也有可能与焊缝区凝固裂纹组成复合裂纹,如图 6-36 所示。热影响区近缝区低熔点相在焊接加热过程中发生液化,在随后的冷却过程中,在收缩应力和热应力作用下发生分离,液膜被撕裂,裂纹萌生,然后该裂纹向熔合线方向扩展。由焊接温度场可知,冷却时熔合线附近的部分熔化区温度下降滞后于热影响区。热影响区液化裂纹扩展到部分熔化区时,裂纹前沿在附加应力与收缩应力、热应力共同作用下,诱导部分熔化区偏析区开裂。部分熔化区组织亦为树枝晶,枝晶间存在链状 Laves 低熔点共晶相,在焊接过程中部分熔化,于树枝晶间和枝晶轴间形成低熔点高黏度的液相。当液膜相接触时,在收缩应力、热应力和裂纹尖端应力的作用下,液态薄膜分离,裂纹扩展。焊缝区中存在层状偏析区,凝固过程中这些偏析区存在低熔点液相。裂纹尖端抵近焊缝区的这一固液共存区后,在裂纹前沿应力场与收缩应力、热应力共同作用下,诱导焊缝区开裂,并向焊缝中心扩展。按照焊缝区凝固裂纹的萌生、扩展机制,裂纹在焊缝区中凝固裂纹的扩展是多维的,形成复杂的裂纹形貌。

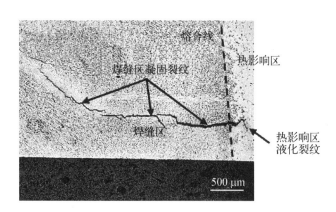

图 6-36　热影响区液化裂纹与焊缝区凝固裂纹组成复合裂纹

另一种原因是热影响区液化裂纹在近缝区萌生,向部分熔化区和试样表面扩展;同时熔合线附近位置的焊缝区中萌生凝固裂纹,主要向焊缝区中扩展,并会向熔合线方向扩展很近的距离。此时熔合线两侧存在两条裂纹,当焊缝区凝固裂纹和热影响区液化裂纹这两条裂纹距离很近,裂纹的尖端应变区相连,导致连接成为一条复合裂纹。若两条裂纹不相连,则成为焊缝区凝固裂纹和热影响区液化裂纹两条裂纹,两裂纹尖端可以比较接近,但仍有一定间距。

热影响区液化裂纹的出现,与母材微观偏析及低熔点相大小、数量、分布等紧密相关。在对铸件进行均匀化热处理(1 090℃,1 h)后,热影响区液化裂纹的数量、长度显著减小,如图6-37(a)和(c)所示;裂纹周围富Nb的低熔点Laves相减少,如图6-37(b)和(d)所示。原因在于经均匀化热处理后,母材偏析程度下降,低熔点相部分溶解于奥氏体中,大小、数量减小,更不容易在焊接热过程中形成连续的液膜,在相同的热输入条件下裂纹敏感性较小。

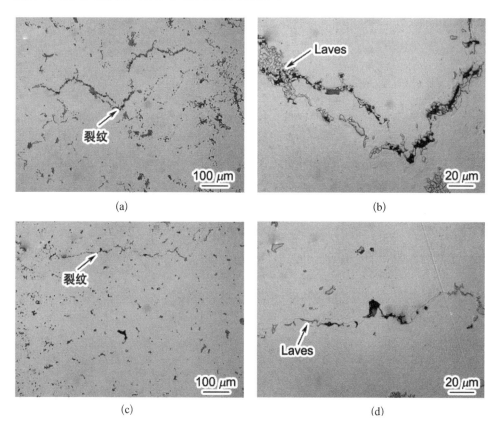

(a)　　　　　　　　　　　　　　　　(b)

(c)　　　　　　　　　　　　　　　　(d)

图6-37　铸态和铸后均匀化处理(1 090℃,1 h)Inconel718合金热影响区液化裂纹
(a)铸态母材HAZ液化裂纹　(b)图(a)裂缝放大　(c)均匀化处理母材热影响区液化裂纹
(d)图(c)裂缝放大

弧坑裂纹常出现于柱状枝晶的一次、二次轴间,如图6-38所示,焊接至弧坑处时电弧运动停顿,收弧时弧长拉长,电弧仅沿垂直方向运动,且电弧传输到熔池的热量不断减少,直至为0。这将影响液态金属的流动行为和熔池的导热方向。弧坑处熔池从中心向四周导热,快速冷却时柱状树枝晶从熔池边缘向中心生长,方向性明显。弧坑熔池凝固时,糊状区中枝晶相碰,形成一个个相对独立的微尺度封闭液相区域,区域中液相黏度较大。此外弧坑处凝固时动态应变速率较快,产生较大的

应力应变；弧坑处有效截面小于焊道其他区域，导致较大的凝固收缩应力和热应力，在这些应力合力的作用下，枝晶间富 Nb、C 元素的液膜被撕裂，形成弧坑裂纹。

 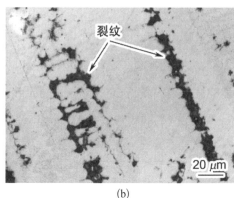

(a)　　　　　　　　　　　　　　　　　(b)

图 6 - 38　弧坑裂纹
(a) 弧坑裂纹金相　(b) 图(a)裂纹放大

在多层多道焊中，后焊道覆盖在前焊道上，前焊道的弧坑中有部分金属进入后焊道焊缝中。由焊接温度场和熔池流动行为可知，层间金属不能充分地均匀混合于后焊道的焊缝中，部分微尺寸区域受到弧坑熔融金属成分的传递作用，可产生更多的微尺度偏析区。当此处凝固时，糊状区中富 Nb、C 元素的液相相对较多，提高了后焊道凝固裂纹的敏感性。

在后焊道熔合线处的熔融金属毗邻前焊道的弧坑金属时，在冷却凝固和收缩应力作用下，低熔点液膜撕裂形成新的热裂纹，其裂纹尖端应变场和原有的弧坑裂纹尖端应变场相接触，这两个类型的裂纹相连，形成复合裂纹；另一种情况是，前焊道弧坑处富 Nb 的低熔点共晶相，在后焊道的热作用下液化，在该处凝固时，液膜被撕裂形成裂纹，该裂纹和前焊道的弧坑裂纹在热应力、收缩应力作用下，裂纹扩展到后焊道的焊缝中，诱导后焊道中焊缝凝固裂纹的萌生和扩展，形成复合裂纹。

根据 718 合金热裂纹敏感性试验分析结果，可归纳出如下规律：

(1) 随着焊接线能量的增大，718 镍基高温合金的焊接热裂纹敏感性增大。

(2) 合金材料中的微观偏析程度对热裂纹敏感性影响很大，在焊接线能量相同时，铸态的母材微观偏析最严重，焊接热裂纹敏感性最大；铸后均匀化处理的母材微观偏析较小，其热裂纹敏感性则次之；轧制状态下的板材基本上没有微观偏析，其热裂纹敏感性也最小。

(3) 在相同母材原始状态和焊接线能量条件下，多道焊热裂纹敏感性大于单道焊，构件热裂纹敏感性大于平板，封闭环形焊缝热裂纹敏感性大于对接接缝。

(4) 多层中前焊道的弧坑易诱发后焊道产生裂纹，该处是焊接热裂纹敏感区，铸造欠缺亦会显著增加热裂纹敏感性。

根据以上规律，针对缺陷补焊过程中热裂纹的控制，可以采取相应的工艺措施，如控制焊接线能量、补焊之前对铸件先进行均匀化处理、尽可能采用单道焊、焊接收尾时应填满弧坑等，从而避免补焊时焊接裂纹的出现。

6.6.2.3　补焊接头组织和性能控制问题

焊接温度场的分布、加热和冷却速度在一定程度上的不可控，在焊缝金属产生晶内偏析而形成层状组织，当偏析严重时，会在枝晶间形成共晶组织，而在焊接接头的热影响区产生沿晶界的局部熔化和晶粒的长大，从而不可避免地出现焊缝及热影响区组织和性能的不均匀性。补焊工艺的关键，在于如何最大限度地减小焊接接头中这种组织和性能的不均匀性。

对比试验和实践经验都表明，材料本身存在成分偏析的铸态组织对焊缝的组织和性能影响极大，严重者会导致裂纹等缺陷的产生。因此，薄壁铸件铸后经均匀化热处理可减小 Inconel718 合金铸件微观偏析，改善母材的焊接性，降低焊接热裂纹敏感性。图 6-39(a)～图 6-39(d)分别为母材为铸态和铸后均匀化处理焊接接头组织及其部分熔化区的组织对比。由图可见，接头焊缝区均为柱状树枝晶，枝晶

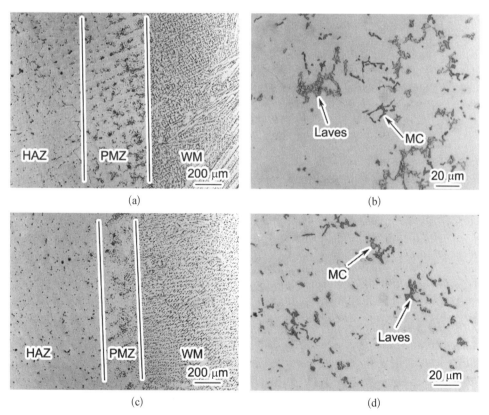

图 6-39　铸态和铸后均匀化处理 Inconel718 合金焊接接头(2.4 kJ/cm)微观组织

(a) 铸态母材接头组织　(b) 铸态母材接头部分熔化区组织　(c) 铸后均匀化处理母材接头组织
(d) 铸后均匀化处理母材接头部分熔化区组织
HAZ-焊接热影响区；PMZ-部分熔化区；WM-焊缝金属

臂较为细小,由熔合线向焊缝中心生长,方向性较强,母材的组织状态对焊缝区的组织特征影响较小;接头热影响区偏析区消失,枝晶间析出相减少,由树枝晶结构向等轴晶结构转变,但铸态母材热影响区残留枝晶间析出相较多,保留了更多的树枝晶结构特征;接头部分熔化区保持树枝晶结构,而母材为铸态的焊接接头部分熔化区中该特征更加明显,比较图 6-39(b)和图 6-39(d),可见母材为铸态的接头部分熔化区中析出相较多,尤其是链状 Laves 相较多,连续性较强,而母材铸后均匀化处理的接头部分熔化区中析出相较少,连续性较弱。

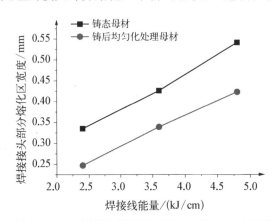

图 6-40 不同焊接线能量时(2.4 kJ/cm、3.6 kJ/cm、4.8 kJ/cm),铸态和铸后均匀化处理 Inconel718 合金 2.8 mm 薄板焊接接头部分熔化区宽度

图 6-40 所示为焊接接头部分熔化区宽度随焊接线能量的关系曲线。由此可见,随着焊接线能量的增大,接头部分熔化区宽度增大。其原因是焊接线能量的增大使焊接温度场等温面之间距离变大。当焊接线能量相同时,母材为铸态的焊接接头部分熔化区较宽,而母材经均匀化处理的焊接接头部分熔化区则较窄。两种组织状态的母材,其焊接接头在线能量和板厚相同时温度场一致,部分熔化区宽度取决于合金成分的微观分布、高熔点相和低熔点相之间的熔点温差,如树枝轴奥氏体的液相线温度和树枝间低熔点相的固相线温度。

由于母材为铸态组织和铸后均匀化处理组织都具有偏析区和 Laves 相,富 Nb 的树枝间 Laves 相熔点较低,枝晶轴奥氏体熔点较高。在焊接热过程中,部分熔化区中的枝晶间偏析区和富 Nb 第二相熔化,枝晶轴奥氏体保持固相,形成树枝间液膜,处于固液共存温度区间。母材为铸态组织的低熔点相 Nb 元素含量比铸后均匀化处理的高,其熔点更低,所以其低熔点相在更低的温度下液化。母材为铸态组织的固液共存温度区间较大,导致其焊接接头部分熔化区比铸后均匀化处理的焊接接头部分熔化区更宽。焊接热过程中,部分熔化区中的低熔点相液化形成较少的枝晶间液膜,液膜在焊接接头中的分布范围较小,且液膜不易相互连接时,焊接热裂纹敏感性较低。

结合母材为铸态组织和铸后均匀化处理组织焊接接头热裂纹特征的主要差异,可知焊接接头部分熔化区的组织改善,得益于母材铸后均匀化处理。因此,母材铸后均匀化处理是改善其焊接性的重要途径。

除了铸件母材本身的组织状态对焊接接头组织和性能产生影响外,焊接热过程本身的特点也是造成接头组织和性能不均匀性的重要因素。其主要表现在焊接温度场的作用下,焊接接头中出现成分的不均匀性和组织的不均匀性,从而导致接头性能的不均匀性。

焊缝中成分的不均匀性主要表现为焊缝中的微观偏析和宏观偏析。通过简单焊缝金相试验可验证焊缝中成分偏析的存在,平行于焊道截取金相试样,观察其宏观形貌如图 6-41 所示。可见,焊缝中熔池等温凝固线沿焊接方向呈现周期性成分偏析。这是因为,当焊缝熔池沿焊接方向以一定的速度凝固时,在焊接温度场的凝固等温线前沿,存在溶质元素偏聚并不断向前推移,当偏聚至一定程度,在熔池及其温度场的波动下发生成分过冷而凝固,然后再偏聚,再凝固,形成焊缝中周期性的宏观层状偏析,其中,毗邻熔合线的焊缝区中 A-1 处析出第二相的数量少于 A-2 处,焊缝中心的 B-1 处少于 B-2 处,整个焊缝组织具有层状交替出现的特征,即沿焊接方向形成层状偏析。

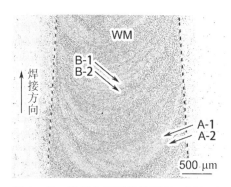

图 6-41   焊缝金属层状偏析(2.4 kJ/cm)

在焊缝结晶时,熔合线附近的柱状树枝晶首先生长,并向熔池中心推移。熔池中心的溶质浓度逐渐升高,最终焊缝两侧柱状晶在焊缝中心接触并凝固,产生宏观区域偏析,即 B 处的第二相总量大于 A 处;又由于焊缝中心冷却速率较高,造成树枝晶微观偏析较小,即 B 处第二相颗粒较小、连续性较小。尤其是在弧坑区,其中心和边缘区域的宏观与微观偏析差异更加严重。进一步的偏析量化检测可以通过SEM 结合 EDS 进行。

焊接接头组织的不均匀性一方面与母材的组织状态和焊缝组织的成分偏析有关,另一方面与焊接热循环过程所产生的局部温度场的梯度分布有关。图 6-42 所示为 1.8 mm 厚的 718 合金薄板 TIG 焊的典型焊接接头。由图可知,在焊接温度场作用下,焊接接头从高温区至低温区形成了不同的梯度组织。焊接接头的中心区域由填充金属与母材熔化混合而成,为焊缝区。由于 718 合金为沉淀强化型高

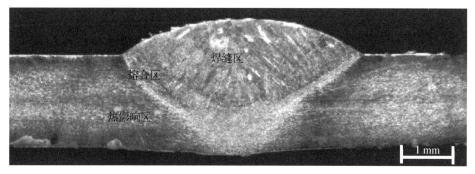

图 6-42   1.8 mm 厚 718 合金 TIG 焊典型焊接接头

温合金,焊缝金属经历了熔化凝固的过程,原来的 γ' 相或 γ'' 相、碳化物相、硼化物相等均熔入基体中,形成了单一的 γ 相(即 Ni 的固溶体)。焊缝金属冷却速度快,形成横向枝晶短主轴很长的树枝晶,在树枝状晶间和主轴之间存在较大的成分偏析,在焊缝中会产生共晶成分的组织。

在焊缝与母材交界的区域为熔合区,或称为半熔化区,该区域是熔池液态金属在半熔化的晶粒上开始结晶生长的地方。通常情况下,由于母材侧原始的晶粒取向与液态金属的晶粒生长方向存在差异,同时液态金属中的成分也与母材金属存在差异,从而导致该区域的成分、组织和性能出现突变,是焊接接头中薄弱区。临近熔合区的母材基体虽然没有被熔化,但受到了焊接温度场的热影响,因而称为热影响区。热影响区在周期性加热温度梯度很大的热循环区域会引起 γ'、γ'' 强化相的溶解,碳化物相的转变,使热影响区的组织变得十分复杂。

综上所述,在焊接温度场的作用下,高温合金的焊接接头表现为焊缝区、熔合区和热影响区各个区域在成分、组织和性能上的不均匀性。制定补焊工艺时必须综合考虑各种因素,使接头的性能满足铸件的使用要求。

6.6.3　补焊方法及补焊工艺

6.6.3.1　补焊方法

目前国内外对镍基高温合金铸件的缺陷补焊修复方法主要有熔化焊、激光熔覆、自蔓延焊、钎焊、过渡液相扩散焊等。这些修补焊接方法各有特点,具体应用可根据高温合金构件的材料性质、工作温度、结构特点等选择最合适的方法。在上面所有镍基高温合金修复焊接方法中,除熔化焊以外的其他几种修复焊接方法主要以填充缝隙为特点,因此,主要适用于镍基高温合金铸件裂纹的修复,特别适用于高温合金叶片裂纹的修复焊接。激光熔覆在一定程度上也可以对裂纹以外的缺陷进行修复焊接,但需要多层熔覆,效率较低。只有熔化焊可适用于裂纹以外的多种缺陷的补焊,这是因为,在镍基高温合金铸件中,产出铸造缺陷的类型很多,有疏松、气孔、夹杂、裂纹等,一旦发现这类缺陷,通常情况下,首先需要将这些缺陷采用机械打磨的方法挖除,即便是裂纹缺陷,也需要把裂纹中的有害杂质、氧化膜等通过打磨的方法去除干净,以防止产生二次缺陷。因此,缺陷被打磨过的部位,通常需要填入较多的填充材料,这些填充材料在成分、组织和性能上必须与母材相近或一致,并与母材形成牢固的冶金结合。采用熔化焊可将与母材成分、组织和性能相匹配的焊丝材料熔入焊接熔池中,使焊缝与母材成为一体。如果采用钎焊或扩散的方法,由于钎料或中间层合金的熔点、组织和性能与母材毕竟有差异,在填入缝隙中的量较少的时候,可以通过扩散使接头性能提高至与母材相近,但当填入量很大的时候,就不可能通过与母材的扩散提高接头的性能。鉴于这一点,在镍基高温合金大型薄壁铸件的缺陷修补焊接中,采用熔化焊是比较合理的选择。而在熔化焊中,采用钨极氩弧焊(即 TIG 焊)是目前焊接质量最稳定、操作最灵活、设备条件最容易实现、经济实用的主流焊接修补方法。因此,在本章节后面关于补焊工艺的介绍中,将主要针对钨极氩弧焊补焊工艺。

6.6.3.2 TIG 焊补焊工艺

针对大型复杂薄壁铸件的补焊,为保证其焊接质量,减小焊接变形和焊接热裂纹敏感性,应尽量减少母材偏析和焊接热输入,采用焊前均匀化热处理,小线能量分段焊,控制层间温度,打磨去除每一分段弧坑,可以得到较高的补焊质量。

由于薄壁件的厚度较小,TIG 焊补焊过程中易产生变形,控制焊接热输入是主要手段。焊接热输入通常以线能量来表示,即单位长度焊缝上的电弧热输入。其计算公式为

$$q = \frac{IU}{v} \qquad\qquad (6\text{-}33)$$

式中: I 为焊接电流(A), U 为电弧电压(V), v 为焊接速度(mm/s), q 为线能量(J/mm)。

由式(6-33)可知,线能量与焊接电流、电弧电压和焊接速度有关。在 TIG 焊中,焊接电源为恒流电源,若弧长不变则电弧电压 U 不变。在自动焊和较为稳定的手工 TIG 焊中,弧长基本保持不变。所以,焊接电流与焊接速度相互配合,可决定焊缝中单位长度上的线能量。焊接电流越大,焊接速度越慢,线能量越大;反之则越小。

当焊接线能量不变时,焊接接头的总体热输入随着焊缝长度的增加而增大。为减小焊接变形,应尽量减小焊接接头的总体热输入。同时,为减小焊接接头的热裂纹敏感性,焊接速度不能过大,因此有必要减小焊接电流。但小电流焊接时,焊接熔池较小,填充金属熔敷量受到限制,焊接效率下降。

由于环境温度一般低于焊接温度,焊接过程中接头处于放热状态,焊接接头总体热输入如下式所示:

$$Q_{\mathrm{w}} = \eta q s - Q_{\mathrm{C}} \qquad\qquad (6\text{-}34)$$

式中: Q_{w} 为焊接接头总体热输入(J), η 为焊接电弧热效率, s 为焊缝长度(mm), Q_{C} 为焊接接头冷却放热(J)。

一般在 TIG 焊中 η 为电弧等离子体在空气中对熔池的热效率,取值为 0.7。但在不同的气保护焊接电弧中,电弧形态有所变化。如 He 原子的第一电离能为 2 372.3 kJ/mol, Ar 原子为 1 520.6 kJ/mol,根据电弧的最小电压原理可知,电弧保护气体为 He 气时电弧收缩,电弧半径较小,电流密度增加。可以在相同线能量下有效增加熔深,并减小电弧加热面积,有利于熔敷量的增加和焊接变形的控制。

增加焊接过程中的接头放热,也是减小总体热输入的有效手段。其中一种方法是增大接头冷却速率,如在焊接过程中使用导热系数较高的铜衬垫和铜制冷却夹具,且可在其中通水或其他冷却液进一步增大接头冷却速率。但这一方法是在

电弧加热的同时冷却接头,容易导致接头温度在空间和时间上的变化梯度过大,增加了接头的应变速率,使裂纹敏感性增大,在使用中受到一定的限制。

第二种方法是采用分段焊,并控制每个分段之间的温度,即在一个分段焊接完成以后,冷却至一定温度再焊接下一分段。分段焊中的焊接接头总体热输入如式(6-35)所示:

$$Q_W = \sum_{i=1}^{n} (\eta q s_i - q_C^i) \qquad (6-35)$$

式中: n 为焊缝分段数, s_i 为每一分段焊缝长度(mm), q_C^i 为每一分段的冷却放热(J)。

相同长度焊缝的冷却时间增加,焊接总体热输入减小,且有利于冷却速度的细化控制,同时抑制焊接变形与热裂纹敏感性。但随着前后分段连接区的增加,弧坑对热裂纹敏感性的影响增大,需要采用电流缓降收弧和焊后打磨进行控制。

在此基础上可以进一步采用脉冲、波形控制电弧,在熔敷量相同时减少热输入;对直径大于 10 mm 圆孔面积的孔洞,可以预先制备相应大小、形状的同质填片,置于孔洞中再焊接其与铸件间的空隙,以此减少熔敷量,降低焊接变形量和热裂纹产生概率。

下面以 718 镍基高温合金薄壁铸件的缺陷补焊为例,阐述 TIG 焊补焊的工艺过程。

由于 718 镍基合金薄壁铸件补焊部位及其形状具有一定的随机性和任意性,难以采用自动焊接;同时,根据 718 镍基合金薄壁构件的特点,补焊时需要采用线能量小、过程比较稳定的焊接方法。因此最适合的焊接方法为手工钨极氩弧焊(即手工 TIG 焊)。该方法还可以实现单面焊双面成型,是镍基合金薄壁构件理想的缺陷补焊方法。

(1) 补焊设备。

宜采用性能较好且在小电流条件下焊接电弧稳定性良好的 TIG 焊机,如:日本 OTC 公司的 DA300P、德国 Rehm 公司的 INVERTIG PRO digital 350/AC/DC、丹麦 Fronius 公司的 MagicWave2200 等。这些焊机性能比较优异,且具有脉冲输出,操作性好,比较适合用于手工 TIG 补焊。

(2) 补焊材料。

a. 选用直径为 1.2 mm 的 Inconel718 焊丝。

b. 保护气体为纯 Ar(纯度≥99.99%)(2 瓶,一瓶用于 TIG 焊机,一瓶用于薄壁铸件腔内充气)。

(3) 补焊工具。

a. 头戴式自动变色保护面罩。

b. 防护服、防护鞋、防护手套。

c. 斜口钳,用于剪短焊丝。

d. 不锈钢钢丝刷,用于焊前表面局部机械清理。

e. 锒头(一头尖、一头扁),用于焊后焊缝表面锤击,以减少表面应力,降低裂纹倾向。

f. 气动或电动铣刀、修磨砂轮、电动不锈钢钢丝刷,用于焊前坡口打磨、清理。

g. 丙酮、不掉纱头清洁布,用于焊前坡口擦洗。

h. 电热吹风机,用于快速吹干焊接区水汽、杂质。

i. 强光手电筒,用于腔内焊缝背面观察。

j. 耐高温铝箔胶带,用于腔体工艺孔补焊时其他孔洞的封堵,以便腔内充入氩气保护焊缝背面。

k. 氩气流量计(两套),一套用于 TIG 焊机控制焊枪保护气体流量,一套用于薄壁铸件腔内充气。

(4)缺陷清理。

a. 焊前须将需要补焊部位的缺陷(如气孔、夹杂、裂纹、疏松等)采用电动或气动铣刀、修磨砂轮等机械加工方法打磨、去除干净,直至肉眼看不到缺陷为止。

b. 对于原来补焊过产生二次缺陷的部位,在去除二次缺陷的同时,应将原焊缝的热影响区也打磨掉。

c. 缺陷清理后应采用表面着色探伤法进行检查,确保缺陷清理彻底。

(5)坡口打磨。

a. 为保证单面焊双面成型,缺陷清理以后补焊部位的坡口角度需打磨至 45°左右,坡口走向应保持圆滑过渡,避免突变。

b. 对于直径大于 10 mm 的工艺孔,为减少补焊堆数量和焊接变形,建议采用中间添加同厚度填片的方式,此时,填片和补焊口的坡口角度均应打磨至 45°以上,两者之间的间隙应控制在 2 mm 左右,以保证单面焊双面成型时背面能焊透。

c. 补焊部位离坡口 20 mm 范围内的铸件表面应打磨干净,避免黏附型砂、杂质、锈斑等;在可能的情况下,补焊部位焊缝背面的 10 mm 以内型砂和杂质也应打磨干净。

(6)坡口清理。

a. 经机械打磨过的焊接坡口及其附近区域,应采用手动或电动不锈钢钢丝刷进一步清理,去除一切氧化物杂质和打磨掉落的砂粒;

b. 采用丙酮和不掉纱头擦布擦拭补焊部位坡口及其周边与焊丝(焊丝应保持干燥,焊丝表面应没有油、锈等杂质)。

c. 采用丙酮擦拭过的补焊部位可采用电热吹风机稍吹片刻,以确保焊接部位及其周围没有任何吸附水分的氧化物、油脂、水汽、手印等影响焊接质量的杂物。

d. 目前对于小型封闭腔补焊位置的背面清理尚缺乏有效手段,可能导致焊接过程中背面杂质进入熔池,影响焊接质量。

e. 经过上述方式清理后补焊部位应尽快施焊,以免清理过的表面吸附空气中的水分。

f. 施焊空间应保持干燥,并有适当的抽风排烟装置,以确保焊工健康安全,但应避免穿堂风直接影响焊接过程中的氩气对熔池的保护效果。

(7) 补焊过程。

a. 焊接过程中应选用优质的镍基合金焊丝,使其与铸件混合,以改善焊缝组织和性能。

b. 焊接时应采取背面氩气保护,主要目的为防止接头背面氧化,减少背面缺陷,对熔池金属熔液的流动性有影响。对于空腔型的多孔薄壁铸件,应采用耐高温铝箔胶带封住其他尚未补焊的工艺孔,然后往腔内充气实现背面保护。

c. 焊接采用直流正接 TIG,小线能量,电流宜在 40~80 A 之间,焊接过程中电弧不宜摆动。与大线能量相比,线能量小可以降低开裂倾向,但过小的热输入可能导致熔池黏度过大,影响焊缝成型。

d. 利用熔池金属熔液的黏性,在无衬垫的情况下完成单面焊双面成型,从所开坡口边缘开始,逐道往中心区域堆焊,或从坡口一侧向另一侧堆焊。

e. 采用分段焊接,可在焊接过程中充分释放应力,控制层间温度,降低热裂倾向,每道焊缝焊接时间不宜过长,以不超过 5 min 为宜,防止焊缝过热。

f. 每焊完一段焊缝,应立即用锤子轻轻锤击焊缝表面,通过震动和锤击,在焊缝表面施加压应力,以缓解和降低焊缝在凝固和冷却过程中的拉应力,降低焊缝开裂倾向。待温度降至 300℃后可停止锤击。

g. 焊接过程中应控制层间温度。每焊完一道焊缝,应稍停片刻,避免局部过热,减少变形,或移至其他部位焊接,待焊缝冷却后再回过头来继续焊接。

h. 起弧与收弧:起弧与收弧点相互错开,收弧点应避开母材。收弧处的开裂倾向较大,避开母材中的缺陷组织与铸件杂质可减小开裂敏感度。

i. 补焊过程中一旦发现有缺陷产生,应立即停止施焊,把缺陷打磨掉以后才能继续补焊。

6.7 热等静压技术对大型铸件缺陷的抑制作用

K4169 高温合金后机匣铸件结构复杂,熔模精密成型铸造难度大,铸件浇注凝固过程中凝固条件难以控制,铸造完成后往往存在铸造难以消除的冶金缺陷,如显微疏松、偏析及 Laves 相,这些缺陷的存在严重影响了铸件性能,特别是铸件的高温持久及疲劳性能,降低铸件的使用可靠性。热等静压(HIP)不但可以有效地消除铸件中的显微疏松、缩孔等空洞类缺陷,而且还可以改善合金的微观组织,消除组织偏析及脆性相,目前,热等静压处理在高温合金铸件技术开发上得到国内外广泛的应用。

6.7.1　热等静压处理对显微疏松的消除研究

K4169 高温合金热等静压处理工艺条件为 1 170℃/(140 MPa/4 h)，经热等静压处理后，铸件孔隙率显著下降，显微疏松得到明显改善。表 6‒4 为热等静压前后铸件取样孔隙率，表明热等静压可以有效地消除铸件内部空洞类缺陷，使铸件致密化，热等静压前后显微疏松形貌变化如图 6‒43 所示。

表 6‒4　K4169 合金在不同热处理状态下的孔隙率

材料状态	铸　态	热等静压态
显微疏松含量/%	1.4	0.12

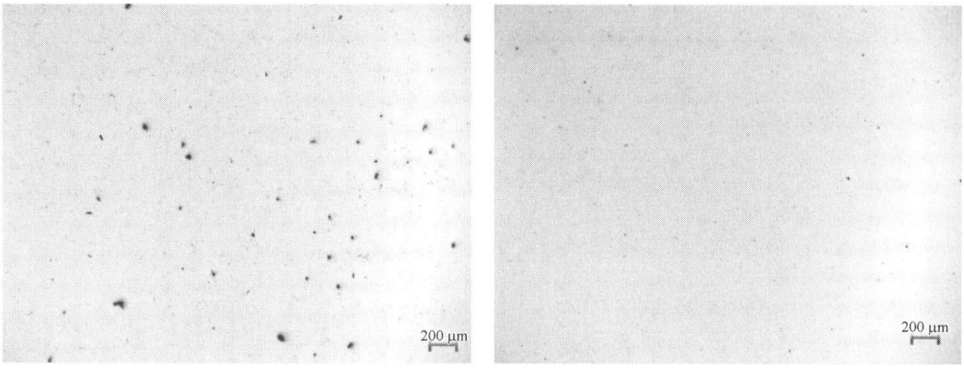

(a)　　　　　　　　　　　　　　(b)

图 6‒43　热等静压前后显微疏松变化
(a) 铸态　(b) 热等静压态

显微疏松数量采用显微疏松指数表示，其在数值上等于视场范围内细微孔洞总面积占观察范围总面积的百分比，根据国家标准，评定后机匣铸件热等静压处理前后显微疏松分布情况，如表 6‒5 所示。

表 6‒5　不同后处理状态铸件的微观显微疏松指数

组别及后处理状态		铸　态	热等静压态
显微疏松指数	分布区间	0.20~1.10	0~0.12
	平均值	0.63	0.03

结果显示热等静压处理前后显微疏松的尺寸和数量情况存在显著差异。铸态样品中含有大量显微疏松，显微疏松大小差别明显，外形不规则，均匀分散于抛光样品表面，无明显聚集趋势，表明浇注过程中金属液充型完整但在凝固后期补缩困难，如图 6‒43(a) 所示。经过热等静压处理的铸件样品，基体组织致密均匀，在光学显微镜下，几乎无可见的显微疏松，如图 6‒43(b) 所示；将两种状态样品的显微

疏松指数对比可知热等静压处理样品,显微疏松与铸态相比减少90%以上。为进一步研究热等静压处理对高温合金铸造缺陷的改善情况,利用图像处理软件,对铸态和热等静压态的显微疏松尺寸分布情况进行了统计,结果如图6-44所示。

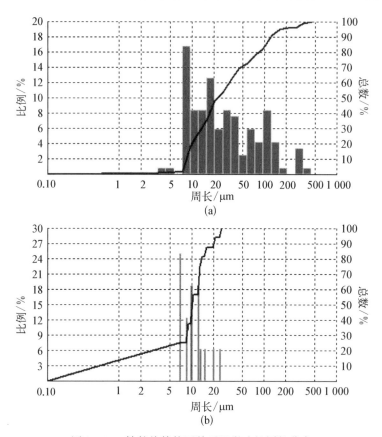

图6-44 铸件热等静压前后显微疏松周长分布

(a) 铸态,显微疏松尺寸含量分布/μm (b) 热等静压态,显微疏松尺寸含量分布/μm

采用显微疏松在视场中投影的外缘周长表示显微疏松尺寸,铸态样品中显微疏松周长范围较宽,3~200 μm均有分布,甚至含有近500 μm的显微疏松;其中周长10 μm以下显微疏松极少,10~50 μm范围内的显微疏松最多,占74%,并且随周长增加,数量呈减小趋势,50~150 μm的显微疏松数量则有所增加,占总数约20%,200 μm以上显微疏松仅4%左右,如图6-34(a)所示。

经过热等静压处理后铸件基体中显微疏松的数目和总量均有明显减少,使显微疏松的周长分布左移,并且分布范围明显变窄,主要集中在6 μm至20 μm的区域内,并且随着周长增大,显微疏松数量也逐渐减少;周长10 μm及以下的显微疏松占总数的50%以上,而超过20 μm的显微疏松仅占比6%左右,50 μm以上的大尺寸显微疏松则完全愈合,如图6-44(b)所示。

6.7.2 热等静压处理对偏析及 Laves 相的消除研究

大型复杂高温合金铸件的铸态组织存在较大的偏析区及较高含量的 Laves 相，如图 6-45 所示。组织不均匀性是铸态组织除显微疏松外另一个不可避免的缺陷，组织的不均匀性导致力学性能的下降。而采用航标规定的标准热处理制度不足以消除 Laves 相，通常在进行标准的 1 095℃均匀化之前，进行热等静压处理以消除 Laves 相和降低成分偏析。

K4169 合金的铸态组织呈典型树枝状结构，枝晶干区域呈白色，枝晶间区域呈黑色，如图 6-45(a)所示。而在较高的放大倍数下，则可见清晰的黑色"岛状"偏析区，尤其在"岛状"结构中间是富 Nb 的白块状 Laves 相，Laves 相和偏析区共同构成枝晶间区域，骨架状颗粒为 MC 碳化物相。

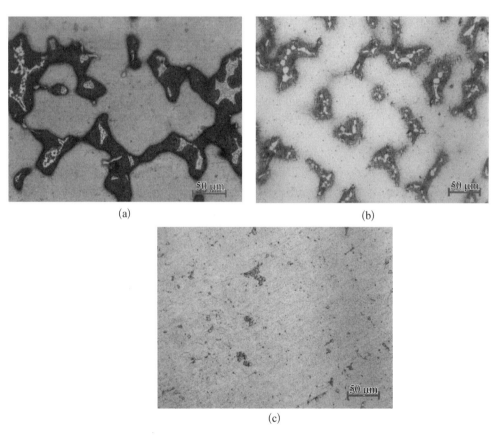

图 6-45　不同热处理状态的 K4169 合金组织
(a)铸态　(b)航标热处理　(c)热等静压＋航标热处理

与铸态组织相比，标准热处理并不能消除 Laves 相，仍然存在明显的偏析区，如图 6-45(b)所示，Laves 相体积分数降低很少，在 Laves 相周围富 Nb 的黑色偏析区产生大量的针状δ相,这主要是由于 Nb 和 Mo 在凝固期间被排斥到枝晶间区,因此,枝晶间区域的 Nb 含量较高,一般约 10wt%。在凝固末期发生 L→γ+Laves 共晶反应形成 Laves,Laves 相中富集了 33wt%Nb,约为原始合金成分的 6 倍;而偏析区中的 Nb 元素虽有降低但仍然处于高位,这些偏析区由于 Ni、Ti、Nb 等元素富集,有利于δ-Ni$_3$Nb 相的形核与长大,在标准热处理下,形成大量针状δ-Ni$_3$Nb 相。而由于 K4169 合金 Laves 相中 Nb 浓度高,加之 K4169 合金中 Nb 扩散激活能较大,显著增加了均匀化处理的难度。因此,标准均匀化处理难以消除 Nb 元素的偏析。而经过航标热处理与热等静压后 Laves 相完全消除,共晶特征趋于不明显,如图 6-45(c)所示。

大型复杂薄壁铸件由于不同结构部位偏析程度不同,组织偏析消除程度有所差别,对于薄壁部位[见图 6-46(a)],形成的 Laves 相和与其伴生的偏析区基本消除,无针状δ相(Ni$_3$Nb)形成。而随着厚度的增加,虽然 Laves 相完全溶解于基体,但周围偏析区仍然存在,经过热等静压后再进行热处理,偏析区重新析出针状δ相(Ni$_3$Nb),如图 6-46(b)所示。

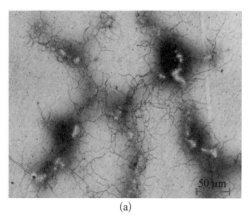 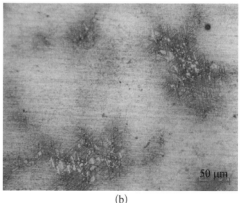

(a)　　　　　　　　　　　　　　　(b)

图 6-46　厚大部位热等静压后偏析消除情况

(a) 热等静压态　(b) 热等静压+航标热处理

6.8　铸造缺陷预测与控制未来发展趋势

随着计算机、智能识别系统和无损检测技术的进步,大型铸件检测将向自动化、立体化、智能化和精细化方向发展,将实现铸造缺陷类型、等级和空间分布自动识别与评判,微观缺陷的检测与表征将受到越来越多的重视。计算机辅助铸造将从目前宏观温度场、缩孔缩松预测,深入到显微疏松和有害相预测,实现铸造全过程数字化。尤其是大数据技术和机器学习等人工智能技术的发展,将为铸造缺陷的预测和控制带来变革。铸造缺陷的修复与抑制技术将进一步发展,有望突破大型铸件修复难题。

参考文献

[1] Lee P, Chirazi A, See D. Modeling microporosity in aluminum-silicon alloys: a review[J]. Journal of Light Metals, 2001, 1(1): 15 – 30.

[2] 郑洪亮, 田卫星, 孙建俊, 等. 球墨铸铁缩松形成机理研究的现状[J]. 铸造, 2005, 54(11): 1063 – 1072.

[3] 中华人民共和国国家标准. 高温合金铸件晶粒度、一次枝晶间距和显微疏松测定方法[S]. Vol. GB/T 14999. 7—2010, 1 – 14, 2010.

[4] Lee C D. Defect susceptibility of sensile strength to microporosity variation in as-cast magnesium alloys with different grain sizes[J]. Metals and Materials International, 2010, 16(4): 543 – 551.

[5] Prakash, D G L, Regener D, et al. Effect of position on the tensile properties in high-pressure die cast Mg alloy[J]. Journal of Alloys and Compounds, 2009, 470(1 – 2): 111 – 116.

[6] Do Lee C. Variability in the tensile properties of squeeze-cast Al-Si-Cu-Mg alloy[J]. Materials Science and Engineering A-Structural Materials Properties Microstructure and Processing, 2008, 488(1 – 2): 296 – 302.

[7] Do Lee C. Constitutive prediction on the variability of tensile properties due to microporosity variation[J]. Metals and Materials International, 2008, 14(1): 15 – 20.

[8] Stefanescu D M. Computer simulation of shrinkage related defects in metal castings — a review[J]. International Journal of Cast Metals Research, 2005, 18(3): 129 – 143.

[9] Carlson K D, Beckermann C. Prediction of shrinkage pore volume fraction using a dimensionless niyama criterion[J]. Metallurgical and Materials Transactions A, 2009, 40 (1): 163 – 175.

[10] Campbell J, Tiryakioǧlu M. Bifilm Defects in Ni-Based Alloy Castings[J]. Metallurgical and Materials Transactions B, 2012, 43B: 1 – 13.

[11] Li P, Lee P D, Maijer D M, et al. Quantification of the interaction within defect populations on fatigue behavior in an aluminum alloy[J]. Acta Materialia, 2009, 57(12): 3539 – 3548.

[12] 曹玉玲, 熊艳才. 工业 CT 在复杂铝合金精铸件检测中的应用[J]. 无损检测, 2002(08): 357 – 359.

[13] Nastac L, Stefanescu D M. Macrotransport-solidification kinetics modeling of equiaxed dendritic growth: part Ⅱ. Computation problems and validation on INCONEL 718 superalloy castings[J]. Metallurgical and Materials Transactions A, 1996, 27(12): 4075 – 4083.

7 大型铸件的尺寸精度控制

机匣是航空发动机的重要承力构件,形状复杂,不但冶金质量要求高,而且尺寸精度要求尤为严格,如关键线性尺寸的精度按照 ISO 标准其公差要求达到 CT4~CT6[1],因而制造极为困难。而通过熔模铸造生产的最终铸件形状接近于零件最后的形状,可不经机加工直接使用或经很少加工后使用[2,3],因此熔模铸造成为航空发动机高温合金复杂结构部件的主要方法。

近年来,随着推重比的不断提升,航空发动机关键热端铸件的结构也越来越朝着整体化、薄壁化、变截面复杂化的方向发展(最大轮廓尺寸达 1.8 m,最小壁厚小于 2 mm,最大铸件重达 1 000 kg[1]),而且向结构承载与气体导流的结构功能一体化方向发展,这对航空铸件提出高承载能力要求的同时,对铸件尺寸精度也提出了新的挑战。变形与尺寸超差导致大型复杂薄壁铸件成品合格率差、服役性能低、批量制造能力难以保证,是航空发动机关键零部件自主研制必须突破的瓶颈。因此,复杂薄壁铸件的尺寸精度与尺寸稳定性已成为航空发动机高温合金复杂结构件熔模铸造研究的热点与难点[2,4,5]。

本章通过研究复杂工艺参数对铸件整体精度的影响,构建大型铸件精密铸造系统中误差检测、评价、诊断及控制的技术体系,建立大型铸件误差流仿真的新理论,形成大型铸件误差的定量分析、工艺优化、精确检测和快速诊断等新技术和新方法,使大型铸件精度控制由定性分析向定量控制发展,为铸件精度控制提供新技术新方法。

7.1 影响熔模铸件尺寸精度控制的主要误差源

7.1.1 熔模制备主要误差源分析

7.1.1.1 影响蜡模压制变形的主要误差源

通过蜡料的变形机理及性能测试研究发现,压蜡阶段的工艺参数影响了蜡料的性能,从而影响到蜡料在充填过程中的变形。在压蜡过程中,引起蜡模尺寸误差的因素众多。首先,压蜡的模具与模具设计图纸的不同,带来了最初的尺寸误差,而这个误差取决于模具加工过程中的制造精度。一般模具制造好后可长期反复使用,反复压蜡,因此模具的尺寸误差可认为是系统误差。在注蜡过程中,模具的排气性会影响蜡料的充填,但模具的排气性由设计决定,由模具排气性带来的影响可通过修改模具完全消除。模具的导热性会影响蜡料的冷却速度,而模具的导热性由模具材料决定,当模具材料确定好后,导热性便已确定,因此模具的导热性并不会引入随机误差。

压蜡机注蜡过程中,我们可通过压蜡机自带程序设定压蜡参数,包括保压压力、保压时间、熔体温度、注蜡速度、模具温度、锁模力等[6-8]。通过压蜡过程中蜡料的变形机理分析可知,这些参数直接影响着蜡料的性能,从而影响到变形。并且这些参数会因为压蜡机系统的不稳定性,在设定值的周围做小范围的波动。其中,锁模力只要设定在一个合理水平,保证模具的上下模能紧密贴合,它的波动并不会引起蜡模的尺寸变化。而保压压力、保压时间、熔体温度、模具温度等物理量的波动都直接影响到蜡料在充填过程中的物理性能,从而对蜡料的凝固冷却收缩产生影响,最终引起蜡模模型出模后的尺寸波动。因此,这些工艺参数带来了随机误差,最终反映到蜡模的尺寸波动上。

7.1.1.2 影响蜡模存放变形的主要误差源

根据蜡料存放阶段变形的机理分析可知,出模后蜡模的存放温度和存放时间都直接影响着蜡模的尺寸。存放温度和存放时间的误差也直接导致了最终蜡模用于制备型壳产生的尺寸误差。且在实际存放过程中,虽然蜡模被存放在恒温恒湿的环境中,但存放温度会在设定温度水平附近,根据生产条件的不同而做不同范围的微小波动。另一方面,存放的蜡模将被用于制造型壳,而由于生产进度的原因也会导致存放时间存在一定的误差。因此,在蜡模存放阶段,存放时间和存放温度为存放过程中主要随机因素,是影响蜡模尺寸波动的主要误差源。

综上,熔模制备过程中蜡模尺寸误差的主要误差来源包括模具尺寸误差以及保压压力、保压时间、熔体温度、注蜡速度、存放温度、存放时间等工艺参数。其中模具的尺寸误差引入后,在以后的蜡模压制过程中并不会变化,为系统误差。而在蜡模的批量制备过程中,每个蜡模的实际工艺参数会有所差别,工艺参数误差导致最终蜡模的尺寸误差为随机误差。

7.1.2 型壳制备主要误差源分析

陶瓷型壳的制备过程是整个熔模铸造过程中最为耗时耗力的过程,经常耗时半月甚至数月。整个陶瓷型壳的制备过程如图7-1所示,当蜡模制备好后,蜡模被浸入到事先配制好的浆料中,然后将完全被浸湿的蜡模移至淋砂系统中进行均匀的淋砂。当淋砂完成后需要等到第一层型壳完全干燥好后才能进行第二层型壳的制备,从而重复上面的3个步骤反复进行。型壳涂层分为3类:面层、背层、封浆层。待所有型壳涂层干燥好后,将型壳放入脱蜡釜中,通过设定脱蜡温度、脱蜡时间、脱蜡压力、加热方向等工艺参数对包裹在型壳中的蜡模进行熔融处理,即脱蜡,使得熔融后的蜡从脱蜡口中流出,最后获得具有最终铸件形状空腔的陶瓷型壳。

而型壳在进行浇铸前,需要放入高温焙烧炉中,通过设定不同的升温速度、焙烧温度、保温时间对型壳进行焙烧,以增加型壳的强度。从而避免浇注过程中液态金属的压力使型壳破裂。

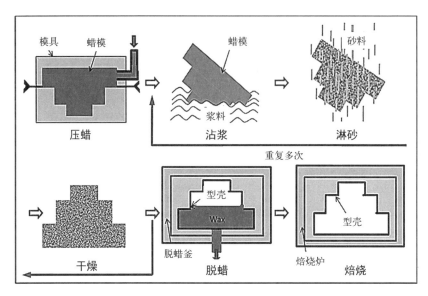

图 7-1 型壳制备的工艺流程

由于型壳制备过程十分复杂,很多因素都影响着型壳的变形,通过型壳的性能及变形机理的研究,结合部分型壳性能的测试试验可知,淋砂沾浆过程中浆料的物理性能基本由浆料成分来决定,而浆料的成分、砂料的成分以及粒度又决定了干燥后型壳的组成成分,从而影响型壳的组织结构及热物性能。但由材料成分决定的热物性能基本是稳定的,在整个型壳的制备过程中不可控的且容易产生波动的是沾浆淋砂阶段的浸入时间、浆料流淌时间,淋砂阶段的淋砂时间、淋砂角度等,干燥阶段的干燥时间、干燥温度、环境湿度等,脱蜡阶段的脱蜡时间、脱蜡压力、脱蜡温度,焙烧过程中的升温速度、焙烧温度、保温时间等工艺参数。这些工艺参数都具有随机性,将引入随机误差。而沾浆淋砂阶段的浸入时间、浆料流淌时间,淋砂阶段的淋砂时间、淋砂角度等工艺参数带来的随机误差反映在型壳厚度及厚度的不均匀性上。由型壳几何结构及浇冒口、脱蜡口位置引起厚度的均匀性具有系统性,而由工艺参数引起的厚度不均匀性却具有随机性。因此,型壳制备阶段的误差源可归结为:淋砂沾浆阶段工艺参数引起的型壳厚度的不同、脱蜡阶段的脱蜡时间、脱蜡压力、脱蜡温度,焙烧过程中的焙烧温度、保温时间、升温速度等工艺参数的波动。

7.1.3 铸件浇铸主要误差源分析

在浇注阶段,当型壳在焙烧炉中开始或即将保温时,合金放入真空炉坩埚内,启动设备开始熔化。待合金熔体温度达到浇注温度时,迅速开启焙烧炉门,利用叉车快速将模壳及浇口杯转移到锭模车上,进入外室,然后抽真空至规定要求,开启内室门,锭模车进入内室,通过浇道将熔融的金属注入到型壳中。浇注完毕后,通气,开门,锭模车退出,撒镁粉,用叉车将铸件转移到指定区域安置,空冷,使合金在型壳中冷却凝固。

浇注及合金的冷却凝固过程中,合金和型壳发生非均匀的热交换及复杂的机械作用。因此,型壳的热物性能对合金的收缩有着重要的影响。此外,浇注温度、浇注速度等工艺参数也是影响合金收缩的主要因素,它们的波动会引入随机误差。

7.2 大型铸件的尺寸精度控制方法

7.2.1 熔模铸造过程的误差精确检测

7.2.1.1 误差精确检测方法

1) 关键尺寸的测量

对于像内外法兰内外直径等关键尺寸,要求能够快速测量,且具有较高的精度。更具设计的测量规范和功能测点的布置,采用龙门式三坐标机,如图 7-2 所示,按照规范进行测量,其精度达到 4.5 μm,满足测量要求。

图 7-2 龙门式三坐标机

图 7-3 法如便携式测量臂

2) 全尺寸测量

对于复杂铸件往往具有曲面设计要求,靠三坐标机评价其形状误差具有其局限性:其一是测量效率不高,其二是测量结果不直观。为此我们以 FARO 激光扫描仪,如图 7-3 所示,作为全尺寸测量平台,其测量精度达到 80 μm,满足测量要求。

3) 型壳内腔尺寸的测量

为了对全过程的尺寸变化进行监控，必须对型壳的内腔尺寸进行测量。若采用三坐标测量或者激光扫描的测量方式都必须将型壳破坏进行测量。而破坏后，不但型壳的内腔尺寸会发生变化，该型壳也不能再进行铸件的浇铸，熔模铸造全过程尺寸误差的检测就无法完成。因此，型壳内腔尺寸的检测是个很大的难点。采用工业计算机体层摄影(computerized tomography，CT)测量方法(见图 7 - 4)可以解决这个问题，其测量原理为：首先，工业 CT 的探测器测量射线穿透试件，计算机根据射线的衰减情况实现以各点的衰减系数表征的 CT 图像；然后，通过 CT 图像重建运算，重构出被检测部位的横断面图像，获得该层上下无重叠、对比度很高的清晰图像[9]。

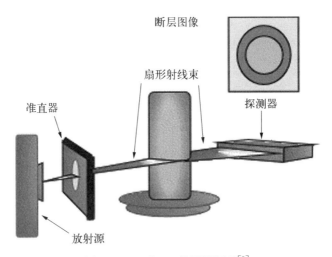

图 7 - 4　工业 CT 的测量原理[9]

利用工业 CT 得到的三维空间信息，可用来检测型壳、模具、铸件等内部尺寸，解决内部尺寸无法直接测量的研究难点。因此，本试验采用 X - TEK 工业 CT 设备对特征件型壳的内腔尺寸进行了实际测量，测量精度为 25 μm。测量过程与测量结果处理如图 7 - 5 和图 7 - 6 所示。

为了体现其直观性，我们利用激光扫描和工业 CT 测量技术对某特征件不同阶段进行了测量，其尺寸相对于数模的偏差情况如图 7 - 7 所示。

7.2.1.2　大型铸件铸造过程尺寸误差检测系统优化设计

在铸造各阶段的检测过程中，定位方式影响着各类误差源的可观测性、继承性和误差检测等。良好的定位方式是零件装配过程中质量达到要求的保证，不同的定位方式对同一零件的装配质量有着很大的影响。定位方式分为完全定位、不完全定位、欠定位和过定位。工件 6 个自由度完全被限制的定位称为完全定位，当工件在 x、y、z 3 个方向上都有尺寸精度要求时，一般采取这种定位方式；当工件的加工要求或者实际功能并不需要限制工件的 6 个自由度，这时采取的定位方式为不

图 7-5 型壳的测量

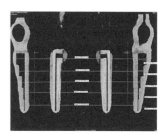

图 7-6 型壳测量结果处理

完全定位；根据工件的加工要求和实际功能，该限制住的自由度没有限制住，这样的定位方式为欠定位；夹具上两个或者两个以上的定位元件限制工件同一个自由度的定位方式称为过定位。当零件发生过定位时，可能导致工件无法安装，造成工件或者定位元件的变形，但是合理使用过定位可以使得工件定位基准之间以及定位元件的工作表面之间的位置精度得到提高。

对于一种特定的定位方式，其定位质量的好坏通常是通过工程上的经验来判断，现阶段缺乏一种量化表征的方法。如图 7-8 所示，对于同一个零件有 3 种可行的定位方式，从经验上看，第一种的定位方式是最好的，第三种的定位方式是最差的。但有一些比较复杂情况的定位方式，传统的经验不能直接说出该定位方式的好坏，所以对于定位方式的表征需要一个量化的表征方法，用计算数据来说明定位方式的好坏。

由于环形零件具有回转对称的特性，其定位方式一般采用轴向与周向定位（图 7-8 中第二种或者第三种定位方式），传统的定位偏差研究对于此类定位类型研究较少。本章解决的就是针对环形件的定位问题。

1）定位稳定性分析

（1）定位雅可比矩阵稳定指数。

假设一个零件由 n 个定位点进行定位，定位点与零件的接触可以看做是点摩擦接触，夹具与工件的接触力 F 与工件所受力矩 $\boldsymbol{F}_e$ 之间的关系为

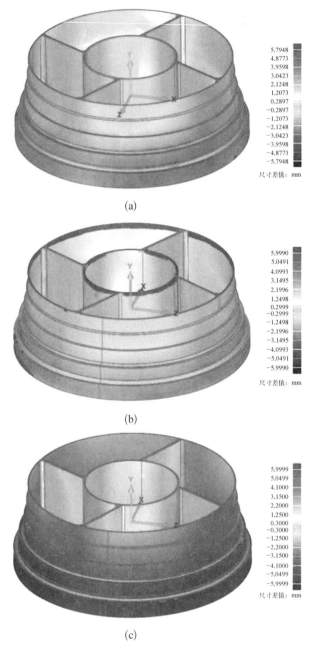

图 7-7 测量值与数模 3D 比较结果/μm

(a) 蜡模 (b) 型壳 (c) 铸件

$$JF = F_e \qquad (7-1)$$

其中 J 为定位雅可比矩阵,在确定性定位中,雅可比矩阵是有既定形式的。它是一个传递矩阵。在刚体运动学中,它是在定位过程中主要起到定位点偏差到零件定

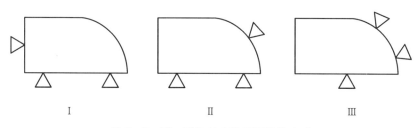

图 7 - 8 同一零件的 3 种不同定位方式

位偏差传递的作用。

在二维情况下，

$$\boldsymbol{J}_i = \begin{bmatrix} -n_{ix} & -n_{iy} & n_{iy}x_i - n_{ix}y_i \end{bmatrix} \tag{7-2}$$

在三维情况下，

$$\boldsymbol{J}_i = \begin{bmatrix} -n_{ix} & -n_{iy} & -n_{iz} & 2(n_{iz}y_i - n_{iy}z_i) & 2(n_{ix}z_i - n_{iz}x_i) & 2(n_{iy}x_i - n_{ix}y_i) \end{bmatrix} \tag{7-3}$$

式中：$\boldsymbol{n}_i = \begin{bmatrix} n_{ix} & n_{iy} & n_{iz} \end{bmatrix}^{\mathrm{T}}$ 为定位点 i 的法向量

方程(7-1)的一般解如下：

$$\boldsymbol{F} = (\boldsymbol{I} - \boldsymbol{J}^+ \boldsymbol{J})\boldsymbol{\lambda} \tag{7-4}$$

其中 $\boldsymbol{J}^+ = \boldsymbol{J}^{\mathrm{T}}(\boldsymbol{J}\boldsymbol{J}^{\mathrm{T}})^{-1}$ 为矩阵 $\boldsymbol{J}$ 的广义逆矩阵，$\boldsymbol{I}$ 为单位矩阵，$\boldsymbol{\lambda}$ 为一任意向量。

在式(7-4)中，$\boldsymbol{F} = \boldsymbol{J}^+ \boldsymbol{F}_e$ 表示用于抵抗外力及外力矩的夹具合作用力，$\boldsymbol{F} = (\boldsymbol{I} - \boldsymbol{J}^+ \boldsymbol{J})\boldsymbol{\lambda}$ 表示零空间 $\boldsymbol{J}$ 的内力集。内力通过在定位点处释放从而用来修正 $\boldsymbol{F}$，避免定位点在接触点移动并且不会在零件表面造成残余力和力矩。根据式(7-4)，可以建立一个高斯球，其表达式为 $\Vert \boldsymbol{F} \Vert^2 = 1$，该高斯球可以在工作空间内映射到一个超椭球体，该球体被称为力超椭球体。该球体的方程如下定义：

$$\boldsymbol{F}^{\mathrm{T}}(\boldsymbol{J}\boldsymbol{J}^{\mathrm{T}})^{-1}\boldsymbol{F} = 1 \tag{7-5}$$

该椭球体的主轴为 $e_1\sigma_1$，$e_2\sigma_2$，$\cdots$，$e_n\sigma_n$，其中 e_i 为 $\boldsymbol{J}\boldsymbol{J}^{\mathrm{T}}$ 的第 i 个特征向量，σ_i 为矩阵 $\boldsymbol{J}$ 的第 i 个奇异值，即超椭球体的第 i 个主轴的长度。在这里，定义所有的奇异值的乘积为雅可比矩阵稳定性参数 w，即

$$w = \sigma_1\sigma_2\cdots\sigma_n \tag{7-6}$$

从式中可以看出，该参数和被夹紧零件的接触点的位置有关系，因为 $\det(\boldsymbol{J}\boldsymbol{J}^{\mathrm{T}}) = (\sigma_1\sigma_2\cdots\sigma_n)^2$，所以定位雅可比稳定性指数可以表示为

$$w = \sqrt{\det(\boldsymbol{J}\boldsymbol{J}^{\mathrm{T}})} \tag{7-7}$$

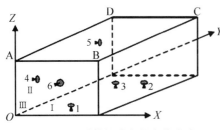

图 7-9 零件的确定性定位方案

（2）确定性定位下的稳定性及其影响因素。

假设零件采用 3-6-1 方式的确定性定位方案，如图 7-9 所示，主定位点 1、2、3 的坐标分别为 $(x_1, y_1, 0)$、$(x_2, y_2, 0)$、$(x_3, y_3, 0)$；次定位点 4、5 的坐标为 $(0, y_4, z_4)$、$(0, y_5, z_5)$；定位点 6 的坐标为 $(x_6, 0, z_6)$。

由式(7-3)可知：

$$J = \begin{bmatrix} 0 & 0 & -1 & 2y_1 & -2x_1 & 0 \\ 0 & 0 & -1 & 2y_2 & -2x_2 & 0 \\ 0 & 0 & -1 & 2y_3 & -2x_3 & 0 \\ -1 & 0 & 0 & 0 & 2z_4 & -2y_4 \\ -1 & 0 & 0 & 0 & 2z_5 & -2y_5 \\ 0 & -1 & 0 & -2z_6 & 0 & 2x_6 \end{bmatrix} \tag{7-8}$$

式(7-8)可以写为

$$\begin{bmatrix} 0 & 0 & 0 & 2y_1 & -2x_1 & -1 \\ 0 & 0 & 0 & 2y_2 & -2x_2 & -1 \\ 0 & 0 & 0 & 2y_3 & -2x_3 & -1 \\ -1 & 0 & -2y_4 & 0 & 2z_4 & 0 \\ -1 & 0 & -2y_5 & 0 & 2z_5 & 0 \\ 0 & -1 & 2x_6 & -2z_6 & 0 & 0 \end{bmatrix} = \begin{bmatrix} \mathbf{0} & \mathbf{A} \\ \mathbf{B} & \mathbf{C} \end{bmatrix} \tag{7-9}$$

其中 $\mathbf{A} = \begin{bmatrix} 2y_1 & -2x_1 & -1 \\ 2y_2 & -2x_2 & -1 \\ 2y_3 & -2x_3 & -1 \end{bmatrix}$，$\mathbf{B} = \begin{bmatrix} -1 & 0 & -2y_4 \\ -1 & 0 & -2y_5 \\ 0 & -1 & 2x_6 \end{bmatrix}$，$\mathbf{C} = \begin{bmatrix} 0 & 2z_4 & 0 \\ 0 & 2z_5 & 0 \\ -2z_6 & 0 & 0 \end{bmatrix}$

很显然 $\mathbf{J}$ 是可逆的，那么由式(7-6)可知该种定位方式下定位雅可比矩阵稳定指数为

$$w = \|\mathbf{A}\| \|\mathbf{B}\| = 8 \, | \, (x_2 y_3 + x_3 y_1 + x_1 y_2 - x_2 y_1 - x_1 y_3 - x_3 y_2)(y_5 - y_4) | \tag{7-10}$$

由几何知识可以得到：

$$\begin{cases} S = \dfrac{1}{2}(x_2 y_3 + x_3 y_1 + x_1 y_2 - x_2 y_1 - x_1 y_3 - x_3 y_2) \\ L = y_5 - y_4 \end{cases} \tag{7-11}$$

式中：S 表示定位点 1、2、3 组成的三角形的面积；L 为定位点 4、5 之间的 y 向距离。

故定位雅可比矩阵稳定性指数可简化为

$$w = 16SL \tag{7-12}$$

由式（7-12）可以看出，主定位点越分散，它们构成的定位三角形越大，w 越大，定位方式越稳定。次定位点在 y 方向的距离越大，w 越大，定位方式越稳定。

（3）不同结构的不同定位方式稳定性比较。

由于定位稳定性系数的既定表达式已经确定，比较在相同零件下不同定位方式的稳定性。主定位面定位点的选择一般都遵循定位点尽量分散使得定位点构成的三角形面积最大来选择，那么我们只需研究二维定位情况。

第一种情况：如图 7-10 所示，主定位点 1、2 的坐标分别为 (x_1, y_1)、(x_2, y_2)，次定位点 3 的坐标为 (x_3, y_3)，主定位面与次定位面曲率为 0 且都与坐标轴平行。

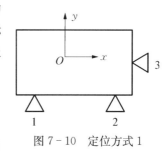

图 7-10 定位方式 1

由式（7-2）可知，该定位方式下雅可比矩阵为

$$\boldsymbol{J}_1 = \begin{bmatrix} 0 & -1 & x_1 \\ 0 & -1 & x_2 \\ 1 & 0 & -y_3 \end{bmatrix} \tag{7-13}$$

由式（7-7）可得出该定位方式的雅可比稳定指数为

$$w_1 = \sqrt{\det(\boldsymbol{J}_1 \boldsymbol{J}_1^{\mathrm{T}})} = x_1 - x_2 \tag{7-14}$$

式（7-14）表明，当定位点 1、2 的 x 向距离越大时，定位方式的稳定性越好。

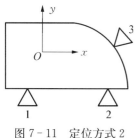

图 7-11 定位方式 2

第二种情况：如图 7-11 所示，主定位点 1、2 的坐标分别为 (x_1, y_1)、(x_2, y_2)，次定位点 3 的坐标为 (x_3, y_3)，次定位面曲率不为 0，曲线方程为 $y = ax^2 + bx + c$。

由式（7-2）可知，该定位方式下雅可比矩阵为

$$\boldsymbol{J}_2 = \begin{bmatrix} 0 & -1 & x_1 \\ 0 & -1 & x_2 \\ -(2ax_3+b)\left(\dfrac{\varphi}{|2a|}\right)^{1/3} & \left(\dfrac{\varphi}{|2a|}\right)^{1/3} & -\left(\dfrac{\varphi}{|2a|}\right)^{1/3}[x_3 + y_3(2ax_3+b)] \end{bmatrix}$$

$$\tag{7-15}$$

式中：φ 为曲线的曲率；数学表达式为 $\varphi = \dfrac{|2a|}{[1+(2ax_3+b)^{3/2}]}$。

由式(7-7)可得出该定位方式的雅可比稳定指数为

$$w_2 = \sqrt{\det(\boldsymbol{J}_2 \boldsymbol{J}_2^{\mathrm{T}})} = (x_1 - x_2)\sqrt{1 - \left(\frac{\varphi}{2a}\right)^{2/3}} \qquad (7-16)$$

由几何关系可知：定位点 3 的切线斜率为 $k = 2ax_3 + b$，所以式(7-16)可简化为

$$w_2 = (x_1 - x_2)\sqrt{\left(1 - \frac{1}{1+k^2}\right)} \qquad (7-17)$$

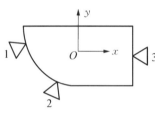

图 7-12 定位方式 3

由式(7-17)可以看出，对于在弧面上安放定位点这样一种定位方式，当定位点 1、2 的 x 向距离越大时，定位方式的稳定性越好，同时弧面上定位点 3 位置处切线的斜率越大，稳定性越好。

第三种情况：如图 7-12 所示，主定位点 1、2 的坐标分别为 (x_1, y_1)、(x_2, y_2)，次定位点 3 的坐标为 (x_3, y_3)，次定位面曲率不为 0，曲线方程为 $y = ax^2 + bx + c$。

由式(7-2)可知，该定位方式下雅可比矩阵为

$$\boldsymbol{J}_3 = \begin{bmatrix} A & B & Bx_2 - Ay_2 \\ C & D & Dx_2 - Cy_2 \\ 1 & 0 & y_3 \end{bmatrix} \qquad (7-18)$$

式(7-18)中：$A = 2ax_1 + b$，$B = 2ax_2 + b$ 为定位点 1、2 在定位面上切线的斜率；

$$C = \frac{2ax_1y_1 + y_1b - x_1}{\sqrt{A^2 + 1}}, \quad D = \frac{2ax_2y_2 + y_2b - x_2}{\sqrt{B^2 + 1}} \qquad (7-19)$$

由式(7-7)可得出该定位方式的雅可比稳定指数为

$$w_3 = \sqrt{\det(\boldsymbol{J}_3 \boldsymbol{J}_3^{\mathrm{T}})} = \sqrt{A(y_1 - y_3) - B(y_2 - y_3) + (x_1 - x_2)^2} \qquad (7-20)$$

由式(7-20)可以看出，在定位方式 3 下，定位方式的稳定性与定位点 1、2 的 x 向距离以及定位点 1、2、3 的 y 向距离有关，并且和弧形定位面上定位点所在位置的形状有关。

比较以上 3 种定位方式的稳定性，在相同零件结构下，定位方式不同，定位的稳定性是不一样的，显然，定位方式 3 的稳定性受到的影响因素是最多的，也是最不稳定的。所以，当零件主定位面是弧面时，定位方式的选取对零件定位稳定性影

响较大,在选取定位方式时,要尽量避免弧面的选择。

2) 环形零件定位方式优化选择

定位方式质量的好坏可以用定位的稳定性以及定位的误差传递能力来判断,下面针对特定的零件,对其定位方式加以优化选择。

图 7-13 所示零件为一法兰零件简图,AB 为内法兰的外表面,法兰方程为 $x^2 + y^2 = a^2$。CD 为外法兰的外表面,方程为 $x^2 + y^2 = b^2$。由于零件表面缺少定位特征,故零件采取轴向定位,即设计时将 AB 表面的制造精度强制提高,使之能成为定位面,从而限制外法兰在径向方向上的移动。同时,为了限制零件在周向上的移动,需要在外法兰下方开一个定位槽。为了使定位质量达到最佳,求定位槽的宽度以及 AB 表面定位点的位置。

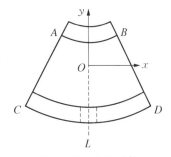

图 7-13 法兰零件

定位方式质量的好坏可以用定位的稳定性以及定位的误差传递能力来判断,对于法兰零件,也从这两个方面来考虑。由于 AB 表面是基准面,且面积较大,所以看成是主定位面,在 AB 面上布置两个定位点 $P1$、$P2$,整个零件关于 y 轴对称,那么从经验可知 $P1$、$P2$ 两点取对称时,定位较稳定。所以设 $P1$ 的坐标为 (x, y),则 $P2$ 的坐标为 $(-x, y)$。设定位槽上的定位点为 $P3(x_3, y_3)$,则可以根据前两节的理论来判断不同定位点布置下的定位方式的质量。

根据式(7-2)可知,在此定位方式下,定位雅可比矩阵可以表示为

$$J = -\frac{1}{a} \begin{bmatrix} -x & y & -2xy \\ x & y & 2xy \\ a & 0 & ay_3 \end{bmatrix} \tag{7-21}$$

(1) 定位稳定性。

根据式(7-7)可知,在该定位方式下,定位稳定性参数为

$$w = \sqrt{\det(J^{\mathrm{T}}J)} = a^2(y_3^2 + 3) + 8x^2y^2 \tag{7-22}$$

因为 w 越大,定位方式的稳定性越好,所以根据式(7-22)可以得知,当 y_3 越大,$8x^2y^2$ 取尽可能大时,定位方式越稳定。由于定位点在曲面 AB 上,满足方程式 $x^2 + y^2 = a^2$,所以当 $x = -\frac{\sqrt{2}}{2}a$,$y = \frac{\sqrt{2}}{2}a$ 时,$8x^2y^2$ 取最大值 $2a^4$。

所以当 P_1 的坐标为 $\left[-\frac{\sqrt{2}}{2}a, \frac{\sqrt{2}}{2}a \right]$,$P_2$ 的坐标为 $\left[\frac{\sqrt{2}}{2}a, \frac{\sqrt{2}}{2}a \right]$ 时,y_3 越大该定位方式的稳定性越好。

(2) 空间自由度限制程度。

在该定位方式下,定位雅可比矩阵病态指数为

$$k = \| \boldsymbol{J} \| \cdot \| \boldsymbol{J}^{-1} \| = 4 [xy(y_3 - 2y)]^2 \qquad (7-23)$$

定位雅可比矩阵病态指数越小,表明定位雅可比矩阵的病态程度越小,则该定位方式在误差传递的过程中越不容易失真,定位误差传递能力越好,精度越高。

在 x,y 确定的情况下,当 $y_3 = 2y$ 时,定位误差传递能力最好。即 $y_3 = \sqrt{2}a$ 时,这种定位方式是最好的。此时 $x_3 = \pm\sqrt{b^2 - 2a^2}$。所以当定位槽宽 $L = 2\sqrt{b^2 - 2a^2}$ 时,定位方式是最优的。选择的定位方式如图 7-14 所示。

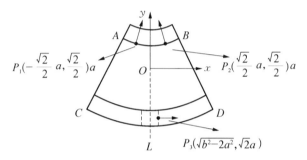

图 7-14　法兰零件优化定位方式

7.2.2　复杂系统铸造铸件测点与功能尺寸规范

在复杂铸件质量检测的过程中,功能尺寸(functional dimension,FD)是德国大众汽车公司于 20 世纪 90 年代提出并全面推行的概念。功能尺寸系统的出现为制造尺寸质量控制带来了极大的方便,也为尺寸检测体系的优化设计提供了新思路。铸件功能尺寸是从铸件一般检测点中提取出来的,是对一般检测点的一种优化。

针对铸件产品功能要求可以提出一系列必须要保证和控制的尺寸,保证了这些尺寸的质量,产品的质量就能符合要求。功能尺寸的形成是建立在测量点信息的基础上的,所以测点分布图与功能尺寸分布图都是成对出现的。功能尺寸的建立可以相应的减少测点的数量,即去除效果不佳的测点;可以减少定位误差所引起的测量误差,这个功能是通过测点之间的数学运算而完成的;可以优化铸件的公差设计,将相关测点按功能组织在一起,测量目的明确,检测体系清晰直观。

在复杂铸件这种小样本的测量中,不能得到大量的数据,所以要做测量误差的检测与诊断,测量数据之间必须有传承性,而功能尺寸的制定,使测量数据之间的传承性得到了保证。测点与功能尺寸制定的优点如下:

(1) 使测量规范化,同时可以根据功能尺寸列表制定相应的三坐标测量程序,简化测量操作,提高测量效率。

(2) 测点与功能尺寸的制定可以保证测量数据真实有效。

（3）可以使件与件之间的测量数据具有传承性,进一步使精确检测与故障诊断的实施成为可能。

（4）为故障失效模式库的建立提供了数据支持。

功能尺寸与测点之间是相互联系的,测点的选取是根据产品的功能来确定的,即功能尺寸可决定测点的布置;功能尺寸是通过测点表达的,即测点的布置可优化相应的功能尺寸。功能尺寸与测点的关系如图 7 - 15 所示。

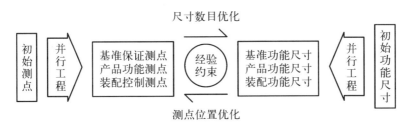

图 7 - 15　测点与功能尺寸相互关系

大型复杂铸件测点与功能尺寸的制定目标如下:

（1）制定规范性的测点与功能尺寸文件。

（2）统一测量方式,制定相对应的三坐标测量程序。

7.2.2.1　测量信息的选取

支板的取点方式:建立特定半径的特征曲面,在特征曲面与支板表面的交线上取点,如图 7 - 16 所示。

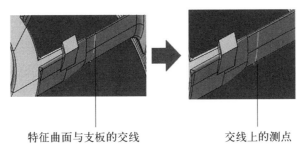

特征曲面与支板的交线　　　　　　　交线上的测点

图 7 - 16　大型铸件支板测点取点方式

法兰的取点方式:从圆心开始,以固定角度做切平面,在切平面与法兰的交线上取点,如图 7 - 17 所示。

7.2.2.2　测点与功能尺寸的命名

每个测点与功能尺寸有对应的名称,测点与功能尺寸的命名方式如下。

测点命名方式:对于零件上不同区域的点,用不同的数字进行表示,具体规则如下。

（1）外法兰: A。

（2）内法兰: B。

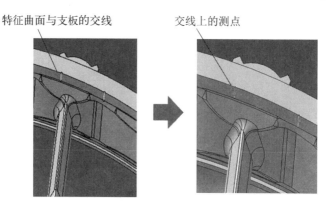

特征曲面与支板的交线　　　　　　交线上的测点

图 7-17　大型铸件法兰测点取点方式

（3）支板：C。

（4）吊耳及其他：D。

（5）外流道：E。

（6）内流道：F。

分组之后将零件分成 12 部分每一部分分别用大写字母 A、B、C、D、E、F、G、H、I、J、K、L 代替，由于零件上的特征不同，导致点的类型也不同，对于不同类型的点，用不同的字母表示，规则如下。

（1）孔中心点：H。

（2）面上点：S。

（3）螺纹孔中心点：W。

（4）边缘点：E。

每个区域点的数目从 001 开始到 999 结束，吊耳和相关特征孔的点不分区域，直接命名。点命名的顺序为：以右边第一个吊耳为 1 部分，点的选取顺序遵循按顺时针方向，从上到下排列。图 7-18 阐述了测点命名各元素所代表的含义。

| A | B | S | 001 |

外法兰上的点　2号零件　　　面上点　　第一个测点

上面命名表示2号零件外法兰上的第一个面上测点

图 7-18　测点命名

功能尺寸命名方式：功能尺寸用大写字母 F 表示，不同的功能组，用不同的字母表示，每个功能组功能尺寸的数目从 001 开始到 999 结束，具体规则如下：

（1）直径及相关尺寸：D。

（2）圆度：R。

（3）平面度：F。

（4）曲面轮廓度：P。

（5）位置度：L。

对于功能尺寸存在区域，用不同的数字进行表示，具体规则如下：

（1）外法兰：A。

（2）内法兰：B。

（3）支板：C。

（4）吊耳及其他：D。

（5）外流道：E。

（6）内流道：F。

图 7 - 19 表示了功能尺寸命名各部分的含义。

上面命名为表征内法兰直径的第10个功能尺寸

图 7 - 19　功能尺寸命名

7.2.2.3　大型薄壁铸件测点与功能尺寸的设计与优化

针对大型薄壁环形铸件大尺寸、薄壁、变截面的特点，结合产品的功能需求与设计图纸要求，对于研究对象的功能尺寸设定如图 7 - 20 所示。

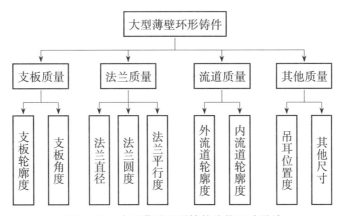

图 7 - 20　大型薄壁环形铸件功能尺寸设计

遵照图示功能尺寸设计，结合实际测量与验证可行性，共设置功能尺寸238组。

对于每组功能尺寸，都有相应的测点对其进行表征，结合产品的设计功能尺寸以及产品的设计与功能要求，初始测点共有 5 000 个。支板测点的设计如图 7 - 21 所示。

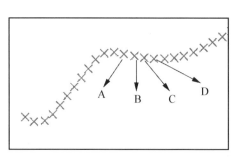

图 7 - 21 支板测点设计   图 7 - 22 外流道测点相关性分析

测点个数太多会引起测量效率降低以及测量机器的过度损耗,对于同一类型的测点,在满足产品测量质量要求下,应该尽可能地减少测点个数。这时需要对测点进行优化。优化方法有测点相关性分析,测点可靠性分析,功能尺寸精度分析等,这些方法在许多文献中都有详细的说明,这里就不做赘述。图 7 - 22 是大铸件支板外流道的测点相关性分析实例。测点 A、B、C、D 的相关性如表 7 - 1 所示。

表 7 - 1 外流道测点相关性分析结果

	A	B	C	D
A	1			
B	0.917 8	1		
C	0.914 2	0.979 8	1	
D	0.850 0	0.938 0	0.948 5	1

从表中数据可以看出,测点 B 与测点 C 的相关性是最高的,这表明这两个点的相似程度是 4 个点中最高的,所以在布置测点的过程中,B 点和 C 点应该删去一个。

通过一系列的优化,对初始测点进行了筛选与重置工作后,优化结果如表 7 - 2 所示,通过对固定测点的信息读取就可以了解到整个零件的质量信息。

表 7 - 2 测点个数优化结果

	优化前测点	优化后测点	优 化 率
法 兰	156	120	23.07%
支 板	3 600	2 172	39.67%
流 道	984	624	36.58%

7.2.3 铸造过程误差源快速诊断

7.2.3.1 铸造过程的误差模式快速诊断

在环形件生产装配过程中,零件通常按照 3-2-1 原理进行装夹定位,传统的 3-2-1 定位方案的方法选取通常遵循以下几个原则:

(1) 在零件最大的平面法向选取 3 个定位点,3 个点的分布尽量分散。

(2) 在零件的次大平面内选取两个定位点,两点的距离应该尽量长。

(3) 在零件的最小平面内选取一个定位点。

对于一个工件,当确定一套定位方案之后,所有的定位点在与夹具保持接触的情况下,不会发生移动和转动,这样的定位方式称为确定性定位。在确定性定位的基础上,通过分析定位点的约束方程,然后对约束方程求导即可得到该定位方式的雅可比矩阵。在得到雅可比矩阵之后,通过泰勒级数展开,进行一系列数学处理,明确定位点偏差与被测零件偏差之间的关系,即可以计算出该确定性定位方式下所引起的零件定位偏差的大小。这种建立在确定性定位下的偏差分析方法称为确定性定位偏差分析算法。由于它计算过程比较简单,精度也较高,且可以用于分析复杂零件的定位过程中的尺寸偏差,确定性定位偏差分析算法现已成为了偏差分析领域中的一种常用算法,广泛应用于汽车、飞机、高速列车等机械领域装配质量控制问题的研究当中。

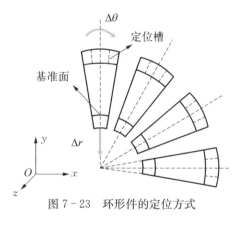

图 7-23 环形件的定位方式

对于环形零件,由于其本身一般具有回转对称的特性。定位时一般会选用轴向与周向定位,这样的定位方式能够很好地与设计图纸所给参数进行匹配与确认,同时也更加顺应结构的要求,在定位夹具的设计上比较简便。一般环形件的定位方式如图 7-23 所示。

在图 7-23 中,主定位面垂直于纸面方向向上,控制零件 z 向的移动与 x、y 方向的转动;基准面控制零件 x、y 方向的移动,实际上则等同于限制零件的轴向运动;定位槽则控制零件绕 z 轴的转动,实际上等同于限制零件的周向运动。由于环形件的特殊结构以及定位方式的选取,为了满足零件成型后的质量精度要求,定位过程应尤其关注零件轴向的移动以及周向的转动,零件轴向的移动会影响零件成型后内圆直径尺寸的精度以及各圆的圆度,而角向的转动则会对零件成型后同轴度造成影响。

一般来说,尺寸可以分为线性尺寸与角向尺寸两方面。由于环形零件具有回转对称结构的特殊性,角向尺寸对其装配质量精度有很大的影响,而确定性定位偏差分析算法是建立在笛卡尔坐标系下,描述的是线性尺寸的状态,不能够很直观明确地表征零件的角向尺寸的状态。即便线性尺寸与角向尺寸能够相互转化,转化的过程中计算结果也会由于坐标系的耦合而出现偏差,同时计算过程也会相对复杂。

本节主要解决传统的确定性定位偏差分析算法如何更明确地表征角向尺寸,更好的应用于环形零件。

1) 二维极坐标系下确定性定位偏差诊断分析模型的建立

在平面内由极点、极轴和极径组成的坐标系称为极坐标系。在平面上取定一点 O,称为极点。从 O 出发引一条射线 Ox,称为极轴。再取定一个长度单位,通常规定角度取逆时针方向为正。这样,平面上任一点 P 的位置就可以用线段 OP 的长度 ρ 以及从 Ox 到 OP 的角度 θ 来确定,有序数对 (ρ, θ) 就称为 P 点的极坐标,记为 $P(\rho, \theta)$;ρ 称为 P 点的极径,θ 称为 P 点的极角。当限制 $\rho \geqslant 0, 0 \leqslant \theta < 2\pi$ 时,平面上除极点 O 以外,其他每一点都有唯一的一个极坐标。极点的极径为零,极角任意。若除去上述限制,平面上每一点都有无数多组极坐标,一般地,如果 (ρ, θ) 是一个点的极坐标,那么 $(\rho, \theta + 2n\pi)$ 都为它的极坐标,这里 n 是任意整数。平面上有些曲线,采用极坐标时,方程比较简单。计算也会相对简便快捷。

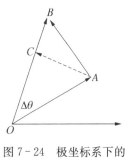

要建立极坐标系下确定性定位分析模型,必须先明确极坐标系下的矢量表示。如图 7-24 所示,要在极坐标系下表示矢量 $\boldsymbol{AB}$,根据基本的数学关系有

$$\boldsymbol{AB} = \boldsymbol{AC} + \boldsymbol{CB} \tag{7-24}$$

由三角形关系可知

$$\boldsymbol{AC} = \boldsymbol{OA} \cdot \Delta\theta \cdot \boldsymbol{\theta} \tag{7-25}$$

$$\boldsymbol{CB} = \boldsymbol{OA} - \boldsymbol{OB} = \Delta\rho \cdot \boldsymbol{\rho} \tag{7-26}$$

图 7-24 极坐标系下的矢量表示

则矢量 $\boldsymbol{AB}$ 可表示为

$$\boldsymbol{AB} = \boldsymbol{OA} \cdot \Delta\theta \cdot \boldsymbol{\theta} + \Delta\rho \cdot \boldsymbol{\rho} \tag{7-27}$$

结合上述 4 式可知:

$$\begin{cases} N_{i\rho} = \Delta\rho \cdot \boldsymbol{\rho} \\ N_{i\theta} = \boldsymbol{OA} \cdot \Delta\theta \cdot \boldsymbol{\theta} \end{cases} \tag{7-28}$$

由式(7-28)可知,极坐标下矢量 $\boldsymbol{AB}$ 的表示与其端点 A、B 的坐标有关。通过该坐标形式的变换,可以得出确定性定位偏差分析算法中的定位法矢量在极坐标系中的表示,这也是极坐标系下确定性定位偏差分析模型建立的基础。

2) 二维极坐标系下确定性定位偏差分析算法模型的建立与求解

(1) 模型建立。

环形零件的图纸尺寸大都是由长度与角度来表征,因而大多数关键控制尺寸的偏差方向都是半径方向,在笛卡尔坐标系下建立的确定性定位分析模型的自变量与控制变量不能一一对应,求解时需要很多误差分解与合成的工作,这个过程涉及大量坐标变换,由于传统四舍五入的数据处理方法的局限性,将会在计算过程中带来舍入误差。对于这一类问题,传统的确定性算法无论在计算精度还是计算复杂度的表现都不尽人意,而极坐标系的使用会使偏差计算表征更加直观,可以很好地解决以上问题。

具体的极坐标引入过程如下:

如图 7-25 所示,坐标系 Oxy 是全局坐标系,坐标系 $O'x'y'$ 是局部坐标系。

对于定位点 i: $r'_i = (x'_i,\ y'_i)$ $r' = (x',\ y')$,其中 $(x'_i,\ y'_i)$ 是点 i 在坐标系 $O'x'y'$ 中的坐标,$\boldsymbol{n}_i^{\mathrm{T}}$ 为曲线在定位点 i 处的法向量,则在定位点 i 处的切线方程为

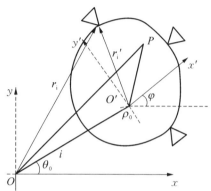

$$\boldsymbol{n}_i^{\mathrm{T}}(r' - r'_i) = 0 \qquad (7-29)$$

图 7-25　极坐标系转换与零件
确定性定位模型

设原极坐标系为 Ox,新极坐标系为 $O'x'$,极点 O' 在 Ox 系下坐标为 $(\rho_0,\ \theta_0)$,任意一点 P 在 $O'x'$ 系下的坐标为 $(\rho',\ \theta')$,在 Ox 下坐标为 $(\rho,\ \theta)$,两个极轴的夹角为 φ,设 P 点在 Oxy 系下坐标为 $(x,\ y) = (\rho\cos\theta,\ \rho\sin\theta)$,在 $O'x'$ 系下的坐标为 $(x',\ y') = (\rho'\cos\theta',\ \rho'\sin\theta')$,点 O' 的坐标 $(x_0,\ y_0) = (\rho_0\cos\theta_0,\ \rho_0\sin\theta_0)$。

由几何关系易知:

$$\begin{cases} x = x'\cos\varphi - y'\sin\varphi + x_0 \\ y = x'\sin\varphi - y'\cos\varphi + y_0 \end{cases} \qquad (7-30)$$

得到极坐标的变换公式:

$$\begin{cases} \rho'\cos\theta' = \rho\cos(\theta+\varphi) - \rho_0\cos(\theta_0+\varphi) \\ \rho'\sin\theta' = \rho\sin(\theta-\varphi) - \rho_0\sin(\theta_0-\varphi) \end{cases} \qquad (7-31)$$

将式(7-29)极坐标处理得:

$$\boldsymbol{n}_i'^{\mathrm{T}}\begin{bmatrix} \rho'\cos\theta' - \rho'_i\cos\theta'_i \\ \rho'\sin\theta' - \rho'_i\sin\theta'_i \end{bmatrix} = 0 \qquad (7-32)$$

将式(7-31)代入式(7-32)可得工件定位点在极坐标系下动坐标系到固定坐标系下的空间运动方程:

$$\boldsymbol{\phi}(i) = \boldsymbol{n}_i'^{\mathrm{T}} \begin{bmatrix} \rho\cos(\theta+\varphi) - \rho_0\cos(\theta_0+\varphi) - \rho_i'\cos\theta_i' \\ \rho\sin(\theta-\varphi) - \rho_0\sin(\theta_0-\varphi) - \rho_i'\sin\theta_i' \end{bmatrix} = 0 \qquad (7-33)$$

对于 3D 情况,只需要 3 点定位,即可满足定位要求,那么总的定位约束方程为

$$\boldsymbol{\phi}(q) = (\phi_1, \ \phi_2, \ \phi_3) \qquad (7-34)$$

令 $\boldsymbol{R}_i = (\rho_i, \ \theta_i)$,$\boldsymbol{R} = (R_1, \ R_2, \ R_3)$,则式(7-33)可写为

$$\boldsymbol{\phi}[q \quad R] = 0 \qquad (7-35)$$

式(7-35)即为极坐标系下确定性定位模型,描述定位点偏差与装配偏差之间的关系,给定定位偏差 $\Delta\boldsymbol{R}$,就可以知道装配偏差 $\Delta\boldsymbol{q}$。其中 $\Delta\boldsymbol{\rho}$ 为极径方向的偏差,即半径偏差。

式(7-35)的全微分形式为

$$\frac{\partial\boldsymbol{\phi}}{\partial\boldsymbol{q}}\Delta q + \frac{\partial\boldsymbol{\phi}}{\partial\boldsymbol{R}}\Delta\boldsymbol{R} = 0 \qquad (7-36)$$

令 $\dfrac{\partial\boldsymbol{\phi}}{\partial\boldsymbol{q}} = \boldsymbol{J}$

$$\Delta q = -\boldsymbol{J}^{-1}\frac{\partial\boldsymbol{\phi}}{\partial\boldsymbol{R}}\Delta\boldsymbol{R} \qquad (7-37)$$

$\boldsymbol{J}$ 为雅可比矩阵,$\boldsymbol{J}_i = \begin{bmatrix} \dfrac{\partial\phi_i}{\partial\rho} & \dfrac{\partial\phi_i}{\partial\theta} & \dfrac{\partial\phi_i}{\partial\varphi} \end{bmatrix} \boldsymbol{J} = [J_1 \quad J_2 \quad J_3]$,且 $\boldsymbol{\phi}_R = \left(\dfrac{\partial\phi_i}{\partial\rho_i}, \dfrac{\partial\phi_i}{\partial\theta_i} \right)$,通过 ϕ_i 对每个参数的求导可求得:

$$\frac{\partial\phi_i}{\partial\rho_0} = -N_{i\rho}\cos(\theta_0-\varphi) - N_{i\theta}\sin(\theta_0-\varphi) \qquad (7-38)$$

$$\frac{\partial\phi_i}{\partial\theta_0} = N_{i\rho}\rho_0\sin(\theta_0-\varphi) - N_{i\theta}\rho_0\cos(\theta_0-\varphi) \qquad (7-39)$$

$$\frac{\partial\phi_i}{\partial\varphi} = N_{i\rho}[\rho\sin(\theta-\varphi) - \rho_0\sin(\theta_0-\varphi)] + N_{i\theta}[\rho_0\cos(\theta_0-\varphi) - \rho\cos(\theta-\varphi)]$$
$$(7-40)$$

$$\frac{\partial\phi_i}{\partial\rho} = N_{i\rho}\cos(\theta-\varphi) + N_{i\theta}\sin(\theta-\varphi) \qquad (7-41)$$

$$\frac{\partial\phi_i}{\partial\theta} = -N_{i\rho}\rho\sin(\theta-\varphi) + N_{i\theta}\rho\cos(\theta-\varphi) \qquad (7-42)$$

将上述各式代入式(7-37),即可得出确定性定位后的零件的定位装配偏差,假设零件的制造偏差为 $\Delta q'$,则零件的装配偏差为 $S = \Delta q + \Delta q' = -J^{-1}\dfrac{\partial \phi}{\partial R}\Delta R + \Delta q'$。此模型完全以极径与极角作为参数来表达。

(2) 误差分析。

当关键控制尺寸为半径方向偏差时,传统的确定性分析方法与本节改进的确定性分析方法在处理环形零件装配时的流程如图 7-26 和图 7-27 所示。

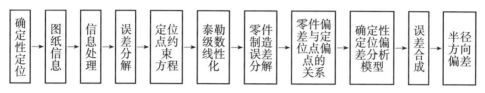

图 7-26　传统确定性定位算法处理环形铸件蜡模组装过程

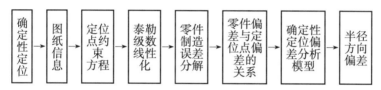

图 7-27　极坐标下确定性定位算法处理铸件蜡模组装过程

从图 7-26 和图 7-27 中可知,由于环形铸件设计图纸上的关键控制尺寸大都是通过长度与角度来表征的,本节将极坐标引入确定性定位偏差分析算法减少了图纸信息处理与误差分解、合成等步骤,使得算法计算过程更加简单,效率提高。由文献可知,在计算过程中四舍五入产生的舍入误差与计算步骤有呈几何级数增长的关系,由于简化了计算,改进后的确定性定位偏差分析算法有效地减少了计算中因为四舍五入导致的舍入误差。

假设计算中最大绝对误差是 Δ(相对误差是 δ),在数据处理过程中引入的误差是 Δ_k(相对误差是 δ_k),则 $\Delta_k(\delta_k)$ 必须是 $\Delta(\delta)$ 的微量误差才能保证数据处理造成的误差不显著地影响测量误差。

如上所述,数据处理过程中的误差是由四舍五入所引起的,因此其最大绝对误差是计算结果最末位有效数字的一半,若计算结果 A 共有 m 位有效数字,且其首位数的数幂是 0,则末位数的数幂是 $(-m+1)$,则数据处理过程引入的最大相对误差 δ_k 是:

$$\delta_k = 0.5 \times 10^{(-m+1)}/A \tag{7-43}$$

A 的首位数通常在 1 到 9 之间选取,因此由于四舍五入引起的 δ_k 波动范围是:$[0.5 \times 10^{-m},\ 0.5 \times 10^{(-m+1)}]$。

由文献可知,在计算过程中四舍五入产生的舍入误差与计算步骤有呈几何级数增长的关系,所以在有 N 次计算步骤的相对误差为

$$\delta_{kn} = 1 - (1 - \delta_k)^n \qquad (7-44)$$

由于大型薄壁环形铸件精度要求不高于 CT6,根据铸件精度等级表可知 $m = 2$,所以四舍五入引起的相对误差的范围在 $0.5\% \sim 5\%$ 之间。本节模型相对于传统法的确定性定位分析模型的精度可以提高 $5\% \sim 10\%$ 左右,对于精密铸件,这种精度的提高是很重要的。

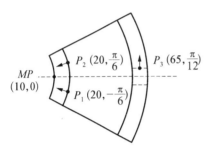

图 7-28　简易零件定位模型

（3）实例验证。

如图 7-28 所示,定位点 P_1、P_2 控制零件径向的移动,定位点 P_3 控制零件的转动,P_1、P_2 点的定位偏差为 0.2 mm,沿半径方向,定位点的坐标在图中给出。在不同的转向误差下,计算测点 MP 的径向偏差与转向偏差。

零件在笛卡尔坐标和极坐标下定位雅可比矩阵 $\boldsymbol{J}$ 分别为

$$\boldsymbol{J}_{\text{笛}} = \begin{bmatrix} 0.866 & 0.5 & 0 \\ 0.866 & -0.5 & 17.32 \\ 0 & -1 & 62.785 \end{bmatrix} \qquad (7-45)$$

$$\boldsymbol{J}_{\text{级}} = \begin{bmatrix} -1.154\,7 & 0 & -11.494\,3 \\ -1.154\,7 & 0 & 11.494\,3 \\ 0.004\,6 & 0.165\,4 & 0.792\,9 \end{bmatrix} \qquad (7-46)$$

当角向偏差为 0.2 rad 时,极坐标系下求出来的确定性定位偏差矩阵为

$$\Delta\boldsymbol{q} = \begin{bmatrix} -0.086\,6 & -0.086\,6 & 0 \\ 0.044\,1 & -0.039\,3 & 0.116\,3 \\ -0.008\,7 & 0.008\,7 & 0 \end{bmatrix} \qquad (7-47)$$

矩阵的列表示定位点 P_1、P_2、P_3 分别对零件定位偏差的影响,矩阵的行表示定位点分别对 ρ、θ、φ 各个参数的影响。从确定性定位偏差矩阵可以看出,定位点 P_1 与定位点 P_2 的偏差对零件径向方向定位偏差影响是相同的,且较本身定位点的偏差较小,这证明在定位误差传递的过程中,误差发生了相互抵消,这一现象证明主定位面选取的正确性。当零件的径向精度要求较高时,应侧重注意主定位点 P_1、P_2 的精度要求。

定位点 P_3 的偏差对零件径向方向无影响,而对零件的周向方向影响较大,这和定位点本身的控制功能有关,当零件的周向方向精度要求较高,应侧重注意次定

位点 P_3 的精度要求。

由表 7-3 中的结果可知,传统模型与本节模型的计算结果基本上是一致的,这验证了本节模型的正确性,同时从误差率也可以看出,用极坐标系下的确定性定位偏差分析模型分析环形零件时,计算精度有所提高,并且在计算过程中,效率也相应地得到了提高。

表 7-3 不同公差下的传统模型与本节模型计算结果

结果	偏差	0.02	0.04	0.06	0.08	0.1
传统模型	$\Delta\rho$	-0.173	-0.173	-0.173	-0.173	-0.173
	$\Delta\theta$	0.115 5	0.236 8	0.351 3	0.468 7	0.585 3
本节模型	$\Delta\rho$	-0.173	-0.173	-0.173	-0.173	-0.173
	$\Delta\theta$	0.116 7	0.237 4	0.353 6	0.469 9	0.586 2

图 7-29 是一个法兰典型件的装配,以蜡块 1 作为研究对象,内法兰的半径是 1 dm,外法兰的半径是 8 dm,极轴是 Ox 轴,整个法兰是由 4 块蜡块装配而成。P_1、P_2、P_3 是定位点,坐标分别为$(2,\pi/6),(2,-\pi/6),(2,\pi/12)$;$P_1$、$P_2$ 控制的方向为该点指向圆心的方向,在该控制方向上产生误差,P_3 控制方向为垂直于极轴的方向,在该控制方向上产生误差。MP 是测点,坐标为$(4,\pi/6)$。测点在法兰半径方向上的装配偏差通过确定性定位偏差分析方法求解。在表 7-4 中给出了蜡块 1 在不同公差下的三坐标测量点。

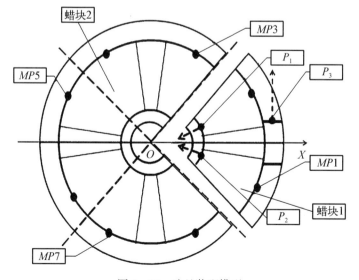

图 7-29 法兰装配模型

表 7-4　蜡块三坐标测量点

	X(公差0.2)	Y(公差0.2)	Z(公差0.2)	X(公差0.5)	Y(公差0.5)	Z(公差0.5)
1	−666.929	392.220	−430.732	−668.098	396.291	−431.062
2	−648.038	260.208	−430.781	−648.067	263.678	−431.109
3	−657.811	159.329	−430.853	−658.141	157.799	−431.185

根据本节模型计算：
$$\boldsymbol{J} = \begin{bmatrix} -1.47 & 2.9064 & 1.0936 \\ -1.47 & -2.9069 & -1.0931 \\ -0.5594 & 10.6515 & -7.55 \end{bmatrix}。$$

图 7-30 给出了本节模型与传统确定性定位分析模型在不同公差下定位偏差的计算结果对比，数据说明，本节模型的计算结果比传统确定性定位算法的计算结果要更加精确，与三坐标测量值也相近。由计算结果可以看出，定位误差越大，装配偏差也是越大的。

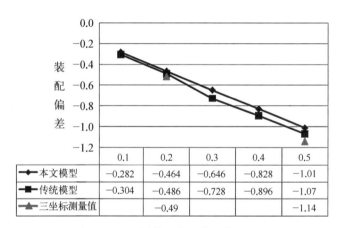

图 7-30　不同模型装配偏差结果对比

7.2.3.2　大型铸件误差源快速诊断实例分析

1) 大型铸件蜡模定位方式的优化选取

大型薄壁环形铸件蜡模的仰视图与俯视图如图 7-31 所示。

从图 7-31 中可以看出，大型薄壁环形铸件蜡模由于尺寸大且壁薄，很难找到合适的定位特征用于限制蜡块的自由度，在这样的情况下，可以采取两种方案来进行定位。一种是根据 6-6-1 定位原理，在内法兰外平面上布置两个定位点用于限制蜡块径向方向的自由度，以满足内法兰外平面设计精度较高的要求。在周向方向自由度的限制方面，可以通过定位槽进行定位。另一种即是用外法兰截面作为主定位面，用件与件之间的装配关系来进行限制周向自由度，然后在内法兰外平面上设置一个定位点用于限制蜡块径向的自由度。这两种定位方式在工程上都是可

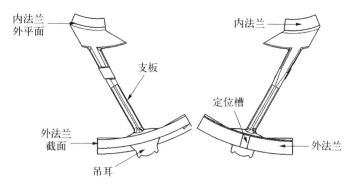

图 7-31　大型薄壁环形铸件仰视图与俯视图

行的。下面将通过定位的量化表征,对两种定位方式的稳定性、误差传递能力进行对比分析,并选择较好的定位方式。两种定位方式如图 7-32 所示。两种定位方式定位点的信息如表 7-5 所示。

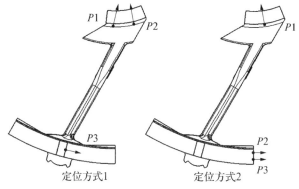

图 7-32　两种定位方式

要比较定位方式的质量好坏,需要计算得出其稳定性参数以及定位雅可比矩阵病态指数,根据表 7-4 给出的定位点的信息,结合式(7-22)与式(7-23)则可计算出结果。具体的计算结果列于表 7-5 中。

表 7-5　两种定位方式定位信息

	定位点	x	y	n
定位方式 1	P_1	−137.177	137.177	(0.707 1, 0.707 1)
	P_2	137.177	137.177	(−0.707 1, 0.707 1)
	P_3	−120.63	500	(0.965 9, −0.258 8)
定位方式 2	P_1	0	194	(−0.258 8, 0.965 9)
	P_2	−20	480	(1, 0)
	P_3	−20	520	(1, 0)

从表 7-6 中可以看出,定位方式 1 的稳定性参数大于定位方式 2,证明定位方式 1 的稳定性优于定位方式 2,与此同时,定位方式 1 的定位雅可比矩阵病态指数小于定位方式 2,这表明定位方式 1 在误差传递过程中所产生的误差会相对较小,但是从数据可以看出,两种定位方式的定位雅可比矩阵病态指数实际上是差不多的,这也是工程上两种定位方式都得以通用的原因。综合两个指数的对比可知,定位方式 1 优于定位方式 2。

表 7-6　两种定位方式的稳定性参数与定位雅可比矩阵病态指数对比

	w	k
定位方式 1	23.147	50.332
定位方式 2	14.927	50.515

为了验证该结论的正确性,本节用商业偏差分析软件 VSA 对两种定位方式的蜡块法兰上半径进行偏差分析,两种情况下除定位方式不一致之外,其余信息如测点偏差、夹具偏差等都是一致的,具体的建模过程与信息如图 7-33 所示,两种情况的偏差分析结果如表 7-7 所示。

表 7-7　两种定位方式 VSA 分析结果

	对　　象	平均值	$\pm3\sigma$
定位方式 1	内法兰半径	194	±0.427
	外法兰半径	536	±0.702
	支板圆半径	251	±0.533
定位方式 2	内法兰半径	194	±0.828
	外法兰半径	536	±1.0818
	支板圆半径	251	±0.9903

由表 7-7 中结果可知,定位方式 1 在装配过程中造成的定位偏差是小于定位方式 2 的,印证了本节结论的正确性。从这个例子也可以看出,在定位方式的优化选择的过程中,除了要了解定位点对自由度的限制程度之外,定位方式的稳定性也是非常重要的,是必须要考虑的一个因素。

2) 大型铸件蜡模形位公差评定

(1) 大型铸件蜡模圆度评定。

圆度误差是在蜡模组装的过程中,由于蜡块与蜡块之间的装配不一致所导致的,铸件法兰装配过程中圆度偏差产生的原因主要有两个方面,即装配过程中蜡块之间间距不一致以及装配过程中蜡块产生偏差。所以要计算铸件的圆度偏差,必须知道每个测点所在蜡块的偏差值。由 7.3.3.1 节可以知道,要得知研究对象的

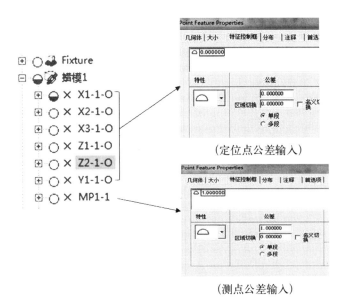

图 7-33　VSA偏差分析模型与相关信息

圆度偏差,必须知道各个点的径向偏差,测点的径向偏差可以通过式(7-37)得出。其中夹具定位误差为±0.5 mm,蜡模制造误差为±0.2 mm。

将测点偏差考虑进入理想测点坐标中,根据圆度最小二乘法的基本要素可计算得出:

$$\begin{cases} a = \dfrac{2}{60} \sum (\rho + \Delta\rho_i + \Delta\rho'_i)\cos\theta_i = 1.178 \\[2mm] b = \dfrac{2}{60} \sum (\rho + \Delta\rho_i + \Delta\rho'_i)\sin\theta_i = 0.581, \ (1 \leqslant i \leqslant 60) \\[2mm] \rho_0 = \dfrac{1}{n} \sum (\rho + \Delta\rho_i + \Delta\rho'_i) = 1.533 \end{cases} \quad (7-48)$$

由式(7-41)可知,大型薄壁环形铸件的外法兰最小二乘法的圆度误差为1.643。

通过设置不同的搜索节点可得到不同情况下的各方法圆度偏差,然后计算均方根圆度,可得大型薄壁环形铸件的圆度值。不同搜索节点的各圆度计算结果如表7-8所示。由表中数据可知,圆度计算结果与实际的三坐标测量值的测量结果相差不大,说明本节模型可以对大型薄壁环形铸件的圆度误差进行一个很好的预测,发现与诊断误差的来源并进行相对应的工艺措施。

根据圆度的精度控制要求,应该对测点进行相应的优化。在选取不同测点个数时,圆度误差的相对误差值的计算结果如表7-9所示。

表 7-8 大型薄壁环形铸件外法兰圆度计算结果

搜索点数	评定方法	圆度误差	均方根圆度	三坐标测量值
s=3	最小二乘法	1.643	1.649 3	
	最小区域法	1.561		
t=100	最小外接圆法	1.724		
	最大内切圆法	1.665		1.657
s=4	最小二乘法	1.643	1.650 1	
	最小区域法	1.582		
t=200	最小外接圆法	1.702		
	最大内切圆法	1.653		

表 7-9 外法兰测点信息及径向偏差

	X	Y	Z	径向偏差		X	Y	Z	径向偏差
1-1	−267.15	462.717	20.917	1.722	7-1	267.15	−462.717	20.917	1.628
1-2	−275.35	476.92	25	1.763	7-2	275.35	−476.92	25	1.652
1-3	−283.55	491.123	16.35	1.746	7-3	283.55	−491.123	16.35	1.593
6-1	0	534.3	20.917	1.831	8-1	0	−534.3	20.917	1.556
6-2	0	550.7	25	1.822	8-2	0	−550.7	25	1.548
6-3	0	567.1	16.35	1.859	8-3	0	−567.1	16.35	1.637
6-1	267.15	462.717	20.917	1.542	9-1	−267.15	−462.717	20.917	1.558
6-2	275.35	476.92	25	1.648	9-2	−275.35	−476.92	25	1.637
6-3	283.55	491.123	16.35	1.562	9-3	−283.55	−491.123	16.35	1.611
4-1	462.717	267.15	20.917	1.73	10-1	−462.717	−267.15	20.917	1.543
4-2	476.92	275.35	25	1.77	10-2	−476.92	−275.35	25	1.537
4-3	491.123	283.55	16.35	1.892	10-3	−491.123	−283.55	16.35	1.505
5-1	534.3	0	20.917	1.886	11-1	−534.3	0	20.917	1.661
5-2	550.7	0	25	1.873	11-2	−550.7	0	25	1.647
5-3	567.1	0	16.35	1.692	11-3	−567.1	0	16.35	1.766
6-1	462.717	−267.15	20.917	1.707	16-1	−462.717	267.15	20.917	1.598
6-2	476.92	−275.35	25	1.724	16-2	−476.92	275.35	25	1.546
6-3	491.123	−283.55	16.35	1.706	16-3	−491.123	283.55	16.35	1.552

圆度的相对误差值定义为

$$U = (f_{实} - f_{理})/f_{理} \times 100\% \qquad (7-49)$$

式中：U 表示圆度的相对误差值，$f_{实}$ 表示圆度的实际值，$f_{理}$ 表示铸件圆度的理论值。

　　由表7-10和图7-34可以看出,当测点个数在20~30之间时,测量精度提高得最快,相对误差都下降到10%左右,所以圆度功能尺寸的测量时,可相应将测点减少到20~30之间。这为大型环形铸件圆度测点优化提供了依据。

表7-10　不同测量点数下铸件各圆圆度相对误差计算结果(%)

点　数	内法兰外圆	支板连接圆	外法兰内圆	外法兰外圆
5	16.33	18.28	22.43	25.86
10	15.58	16.64	19.23	22.15
15	13.96	15.25	17.94	18.26
20	12.49	13.33	14.67	14.96
25	9.88	10.86	11.2	11.9
30	8.24	8.93	9.8	10.63
35	7.69	8.28	8.67	9.66
40	7.33	7.73	7.92	8.87

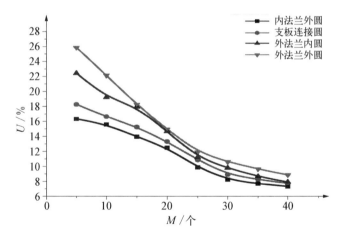

图7-34　不同测量点数与铸件各圆圆度之间的关系

　　(2) 大型铸件蜡模支板角度分布均匀度评定。

　　理论上来说,大型薄壁环形铸件的支板之间应该是完全均布的,这有利于铸件的旋转性能以及风动性能。但是在蜡模装配的过程中,由于组装过程产生的误差以及人为因素造成的影响,支板难免会出现角向偏差。这种偏差对零件的质量影响非常大,是需要尽量避免的。想要评定蜡模支板的角向偏差,用本节的平行度误差评定模型即可完成。下面是模型分析定位零件面角向偏差的具体过程。

　　对于该环形零件,选用定位方式1进行定位,在定位过程中支板测点产生的角向偏差可根据式(7-37)求出。支板1上测点的具体信息以及偏差信息如表7-11所示。

表 7 - 11　大铸件支板角度偏差计算值与测量值

	计算偏差/(°)	测量偏差/(°)	偏差百分比/%
支板 6—支板 3	0.264	0.28	5.7
支板 6—支板 4	0.103	0.11	5.9
支板 4—支板 5	−0.128	−0.12	6.7
支板 5—支板 6	−0.644	−0.66	2.4
支板 6—支板 7	0.046	0.05	8
支板 7—支板 8	−0.158	−0.17	7.05
支板 8—支板 9	0.057	0.06	5
支板 9—支板 10	0.156	0.17	8.2
支板 10—支板 11	0.159	0.17	6.3
支板 11—支板 12	1.216	1.27	4.23
支板 16—支板 1	2.301	2.36	2.5
支板 1—支板 2	0.159	0.17	6.3

　　从表 7 - 12 中计算结果可以看出,本节模型的偏差度计算与实际测量值相差不大,这表明该模型可以很好地用来预测与诊断此类误差。同时也说明用角向偏差衡量支板角度均匀度这种方法是行之有效的。

表 7 - 12　支板测点信息及测点角向偏差

	X	Y	Z	角 向 偏 差
1	−359.767	334.998	−20.1	0.255
2	−360.034	334.843	−20.2	0.243
3	−360.538	334.553	−20.5	0.257
4	−361.038	334.264	−21	0.255
5	−361.357	334.08	−21.5	0.246
6	−361.636	333.919	−22	0.263
7	−361.908	333.762	−22.5	0.264
8	−362.172	333.609	−23	0.262
9	−362.681	333.315	−24	0.26
10	−364.053	332.523	−27	0.255
11	−366.172	331.3	−33	0.257
12	−367.563	330.497	−39	0.245
13	−368.514	329.948	−45	0.262
14	−369.143	329.585	−51	0.238
15	−369.455	329.404	−57	0.267

	X	Y	Z	角 向 偏 差
16	−369.494	329.382	−60	0.265
17	−369.455	329.404	−63	0.262
18	−369.338	329.472	−66	0.265
19	−369.143	329.585	−69	0.267
20	−368.868	329.743	−72	0.253
21	−368.514	329.948	−75	0.249
22	−368.079	330.198	−78	0.258
23	−367.039	330.799	−84	0.259
24	−365.982	331.41	−90	0.273
25	−364.924	332.02	−96	0.269
26	−363.866	332.631	−102	0.273
27	−362.809	333.242	−108	0.268
28	−362.28	333.547	−111	0.262
29	−361.751	333.852	−114	0.255
30	−361.575	333.954	−115	0.259
31	−361.487	334.005	−115.5	0.258
32	−361.399	334.056	−116	0.276
33	−361.311	334.107	−116.5	0.265
34	−361.222	334.157	−117	0.263

3）大型铸件蜡模组装偏差传递规律探究

根据环形零件极坐标系下确定性定位偏差分析模型可知，大型薄壁环形铸件蜡模组装过程偏差传递规律受到夹具定位精度、组装蜡模制造精度、组装定位方式以及组装方式等诸多因素共同影响，本节内容通过偏差分析模型，探究不同的影响因素对组装过程偏差传递的影响程度与规律。

（1）夹具定位精度。

在不同的夹具定位精度下，对大型薄壁环形铸件各个法兰的组装偏差进行偏差分析求解，所得结果如图 7 - 35 所示。

由图 7 - 35 的结果可以看出，夹具偏差与组装偏差是具有近线性关系的，夹具偏差越大，组装定位偏差越大。同时，由于外法兰外圆的直径最大，当夹具偏差一致时，在不同的法兰中，外法兰外圆的偏差也最大。因此在进行夹具设计时，应适当考虑对直径比较大的法兰进行辅助定位、夹紧等措施来控制其偏差的产生。

（2）蜡模制造精度。

在不同的蜡模制造精度下，通过偏差分析求解，对内法兰内圆直径偏差与制造

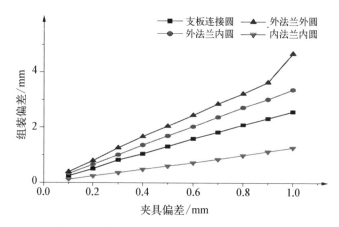

图 7 – 35　各个法兰圆度与组装精度之间的关系

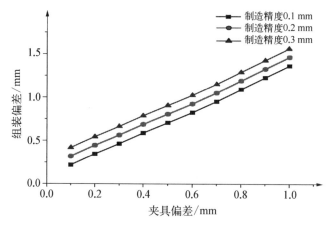

图 7 – 36　内法兰内圆直径偏差与制造精度关系

精度的关系进行了研究,结果如图 7 – 36 所示。

　　由图 7 – 36 所示的结果可以看出,随着蜡模制造精度的降低,偏差值也随之增大,所以控制蜡模的制造精度也是控制蜡模组装精度的一个有效途径。

　　(3)组装方式。

　　本节对蜡模组装单块粘接与两两粘接的不同组装方式下,各个法兰直径组装偏差进行了对比,对比结果如图 7 – 37 所示。图中点位从左到右依次代表的是:上内法兰内圆直径、上内法兰外圆直径、上外法兰内圆直径、上外法兰外圆直径、下内法兰内圆直径、下内法兰外圆直径、下外法兰内圆直径、下外法兰外圆直径。

　　由图 7 – 37 的结果可以看出,采用两两粘接后再组装的组装方式的偏差明显小于单块组装的偏差,这是因为两两组装的过程中,由于定位方式的相互耦合导致偏差减小的缘故。

7.2.4　复杂铸造系统误差流建模与工艺优化

　　本节基于误差形成机制的研究结果,建立描述铸造过程"熔模制备—型壳制

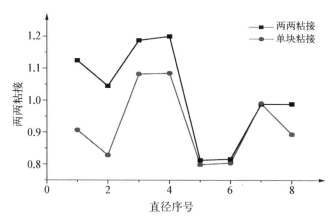

图 7 - 37　各法兰直径偏差与组装方式之间的关系

备—充型凝固—铸件后处理"等各工艺阶段的误差传递状态空间模型,构建各类误差输入与铸件成型尺寸误差的映射关系,揭示典型工序间误差传递规律,实现铸件成型精度的定量预测。并就熔模铸造过程提出工艺优化的方法,为提高最终铸件的精度提供指导。

7.2.4.1　基于状态空间法的铸造全过程误差流建模

大部分情况下,受型芯和模具约束的蜡模和铸件的最终尺寸,由蜡模的黏弹性、型壳的黏塑性蠕变和合金的塑性变形决定。模具设计因为铸件的复杂形状与精确的尺寸精度要求变得更加困难。对大型复杂薄壁铸件蜡模、型壳、金属材料收缩和铸件变形规律掌握不准时,就不能满足铸件对尺寸精度的要求。要提高最终铸件的精度就必须考虑各个制造过程中误差的传递与累积,建立复杂铸造系统的全过程误差传递模型,从而实现复杂铸造系统全过程的尺寸误差描述与控制。

1) 状态矢量的确定

复杂铸造系统是个长流程制造过程。在整个过程中,线性尺寸(如长度,厚度,直径等)在每一个过程中都发生了改变。在压蜡过程中,由于蜡的收缩,蜡模最终的尺寸要小于模具的尺寸。在型壳制备过程中,由于脱蜡和焙烧过程中,型壳受热并伴随着复杂的物化反应,型壳的内腔尺寸会发生膨胀。在注阶段,由于合金的收缩,使得零件的尺寸进一步收缩。因此,最终铸件的尺寸波动既源于每个阶段的误差,也源于各误差的传递与累积。

为描述误差流的传递,首先必须对各个阶段过程的误差的状态进行描述,即建立铸件的误差状态矢量。整个铸件含数百个功能尺寸,其中包括尺寸公差和形位公差。为建模的简洁,我们首先选取相对关键的尺寸公差进行描述。

零件的关键控制尺寸可用下式表达:

$$\boldsymbol{X}(k) = \begin{bmatrix} x_1(k) & x_2(k) & \cdots & x_m(k) \end{bmatrix}^{\mathrm{T}}, \, k = 1, 2, 3, \cdots, n \quad (7\text{-}50)$$

这里 $x_j(k)$ 是在第 k 个制造过程中第 j 个关键控制尺寸,m 是关键控制尺寸的总数。

因此,每个过程的零件尺寸误差(实际值相对于该阶段尺寸的理论值差值)可用下式表达:

$$\Delta \boldsymbol{X}(k) = \begin{bmatrix} \Delta x_1(k) & \Delta x_2(k) & \cdots & \Delta x_m(k) \end{bmatrix}^{\mathrm{T}} \qquad (7-51)$$

2) 工艺参数矢量的确定

(1) 工艺参数分析。

在复杂铸造系统中,材料参数和工艺参数直接决定着每个阶段的零件的尺寸,而这些参数的波动也直接导致了每个阶段零件尺寸的波动。为确定影响尺寸的工艺参数,本节分析了复杂铸造全过程的工艺参数,其鱼骨图如图 7-38 所示。

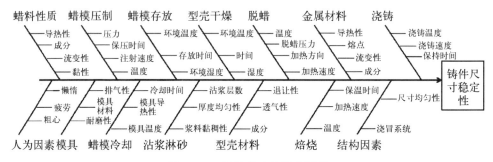

图 7-38　零件尺寸的影响因素

(2) 工艺参数矢量。

为建立复杂铸造系统全过程误差流状态空间模型,各阶段的工艺参数必须量化,因此个阶段的工艺参数可以用下式表达:

$$\boldsymbol{u}_j(k) = \begin{bmatrix} \alpha_{j,1}(k) & \alpha_{j,2}(k) & \cdots & \alpha_{j,l}(k) \end{bmatrix}^{\mathrm{T}} \qquad (7-52)$$

式中:j 是关键控制尺寸的序数;$\alpha_{j,i}(k)$ 表示影响第 j 控制尺寸 $\Delta x_j(k)$ 的第 i 个工艺参数(如在压蜡阶段的压蜡压力,温度,保压时间等);l 是在第 k 个制造阶段的工艺参数总数。

依照这个定义,在第 k 个阶段工艺参数的波动可以用下式表达:

$$\Delta \boldsymbol{u}_j(k) = \begin{bmatrix} \Delta \alpha_{j,1}(k) & \Delta \alpha_{j,2}(k) & \cdots & \Delta \alpha_{j,l}(k) \end{bmatrix}^{\mathrm{T}} \qquad (7-53)$$

这里,$\Delta \alpha_{j,i}(k)$ 表示第 k 个阶段实际工艺参数相对于目标控制值的差值。

3) 状态空间方程

在复杂铸造系统全过程中,尺寸的线性膨胀或者收缩发生在每个阶段,为描述当前阶段尺寸相对于前一个阶段尺寸的变化,尺寸变化率定义如下:

$$s_j(k) = \frac{x_j(k)}{x_j(k-1)} \times 100\%, \ k = 1, 2, 3, \cdots, n \qquad (7-54)$$

式中:k 表示阶段序数,所以 $s_j(k)$ 表示第 k 阶段尺寸变化率,而 $x_j(k)$ 代表了第 k

阶段零件第 j 个关键控制尺寸的实际值,如长、宽、直径等。

所以第 k 阶段的尺寸可以用上一个阶段的尺寸来表达:

$$x_j(k) = s_j(k) \cdot x_j(k-1) \tag{7-55}$$

实际上,每一个阶段的尺寸变化率都是由工艺参数来决定的,工艺参数的变化直接影响着尺寸变化率的变化,工艺参数与尺寸变化率之间的这种关系可以用下式来描述:

$$s_j(k) = f_{k.j}(\boldsymbol{u}_j(k)) \tag{7-56}$$

式中, $f_{k.j}(\boldsymbol{u}_j(k))$ 是关于 $\boldsymbol{u}_j(k)$ 的矢量函数。

根据误差的定义,误差是实际值相对于理论值或者目标值的差值:

$$\Delta x_j(k) = x_j(k) - x_j^t(k) \tag{7-57}$$

其中, $x_j^t(k)$ 是第 j 个关键控制尺寸在第 k 阶段的目标值。

这样零件的第 j 个关键控制尺寸在第 k 阶段的误差可表示为

$$\Delta x_j(k) = s_j(k) \cdot x_j(k-1) - s_j^t(k) \cdot x_j^t(k-1) \tag{7-58}$$

这里, $s_j^t(k)$ 表示第 j 个关键控制尺寸在第 k 阶段的目标值。

在每个阶段,工艺参数决定着尺寸变化率,而尺寸变化率决定该阶段的尺寸。工艺参数的波动引起了尺寸变化率的波动,从而引起该阶段尺寸的波动。而该阶段的尺寸变化和尺寸波动会不断向后面的阶段传递和累计,从而形成复杂铸造系统全过程的误差流。

实际生产过程中,工艺规范形成后,工艺参数往往都有严格的要求,每一个关键的工艺参数都给出了一个确定的值。但实际生产中,由于工人、机器的不稳定性,都会使实际工艺参数偏离其目标值,因此将上式进行泰勒展开:

$$\Delta x_j(k) = f_{k.j}(\boldsymbol{u}_j^t(k)) \cdot \Delta x_j(k-1) + x_j^t(k-1) \cdot \boldsymbol{f}_{k.j}'(\boldsymbol{u}_j^t(k)) \cdot$$
$$\Delta \boldsymbol{u}_j(k) + h(\Delta \boldsymbol{u}_j(k)) \tag{7-59}$$

在这个方程中

$$\boldsymbol{f}_{k.j}'(\boldsymbol{u}_j^t(k)) = \left[\frac{\partial \boldsymbol{f}_{k.j}(\boldsymbol{u}_j^t(k))}{\partial \alpha_{j.1}(k)} \quad \frac{\partial \boldsymbol{f}_{k.j}(\boldsymbol{u}_j^t(k))}{\partial \alpha_{j.2}(k)} \quad \cdots \quad \frac{\partial \boldsymbol{f}_{k.j}(\boldsymbol{u}_j^t(k))}{\partial \alpha_{j.l}(k)} \right]$$
$$\tag{7-60}$$

$$h(\Delta \boldsymbol{u}_j(k)) = r(\Delta \boldsymbol{u}_j(k)) \cdot (x_j^t(k-1) + \Delta x_j(k-1)) +$$
$$\boldsymbol{f}_{k.j}'(\boldsymbol{u}_j^t(k)) \cdot \Delta \boldsymbol{u}_j(k) \cdot x_j(k-1) \tag{7-61}$$

$\boldsymbol{u}_j^t(k)$ 是控制参数的目标值,而 $r(\Delta \boldsymbol{u}_j(k))$ 是 $\Delta \boldsymbol{u}_j(k)$ 的高阶余项。

再考虑实际生产过程中随机因素的影响:

$$\Delta x_j(k) = f_{k,j}(\boldsymbol{u}_j^t(k)) \cdot \Delta x_j(k-1) + x_j^t(k-1) \cdot \boldsymbol{f}_{k,j}'(\boldsymbol{u}_j^t(k)) \cdot$$
$$\Delta \boldsymbol{u}_j(k) + h(\Delta \boldsymbol{u}_j(k)) + \varphi_j(k) \tag{7-62}$$

为了形式的简洁,上式可写成:

$$\Delta x_j(k) = a_j(k) \cdot \Delta x_j(k-1) + \boldsymbol{b}_j(k) \cdot \Delta \boldsymbol{u}_j(k) + w_j(k) \tag{7-63}$$

此式中,

$$a_j(k) = f_{k,j}(\boldsymbol{u}_j^t(k)) \tag{7-64}$$

$$\boldsymbol{b}_j(k) = x_j^t(k-1) \cdot \boldsymbol{f}_{k,j}'(\boldsymbol{u}_j^t(k)) \tag{7-65}$$

$$w_j(k) = h(\Delta \boldsymbol{u}_j(k)) + \varphi_j(k) \tag{7-66}$$

在实际生产过程中,零件往往具有多个关键控制尺寸,所以得到状态空间方程如下:

$$\Delta \boldsymbol{X}(k) = \boldsymbol{A}(k) \cdot \Delta \boldsymbol{X}(k-1) + \boldsymbol{B}(k) \cdot \Delta \boldsymbol{U}(k) + \boldsymbol{W}(k) \tag{7-67}$$

在式(7-67)中 $\boldsymbol{A}(k)$ 和 $\boldsymbol{B}(k)$ 是对角阵。$\Delta \boldsymbol{U}(k)$ 是控制矢量,$\boldsymbol{W}(k)$ 是噪声矢量,它们的具体形式如下:

$$\boldsymbol{A}(k) = \begin{bmatrix} a_1(k) & & & \\ & a_2(k) & & \\ & & \ddots & \\ & & & a_m(k) \end{bmatrix}_{m \times m} \tag{7-68}$$

$$\boldsymbol{B}(k) = \begin{bmatrix} \boldsymbol{b}_1(k) & & & \\ & \boldsymbol{b}_2(k) & & \\ & & \ddots & \\ & & & \boldsymbol{b}_m(k) \end{bmatrix}_{m \times ml} \tag{7-69}$$

$$\Delta \boldsymbol{U}(k) = \begin{bmatrix} \Delta \boldsymbol{u}_1(k) \\ \Delta \boldsymbol{u}_2(k) \\ \vdots \\ \Delta \boldsymbol{u}_m(k) \end{bmatrix}_{ml \times 1} \tag{7-70}$$

$$\boldsymbol{W}(k) = \begin{bmatrix} w_1(k) \\ w_2(k) \\ \vdots \\ w_m(k) \end{bmatrix}_{m \times 1} \tag{7-71}$$

在状态空间方程中,系数矩阵 $\boldsymbol{A}(k)$ 和 $\boldsymbol{B}(k)$ 由工艺参数矢量来决定。系统矩

阵 $A(k)$ 描述了上一个阶段的误差对下一个阶段误差的影响,即表示了传递关系。控制矩阵 $B(k)$ 反映了当前阶段工艺参数的误差对该阶段尺寸误差的影响。$\Delta U(k)$ 是控制矢量,它描述了该阶段工艺参数的误差。$W(k)$ 是噪声项,描述了此模型不完美的地方,如不能被表达的随机因素以及被忽略的 $\Delta u_j(k)$ 高阶余项等。

根据线性控制理论,在不同阶段间的状态矢量与控制矢量的关系可用式(7-72)来描述:

$$\Delta X(k) = \boldsymbol{\phi}(m, 0) \cdot \Delta X(0) + \sum_{k=1}^{m} \boldsymbol{\phi}(m, k) \cdot B(k) \cdot \Delta U(k) + W(k)$$

$$(7-72)$$

这里 $\boldsymbol{\phi}(\cdot, \cdot)$ 叫做状态传递矩阵,其具体表达式为

$$\boldsymbol{\phi}(m, i) = A(m-1)A(m-2)\cdots A(i), \; m > i \qquad (7-73)$$

且 $\boldsymbol{\phi}(i, i) = I$

4)观测方程

在复杂铸造的各个阶段的测量过程中,测量也会引入测量误差(如测量仪器的精度,测量环境的变化,测量员的熟练程度等)。如果各阶段的每个尺寸都是可以直接测量的,那么在第 k 个制造过程中的第 j 个关键控制尺寸的测量值可表达为

$$y_j(k) = x_j(k) + v_j(k) \qquad (7-74)$$

所以观测方程可表示为

$$Y(k) = X(k) + V(k) \qquad (7-75)$$

式中:$Y(k)$ 是在第 k 个阶段关于所有关键控制尺寸的测量值,包含了 $X(k)$ 的实际信息。$V(k)$ 表示测量噪声,它们的表达式如下:

$$Y(k) = \begin{bmatrix} y_1(k) \\ y_2(k) \\ \vdots \\ y_m(k) \end{bmatrix}_{m \times 1} \qquad (7-76)$$

$$V(k) = \begin{bmatrix} v_1(k) \\ v_2(k) \\ \vdots \\ v_m(k) \end{bmatrix}_{m \times 1} \qquad (7-77)$$

这样任意阶段的尺寸误差的观测方程为

$$\Delta Y(k) = \boldsymbol{\phi}(m, 0)\Delta X(0) + \sum_{k=1}^{m} \boldsymbol{\phi}(m, k) \cdot B(k) \cdot \Delta U(k) + W(k) + V(k)$$

$$(7-78)$$

至此,复杂铸造系统全过程的误差流状态空间方程可表示成如下 3 个式子:

$$
\begin{cases}
\boldsymbol{X}(k) = \boldsymbol{A}(k) \cdot \boldsymbol{X}(k-1) \\
\boldsymbol{Y}(k) = \boldsymbol{X}(k) + \boldsymbol{V}(k)
\end{cases}
\tag{7-79}
$$

式(7-79)描述全过程实际尺寸变化。

$$
\begin{cases}
\Delta \boldsymbol{X}(k) = \boldsymbol{A}(k) \cdot \Delta \boldsymbol{X}(k-1) + \boldsymbol{B}(k) \cdot \Delta \boldsymbol{U}(k) + \boldsymbol{W}(k) \\
\Delta \boldsymbol{Y}(k) = \Delta \boldsymbol{X}(k) + \boldsymbol{V}(k)
\end{cases}
\tag{7-80}
$$

式(7-80)描述各个阶段之间误差的传递与累积情况。

$$
\begin{cases}
\Delta \boldsymbol{X}(k) = \boldsymbol{\phi}(m, 0) \cdot \Delta \boldsymbol{X}(0) + \displaystyle\sum_{k=1}^{m} \boldsymbol{\phi}(m, k) \cdot \boldsymbol{B}(k) \cdot \Delta \boldsymbol{U}(k) + \boldsymbol{W}(k) \\
\Delta \boldsymbol{Y}(k) = \boldsymbol{\phi}(m, 0) \cdot \Delta \boldsymbol{X}(0) + \displaystyle\sum_{k=1}^{m} \boldsymbol{\phi}(m, k) \cdot \boldsymbol{B}(k) \cdot \Delta \boldsymbol{U}(k) + \boldsymbol{W}(k) + \boldsymbol{V}(k)
\end{cases}
$$

$$\tag{7-81}$$

式(7-81)描述全过程误差累积与传递。

接下来的工作是基于各阶段误差模型的建立,考虑误差累积与传递,实现铸造全过程误差流的定性分析,为系统误差预测与控制奠定基础。

5) 全过程误差流定量计算

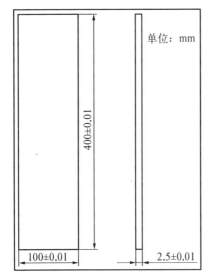

图 7-39　薄壁平板特征件模具尺寸与精度

(1) 特征件的设计。

为研究复杂铸造系统全过程误差状态空间模型的应用情况,下面以薄壁平板特征件为例进行模拟计算,其模具尺寸和加工精度为：$(400 \pm 0.01)\,\text{mm}$,$(100 \pm 0.01)\,\text{mm}$ 和 $(2.5 \pm 0.01)\,\text{mm}$,如图 7-39 所示。

(2) 误差模型的构建。

在整个铸造过程中关键控制尺寸只考虑薄板的壁厚,则状态方程退化为一维。且整个过程中考虑压蜡、蜡的存放、型壳焙烧和浇铸阶段。各阶段误差模型如下。

a. 模具。模具作为原始输入误差,其公差精度作为其误差波动范围,则有

$$x(0) = 2.5,$$
$$\Delta x(0) = \pm 0.01。$$

b. 压蜡。将模具温度($\alpha_1(1)$),熔体温度($\alpha_2(1)$),保压压力($\alpha_3(1)$)和保压时间($\alpha_4(1)$)作为主要工艺参数,则工艺参数矢量为

$$\boldsymbol{u}(1) = \begin{bmatrix} \alpha_1(1) & \alpha_2(1) & \alpha_2(1) & \alpha_4(1) \end{bmatrix}^T$$

通过响应面法建立的收缩率与工艺参数回归模型为：

$$\begin{aligned}
f_1(\boldsymbol{u}(1)) = {} & 0.776\,684\,357 - 1.352\,023 \times 10^{-3} \times \alpha_1(1) + 6.336\,718 \times \\
& 10^{-3} \times \alpha_2(1) - 1.897\,728 \times 10^{-3} \times \alpha_3(1) - 6.653\,51 \times 10^{-5} \times \\
& \alpha_4(1) + 1.375 \times 10^{-5} \times \alpha_1(1)\alpha_2(1)_m + 2 \times 10^{-6} \times \\
& \alpha_2(1)\alpha_3(1) + 1 \times 10^{-6} \times \alpha_1(1)\alpha_4(1) + 2.137\,5 \times 10^{-5} \times \\
& \alpha_2(1)\alpha_3(1) - 2.875 \times 10^{-6} \times \alpha_2(1)\alpha_4(1) - 3.5 \times 10^{-7} \times \\
& \alpha_3(1)\alpha_4(1) + 1.009\,82 \times 10^{-5} \times \alpha_1(1)^2 - 4.563\,6 \times 10^{-5} \times \\
& \alpha_2(1)^2 + 2.698\,25 \times 10^{-6} \times \alpha_3(1)^2 - 2.701\,75 \times 10^{-6} \times \alpha_4(1),
\end{aligned}$$

且有

$$\boldsymbol{u}^t(1) = \begin{bmatrix} 30 & 74 & 25 & 5 \end{bmatrix}^T$$

$$a(1) = 0.989\,346$$

③ 蜡模存放。根据 Bonilla 等人[10]的研究，单独考虑存放时间（$\alpha(2)$），忽略其他参数的波动，则有

$$f_2(\boldsymbol{u}(2)) = 0.996\,281\,\boldsymbol{u}(2)^{-0.002\,5}$$

$$\boldsymbol{u}(2) = 180\ \text{min}$$

$$a(2) = 0.983\,43$$

④ 型壳焙烧。根据 Sabau 和 Porter[11]的实验研究，单独考虑焙烧温度（$\alpha(3)$）对型壳变形的影响，如图 7-40 所示，则有

$$f_3(\boldsymbol{u}(3)) = 0.999\,95 + 1.424\,54 \times 10^{-6}\alpha(3) - 1.704\,89 \times 10^{-9}\alpha(3)^2$$

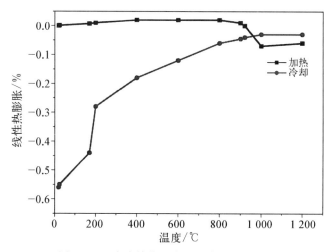

图 7-40　考虑焙烧温度对型壳变形的影响

当 $u(3) = 1\,200℃$，

则 $a(3) = 0.997\,783$。

⑤ 浇铸。根据 Sabau 和 Porter[11]的研究，单独考虑温度（$\alpha(4)$）对 17 - 4PH 合金收缩的影响，如图 7 - 41 所示，则有：

$$f_4(\boldsymbol{u}(4)) = 0.998\,18 + 4.432\,027 \times 10^{-5}\alpha(4) - 7.336\,81 \times 10^{-7}\alpha(4)^2 +$$
$$6.881\,97 \times 10^{-9}\alpha(4)^3 - 2.623\,51 \times 10^{-11}\alpha(4)^4 +$$
$$3.015\,2 \times 10^{-14}\alpha(4)^5,\ 20 \leqslant \alpha(4) \leqslant 265$$

令 $u(4) = 25℃$，则 $a(4) = 0.998\,972$。

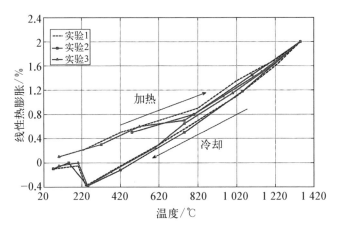

图 7 - 41   温度对合金收缩的影响

（3）误差模拟计算。

根据全过程误差传递模型，并对给定各个参数的波动范围，采用极值法计算各阶段误差，各个具体数值如表 7 - 13 所示。

表 7 - 13   极值法计算各阶段误差

工序号/k	工序名称	工艺参数矢量/$\boldsymbol{u}^t(k)$ $[a_1(k)\ \ a_2(k)\ \ a_3(k)\ \ a_4(k)]$				工艺参数波动矢量/$\Delta\boldsymbol{u}(k)$ $[\Delta a_1(k)\ \ \Delta a_2(k)\ \ \Delta a_3(k)\ \ \Delta a_4(k)]$				$a(k)$	$x^t(k)$	$b(k)$	$\Delta x(k)$
0	模具										2.5		± 0.01
1	压蜡	$[30$	74	25	$5]$	$[\pm 0.3$	± 0.74	± 0.25	$\pm 0.05]$	0.989	2.473	$[8.16 \times 10^{-4}\ \ \pm 0.011\,2$ 0.0013 -3.07×10^{-4} $-7.13 \times 10^{-4}]$	
2	存放	180				± 20				0.983	2.432	-3.38×10^{-5}	$\pm 0.011\,7$
3	焙烧	$1\,200$				± 20				0.999	2.430	-6.49×10^{-6}	$\pm 0.011\,8$
4	浇铸	25				± 2.5				0.999	2.428	4.6×10^{-5}	$\pm 0.011\,9$

根据计算得壁厚尺寸在各阶段的尺寸变化情况如图 7 - 42 所示。

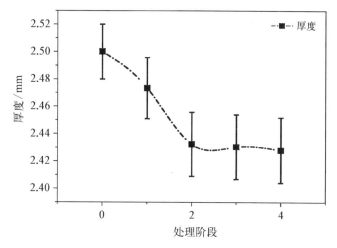

图 7 - 42 壁厚尺寸在各阶段的尺寸变化情况

其误差累积情况如图 7 - 43 所示。

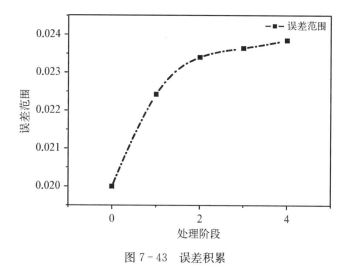

图 7 - 43 误差积累

7.2.4.2 工艺参数敏感度分析与优化

由 Box 和 Wilson[12]提出的响应面法(response surface methodology,RSM)十分便于处理多输入问题,并能得出量化的响应面模型,所以这种方法被广泛地应用于不同的领域来设计工艺参数,以提高产品的质量[13-15]。例如,Chuang 等人基于田口方法和 RSM 法研究了注塑过程中工艺参数对产品应力以及弯曲波动的影响。

由 Holland 提出的遗传算法(genetic algorithm,GA)是一种在搜索空间无限制的随机收索方法。通过 Goldberg[16]的进一步研究,这种方法被广泛用于解决复杂的优化问题。Shen 等[17]结合人工神经网络和 GA 对注塑成型过程进行了优化,但他的研究主要集中在塑料注塑成型过程。

本节以蜡模压制为例讨论熔模铸造过程中的工艺参数敏感度分析与优化。用基于 RSM 的 Box-Behnken 方法进行了压蜡实验设计。就模具温度、熔体温度、保压压力、保压时间等 4 个参数分 3 个水平进行了实验，以研究各参数对薄壁试验件的尺寸收缩率的影响。建立了工艺参数与收缩率之间的 RSM 模型，并通过方差分析，验证了模型的可靠性，算出了各参数对收缩率的贡献度。最后通过 GA 算法，对实验参数进行了优化，并与实验结果进行对比，验证方法的正确性。

1) RSM - GA 算法

（1）响应面法。

RSM 集成了实验设计和回归分析，能很好地描述多输入问题。其多项式响应面可以用式（7-82）描述：

$$y = b_0 + \sum_{i=1}^{n} b_i x_i + \sum_{i=1}^{n} b_{ii} x_i^2 + \sum_{i<j}^{n} b_{ij} x_i x_j \tag{7-82}$$

式中：b_0、b_i、b_{ij}，分别是一次项、二次项、交叉项系数，n 是变量数目。

RSM 的基本步骤包括控制参数和响应面的选定，实验设计，回归模型的构建，方差分析（analysis of variation，ANOVA）以及确认测试。

（2）遗传算法。

GA 算法被广泛用于解决复杂的非线性问题。基于随机搜索和达尔文适者生存的理论，GA 算法能够有效地寻找到全局最优解。一般来说，潜在的解（例如，染色体）被随机产生并构成一定数量的种群。GA 算法解决器基于不同的标准进行选择，杂交、变异，从而产生子代。由于优选，遗传偏移被减少，从而保证了足够数量的子代。

为产生子代，选择器选择解构成一个繁殖池。在这个过程中，通过赌轮盘的方法确保某些包含良好性状的虚弱基因也有一定的概率被选到，从而挑选出更好的父代繁殖下一代。接下来，父代通过杂交产生两个不同的子代。交叉算子指定在杂交繁殖过程中子代从父代遗传过来的特征。这个值通常在 0~1 之间。一般而言，染色体的互换可采用单点、双点或者分散交叉的方法，交叉算子大于 0.5。本研究采用的是分散交叉法。变异使得子代有了一些随机的改变，能够维持种群的多样性，从而防止过早地收敛于局部最优解。本研究中采用的是均匀变异法。

基于 RSM 和 GA 算法，压蜡过程蜡模收缩率的 RSM - GA 优化算法流程如图 7-44

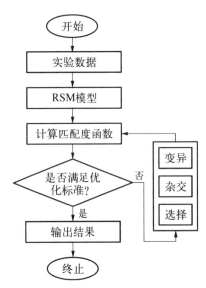

图 7-44　基于 RSM - GA 的优化流程

所示。其具体步骤如下：

a. 基于 RSM 设计并进行实验，得到正确合理的 RSM 模型。

b. 基于 RSM 模型生成包含候选解染色体的原始种群。

c. 计算种群中每个染色体的匹配度 $F(x)$。

d. 通过杂交和变异生成子代所需染色体。

e. 生成子代，即生成新的工艺参数组合。这种算法在下一代的生成时被重复采用。

f. 重复上述步骤，直到满足终止条件。

2）实验设计

（1）材料与设备。

本研究中采用了 Kindt-Collins 生产的 KC4017B 型蜡。表 7-14 是其基本的物理性能。实验所用的压蜡设备是 MPI55，该设备的最大注射速度为 350 cm³/s，最大注射压力为 70 bar（1 bar＝100 000 Pa）。注射管嘴直径为 10 mm，最大合模力为 100 吨力（1 吨力＝9 964.02 N）。实验过程中，所用实验参数可通过控制程序进行调整。

表 7-14　KC4017B 型蜡材料参数

参　　数	值
环球软化点	64.4℃
含灰量（ICI1.0）	＜0.015％
填料含量	32％
比重	1.002
流量测试（ICI2.0）	44℃＞50％
黏性（博力飞黏度计）	71℃ 680 mPa. S 100 r/min；
	76℃ 480 mPa. S 100 r/min；
	82℃ 350 mPa. S 100 r/min
膨胀性	48℃ 2.7％；60℃ 5.3％；72℃ 6.7％

（2）收缩率的测量。

为了调查工艺参数对薄壁蜡模零件尺寸收缩的影响，本节采用薄壁长方形板作为研究对象，并对其厚度的线性变化进行测量。特征件模具的内腔尺寸为 400 mm，100 mm 和 2.5 mm。

收缩率定义如下：

$$S = \frac{L}{L_0} \tag{7-83}$$

式中：L_0 代表模具尺寸，L 代表压蜡完成后蜡模的尺寸。取距离注射管嘴分别为 10 mm、95 mm、200 mm、295 mm、390 mm 的 A、B、C、D、E、F 位置进行测量。取 5 个

图 7-45　蜡模与模具几何形状

位置的平均值作为最终的厚度(见图 7-45)。测量使用的设备是精度为 0.1 μm 的三坐标测量机。

(3) 实验方案。

实验中模具温度(T_d)、熔体温度(T_m)、保压压力(P)和保压时间(t)为输入,其他工艺参数保持不变。厚度的收缩率作为输出,即作为响应。实验参数及其实验水平如表 7-15 所示。编码值 +1,0,-1 分别代表高、中、低 3 个水平。编码的具体计算如下:

$$A = \frac{T_d - T_{d0}}{\Delta T_d}, \; B = \frac{T_m - T_{m0}}{\Delta T_m},$$

$$C = \frac{P - P_0}{\Delta P}, \; D = \frac{t - t_0}{\Delta t}$$

$$(7-84)$$

式(7-84)中,A、B、C、D 分别为实验参数 T_d、T_m、P 和 t 的编码值,T_{d0}、T_{m0}、P_0 和 t_0 为各实验参数的中间水平值,ΔT_d、ΔT_m、ΔP 和 Δt 为各实验参数相对于各自中间水平的差值。

表 7-15　实验因子与水平

实 验 水 平	模具温度/℃	熔体温度/℃	保压压力/bar	保压时间/s
1	30	74	35	15
0	25	72	30	10
-1	20	70	25	5

根据 Box-Behnken 实验设计方法生成实验方案,相应的实验结果如表 7-16 所示。

表 7-16　实验结果

序　号	因　子				响应(收缩率)
	A	B	C	D	
1	0	0	0	0	0.985 03
2	1	-1	1	1	0.983 2
3	0	0	0	0	0.985 03
4	1	-1	1	-1	0.984 23

序　号	因　子				响应
	A	B	C	D	（收缩率）
5	0	0	0	−1	0.986 2
6	0	0	1	0	0.984 87
7	−1	−1	−1	−1	0.984 6
8	0	0	0	0	0.985 03
9	1	−1	−1	1	0.984 63
10	1	0	0	0	0.987 07
11	1	1	1	1	0.986 43
12	0	−1	0	0	0.983 7
13	0	0	0	0	0.985 03
14	−1	1	−1	1	0.985 33
15	1	1	1	−1	0.988 57
16	0	0	0	1	0.984 6
17	0	1	0	0	0.986 87
18	−1	0	0	0	0.984 37
19	−1	1	1	1	0.983 87
20	1	1	−1	−1	0.989 06
21	−1	−1	1	1	0.980 93
22	−1	−1	−1	1	0.983 17
23	1	−1	−1	−1	0.986 97
24	−1	1	−1	−1	0.987 2
25	0	0	−1	0	0.986 2
26	0	0	0	0	0.985 03
27	−1	1	1	−1	0.985 8
28	1	1	−1	1	0.987 47
29	−1	−1	1	−1	0.983 2
30	0	0	0	0	0.985 03

3) 结果讨论与优化

（1）响应面模型。

本文采用 Design-Expert 8.0.6 进行数学模型的拟合。Design-Expert 是目前最常用的实验设计软件之一，集实验设计、数据拟合、方差分析、模型适合度检测等多种功能于一体。将实验数据导入 Design-Expert 之后，在模型拟合项中选择多项式拟合，如图 7-46 所示，最后可在模型拟合结果中查看拟合的数学模型，如图 7-47 所示。

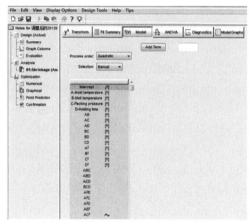

图 7-46 实验数据的多项式拟合

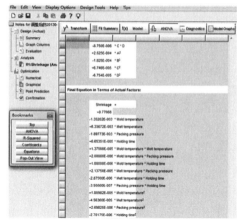

图 7-47 相应面模型输出

最终,实际参数的响应面模型如式(7-85)所示。

$$S = 0.776\,684\,357 - 1.352\,023 \times 10^{-3} \times T_d + 6.336\,718 \times 10^{-3} \times T_m - \\ 1.897\,728 \times 10^{-3} \times P - 6.653\,51 \times 10^{-5} \times t + 1.375 \times 10^{-5} \times T_d T_m + \\ 2 \times 10^{-6} \times T_d P + 1 \times 10^{-6} \times T_d t + 2.137\,5 \times 10^{-5} \times T_m P - 2.875 \times \\ 10^{-6} \times T_m t - 3.5 \times 10^{-7} \times Pt + 1.009\,82 \times 10^{-5} \times T_d^2 - 4.563\,6 \times \\ 10^{-5} \times T_m^2 + 2.698\,25 \times 10^{-6} \times P^2 - 2.701\,75 \times 10^{-6} \times t^2 \quad (7-85)$$

(2) 方差分析。

方差分析被用于分析工艺参数对相应面的影响。为了比较残差值与各项方差,用模型的平均方差除以残余方差的均值,即 F 值来描述。如果某个实验参数对响应面没有显著影响,这个比值将会接近 1。与此相反的是,某项的 P 值越小(小于0.05)表明该项对响应面的影响越显著。另一方面,为比较模型的方差与残差,任一项的 F 值都不应该接近于 1,如果接近 1 意味着所有的方差都十分接近,各项对响应面的影响均不显著。如果模型中任一一项的 P 值小于 0.05,表明该项对响应面的影响十分显著。方差分析的结果如表 7-17 所示。模型的 F 值为 48.58,同时模型的 P 值小于 0.000 1,这表明模型是显著的。A、B、C、D 的 P 值都小于0.000 1,表明这 4 个因素对响应面的影响是显著的。BC 项同样是显著的,因为其 P 值为 0.027 9。其他项的 P 值都大于 0.05,则这些项对响应面的影响不显著。

表 7-17 方差分析表

	平方和	自由度	均　方	F 值	P 值
模　型	8.39×10^{-5}	14	6×10^{-6}	48.577 94	<0.000 1
A	2.04×10^{-5}	1	2.04×10^{-5}	165.222	<0.000 1

	平方和	自由度	均　方	F 值	P 值
B	3.75×10^{-5}	1	3.75×10^{-5}	303.5434	<0.0001
C	1.02×10^{-5}	1	1.02×10^{-5}	82.38963	<0.0001
D	1.46×10^{-5}	1	1.46×10^{-5}	118.1155	<0.0001
AB	3.02×10^{-7}	1	3.02×10^{-7}	2.450614	0.1383
AC	4×10^{-8}	1	4×10^{-8}	0.324048	0.5776
AD	1×10^{-8}	1	1×10^{-8}	0.081012	0.7798
BC	7.31×10^{-7}	1	7.31×10^{-7}	5.922181	0.0279
BD	1.32×10^{-8}	1	1.32×10^{-8}	0.107138	0.7479
CD	1.23×10^{-9}	1	1.23×10^{-9}	0.009924	0.9220
AA	1.65×10^{-7}	1	1.65×10^{-7}	1.337746	0.2655
BB	8.63×10^{-8}	1	8.63×10^{-8}	0.699417	0.4161
CC	1.18×10^{-8}	1	1.18×10^{-8}	0.095509	0.7615
DD	1.18×10^{-8}	1	1.18×10^{-8}	0.095758	0.7612
残差	1.85×10^{-6}	15	1.23×10^{-7}		
失拟	1.85×10^{-6}	10	1.85×10^{-7}		

为检验模型的合理性，应分析模型的相关系数，调整后的离差平方和以及预测离差平方和，它们的计算如下：

$$R^2 = 1 - \left[\frac{SS_{\text{residual}}}{SS_{\text{residual}} + SS_{\text{model}}}\right] \tag{7-86}$$

其中，SS 是平方和的缩写。

$$Adj.R^2 = 1 - \left[\left(\frac{SS_{\text{residual}}}{df_{\text{residual}}}\right) \Big/ \left(\frac{SS_{\text{residual}} + SS_{\text{model}}}{df_{\text{residual}} + df_{\text{residual}}}\right)\right] \tag{7-87}$$

其中，df 是自由度的缩写。

$$Pred.R^2 = 1 - \left[\frac{PRESS}{SS_{\text{residual}} + SS_{\text{model}}}\right] \tag{7-88}$$

其中 $PRESS$ 是预测数据的平方和。

$$\begin{cases} Adeq.Precision = \dfrac{\max(\hat{Y}) - \min(\hat{Y})}{\sqrt{\bar{V}(\hat{Y})}} \\ \bar{V}(\hat{Y}) = \dfrac{p\sigma^2}{n} \end{cases} \tag{7-89}$$

此处，p 是模型参数的个数，σ 是方差分析表中的残差均方值，n 是实验的次数。在本研究中，相关系数为 0.97842，接近 1，因此响应面模型是可接受的。预测离差平方和(0.958 279)与调整后的离差平方和(0.874 245)的差值小于 0.2,预测数据的平方和为 33.480 89 表明了模型具有足够的信噪比。总之,该回归模型能够在设计空间内精确地反映输入(实验参数)与输出(收缩率)之间的关系。

(3) 工艺参数的敏感性分析。

根据方差分析的结果,我们能得到工艺参数对输出的敏感性分析,结果如图 7-48 所示。对输出最敏感的参数为熔体温度,随后依次为模具温度、保压时间、保压压力。它们的贡献度分别为 43.67%、23.77%、16.99% 和 11.85%。这表明模具温度对收缩率的影响最大。

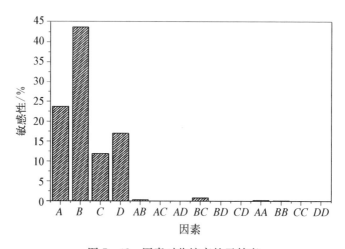

图 7-48　因素对收缩率的贡献度

当保压压力为 25 bar,保压时间为 5 s 时,模具温度和熔体温度对收缩率的影响如图 7-49(a)所示。当模具温度从 20℃升到 30℃,熔体温度从 70℃升到 74℃,

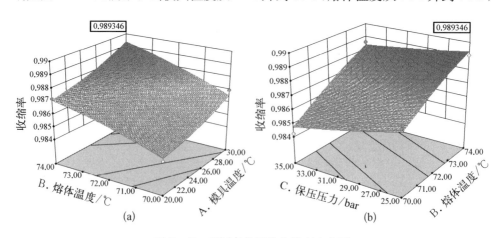

图 7-49　不同条件下的收缩率响应面

(a)保压压力和保压时间分别为 25 bar 和 5 s 时的收缩率响应面　(b)模具温度和保压时间分别为 30℃和 5 s 时的收缩率响应面

收缩率值也提高。这表明较高的熔体温度和模具温度能有效地降低蜡料的收缩。

图 7-49(b)显示了当模具温度和保压时间分别保持在 30℃和 5 s 时保压压力和熔体温度对收缩率的影响。收缩率值随着保压压力的降低和熔体温度的提高而降低。因此,可以通过降低保压压力提高熔体温度能够降低收缩率。这是因为较高的保压压力能使压蜡机中的蜡更充分地充型到模具当中,并阻碍蜡料在模具冷却收缩过程中的收缩。

(4)回归模型适合度检测。

为确认数学模型用到实验中所有的相关信息,需要对得到的响应面模型进行适合度检测。图 7-50 显示了实际值与实验预测值的对比结果。

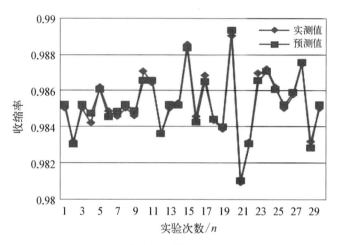

图 7-50   实验值和模型预测值对比图

根据残差分析,如果残差成正态分布,说明数学模型能够精确预测实验值。从正态概率图(见图 7-51)中可知:实验数据成一条直线分布,这说明残差成正态分布。图 7-52 为残差值与响应预测值的对比图,图中散点随机分布,这证明了常数方差的假设。

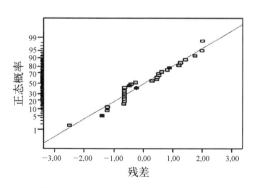

图 7-51   收缩率的残差正态概率图

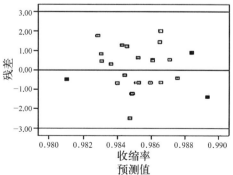

图 7-52   收缩率预测值的学生化残差图

(5) 工艺优化。

在本研究中,我们采用 GA 算法来寻找使得薄壁蜡模的收缩率最接近 1 的压蜡参数。所以 GA 算法的优化任务是寻找目标函数式(7-90)的最小值。

$$f(z) = -S \tag{7-90}$$

其中,

$$z = \begin{bmatrix} T_d & T_m & P & t \end{bmatrix} \tag{7-91}$$

参数的范围,即约束条件如式(7-92)所示。

$$\begin{cases} 20℃ \leqslant T_d \leqslant 30℃ \\ 70℃ \leqslant T_m \leqslant 74℃ \\ 25\ bar \leqslant P \leqslant 35\ bar \\ 5\ s \leqslant t \leqslant 15\ s \end{cases} \tag{7-92}$$

优化过程共进行了 27 组仿真实验。为避免陷入局部最优,就要在种群进化到一定程度时保持种群的多样性。往往陷入局部最小时种群中个体绝大部分是一样的个体,此时要想办法在种群中产生大量新的个体,这样才能通过交叉操作产生新的有用个体,这就要求在子代个体选择方法、自适应的交叉率和变异率等方面做出合理的设定。不同水平下的种群数目,交配比率和变异率的组合如表 7-18 所示,这些参数的设定基于计算经验和其他文献的经验值。

表 7-18   GA 参数设定

参　　数	水 平 1	水 平 2	水 平 3
种群数目	30	60	90
交叉率	0.7	0.8	0.9
变异率	0.01	0.1	0.2

这 27 组仿真实验并没有明显的区别。种群数目和交配率对收缩率的影响并不明显,但变异率对收缩率的影响特别明显。变异率为 20% 和 1% 的各代演变情况分别如图 7-53 和图 7-54 所示。表 7-19 显示了两种变异率情况下压蜡参数和收缩率的情况。这表明高的变异率产生的后代具有的压蜡参数值也越高。

表 7-19   变异率对压蜡参数的影响

	水 平 1	水 平 2
GA 参数		
总群数目	60	60

（续表）

	水 平 1	水 平 2
交叉率	0.8	0.8
变异率	0.2	0.01
平均收缩率	0.988 98	0.989 38
压蜡参数		
模具温度/℃	29.998	29.868
熔体温度/℃	73.958	73.903
保压压力/bar	25.156	25
保压时间/s	5.227	5.09

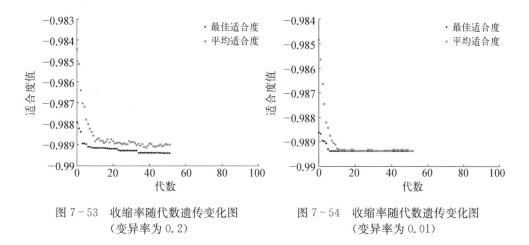

图 7 - 53　收缩率随代数遗传变化图
（变异率为 0.2）

图 7 - 54　收缩率随代数遗传变化图
（变异率为 0.01）

参考文献

［1］　孙敏. 熔模铸造[M]. 北京：北京理工大学出版社,2009.

［2］　吕志刚. 我国熔模精密铸造的历史回顾与发展展望[J]. 铸造,2012,61(4)：347 - 356.

［3］　张立同. 近净形熔模精密铸造理论与实践(精)[M]. 北京：国防工业出版社,2007.

［4］　曹腊梅,汤鑫,张勇,等. 先进高温合金近净形熔模精密铸造技术进展[J]. 航空材料学报,
2006,26(3)：238 - 243.

［5］　姜不居. 实用熔模铸造技术(实用铸造技术丛书)[M]. 辽宁：辽宁科技出版社,2008.

［6］　郭梅. 大尺寸复合材料注塑件模流分析及工艺参数优化[D]. 杭州：浙江工业大学,2012.

［7］　罗超,龙侃,王强. CAE 技术在注塑模具上的应用[J]. 煤矿机械,2011,32(5)：195 - 197.

［8］　陈晓平,王耘,胡树根,等. 基于流动模拟技术的注塑成型工艺参数优化[J]. 机械设计与制
造,2005(2)：68 - 69.

［9］　高启安,常勇,梁齐. 工业 CT 的发展综述[J]. 现代科学仪器,1993(4)：5 - 8.

[10] Bonilla W, Masood S H, Iovenitti P. An investigation of wax patterns for accuracy improvement in investment cast parts[J]. International Journal of Advanced Manufacturing Technology, 2001, 18(5): 348 - 356.

[11] Sabau A S, Porter, W D. Alloy shrinkage factors for the investment casting of 17 - 4PH stainless steel parts[J]. Metallurgical and Materials Transactions B, 2008, 39: 317 - 330.

[12] Box G E, Wilson K. On the experimental attainment of optimum conditions [J]. Journal of the Royal Statistical Society Series B (Methodological), 1951, 13(1): 1 - 45.

[13] Beal V, Erasenthiran P, Hopkinson N, et al. Optimisation of processing parameters in laser fused H13/Cu materials using response surface method (RSM) [J]. Journal of Materials Processing Technology, 2006, 174(1): 145 - 154.

[14] Wu L, Yick K L, Ng S P, et al. Parametric design and process parameter optimization for bra cup molding via response surface methodology [J]. Expert Systems with Applications, 2012, 39(1): 162 - 171.

[15] Rajakumar S, Balasubramanian V. Establishing Relationships between mechanical properties of Aluminium alloys and optimized friction stir welding process parameters[J]. Materials & Design, 2012, 40(0): 17 - 35.

[16] Goldberg D E, Holland J H. Genetic algorithms and machine learning [J]. Machine Learning, 1988, 3(2): 95 - 99.

[17] Shen C, Wang L, Li Q. Optimization of injection molding process parameters using combination of artificial neural network and genetic algorithm method [J]. Journal of Materials Processing Technology, 2007, 183(2): 412 - 418.

8　先进调压铸造工艺

随着航空、航天装备的不断发展,对铸件的结构与尺寸有了更高的要求:① 轻量化;② 整体化;③ 精密化。与这一发展趋势相符,对复杂薄壁铸件的精密成型要求越来越高。对于薄壁铸件来说,充型过程中液态金属冷却速度较快,金属液的流动性、补缩性无法得到保障,容易形成缩松、冷隔、浇不足等缺陷。此外,由型腔壁厚较薄产生的较大的拉普拉斯力、黏滞力,会对铸件充型过程中液态金属前沿的流动状态造成很大影响,为这类薄壁铸件的精密成型造成了很大影响。因此,探索实现薄壁复杂铸件的精密成型新技术显得越来越重要。其中,反重力条件下的熔模精密铸造逐渐成为研究热点。反重力精密铸造主要包括低压铸造、差压铸造、调压铸造等。低压铸造和差压铸造的研究相对比较成熟,而调压铸造研究主要局限于铝镁等轻合金的铸造,在高温合金铸造中还没有得到应用。

8.1　复杂薄壁铸件调压精密铸造技术概述

8.1.1　复杂薄壁铸件铸造方法

8.1.1.1　铝合金复杂薄壁铸件

铝合金薄壁复杂铸件早期多采用砂型重力铸造,金属液充型完全依靠重力作用,充型速度慢且很难控制,铸造过程中不可控因素过多,砂型、砂芯尺寸精度、表面光洁度低,铸件总体铸造质量较差,常出现夹渣、气孔、缩孔等缺陷,表面裂纹、缩松等缺陷也较为明显,严重制约产品生产。后经过多方论证、调研,决定通过采用更先进的铸造工艺方法解决铝合金复杂薄壁铸件的质量问题[1]。

二战期间,英国伯明翰铸铝公司采用低压铸造技术成功研制出飞机发动机缸体铸件,引起了世界铸造界的高度重视,各国开始了对铝合金反重力铸造方法的研究[2]。

目前,欧美等发达国家广泛采用反重力铸造技术生产铝合金薄壁复杂铸件,铸件结构复杂、性能优良,可用于航空、航天飞机,巡航导弹发动机与舱体,高性能装甲车辆发动机,高端电子设备等关键部位,其性能及尺寸精度超越了同类合金锻件及钣金件[3]。

8.1.1.2　镁合金复杂薄壁铸件

相比铝合金,镁合金的化学性质非常活泼,充型过程中金属液极易被氧化,而缩松、缩孔缺陷的产生将增大镁合金与环境的接触面积,使其易于遭受电化学腐蚀。此外,镁合金的密度较低,结晶温度间隔较大,补缩通道极易被堵塞,导致铸件中缩松、缩孔缺陷的产生,铸造难度比铝合金更高,传统重力铸造方法较难满足日益增长的对镁合金复杂薄壁铸件的需求[4-6]。目前,镁合金复杂薄壁铸件的成型方法主要有压铸与反重力铸造两种。

镁合金反重力铸造技术是最近开始兴起的,相比于压铸技术,反重力铸造方法在压力下充型、凝固且成型过程可控的特点在镁合金复杂薄壁铸件领域正越来越受到人们的青睐。欧美等发达国家通过对镁合金复杂薄壁铸件铸造技术的深入研究,结合先进的工艺设备,同时集成计算机辅助工艺设计方法,已研发出镁合金熔炼、输送、反重力浇注一体化气体保护技术,实现了镁合金反重力复杂薄壁铸件的批量生产。图8-1所示为航空发动机用典型镁合金精密铸件[4]。

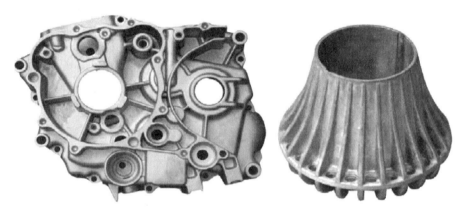

图8-1　航空发动机用典型镁合金精密铸件[4]

8.1.1.3　钛合金复杂薄壁铸件

由于钛合金复杂薄壁铸件外廓尺寸大、壁薄、结构复杂,精密度要求较高,而钛合金在高温下化学活性较高、结晶温度范围较宽,常规铸造方法很难进行生产。目前,在生产中常采用离心铸造工艺,其铸件具有金属利用率较高,组织细密、成本较低等特点[7-10]。我国离心铸造方法相对成熟,哈尔滨工业大学陈玉勇等已成功利用离心铸造方法制备了 Ti-Al-Zr 合金部件(见图8-2)[11]。

使用离心铸造方法虽然可以解决钛合金复杂薄壁铸件的成型问题[10,11],但离心力的存在导致铸件化学成分分布不均,使得铸件冶金质量、微观组织、力学性能等方面随位置产生波动。为

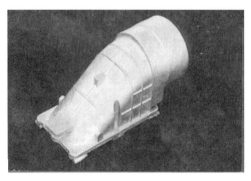

图8-2　复杂薄壁发动机钛合金铸件[11]

得到质量更好的铸件,人们开始探索采用反重力铸造的方法进行钛合金薄壁铸件的生产。

T. Noda[12]率先将反重力铸造技术成功地应用于 TiAl 合金的精密铸造,获得了性能优异的涡轮,其最大转速可突破传统意义涡轮的极限。我国哈尔滨工业大学[13,14]考察了各工艺参数、工艺因素对于钛合金复杂薄壁铸件铸造质量的影响,并提出了相应的铸造方案,完成小型复杂薄壁铸件的制备,铸件内部组织致密,成分偏析小,组织细化,缩孔缺陷少,无界面反应,成本低,体现了反重力铸造方式在钛合金铸造方面的优势。

8.1.1.4 高温合金复杂薄壁铸件

高温合金复杂薄壁铸件在航空、航天工业中的应用非常广泛。从航空发动机的需求来看,航空发动机是飞机的核心装备,是飞机的心脏,航空发动机的设计和制造水平决定了军用飞机的作战性能和运输性能。为了进一步提高飞行器的性能,必须尽一切可能降低重量,提高单位推力和结构效率,而这种高性能发动机技术的实现,70%~80%要靠材料和结构的改进,如涡轮后机匣、预旋喷嘴、发动机燃烧室浮动壁瓦块、前置扩压器机匣和涡轮级间机匣等薄壁铸件的不断改良。整体精铸技术已经成为航空发动机结构件制造技术的主流路线。

目前,大型复杂薄壁高温合金精密铸件已成功应用于 CFM56 系、JT90D、PW4000、RB211、EJ200 等多类军、民用航空发动机[15]。1984 年 Howmet 公司将 K4169 高温合金整体铸造技术应用于 CFM56 发动机高压压气机排气导向环的生产,成功制造出直径超过 500 mm 的环形复杂铸件,在此基础上完成了该发动机扩压机匣和燃烧室外壳的整体铸造[16];此后,又利用 MX-细晶铸造工艺完成了很多大型复杂薄壁细晶结构整体铸件,将高温合金复杂薄壁铸件成功应用于火箭发动机扩散机匣,如铸件尺寸超过 1 000 mm CF6-80 发动机高温合金涡轮后机匣[17]。GE 公司、PCC 公司在大型复杂薄壁高温合金铸造领域也具有极高的水平,已可进行直径超过 1 100 mm、最小壁厚不足 2 mm、由大量结构不同的空心支板组成的复杂发动机机匣的生产。

目前,我国的高温合金精密铸造技术相对落后,早期的高温合金机匣类结构件均采用"板材弯曲成型—锻件粗加工—焊接机加工成型"工艺。这种工艺加工工序繁多、制造周期长、材料利用率低、制造成本高;同时因焊缝多而密,易导致构件变形严重;焊接处热影响区变形和缺陷控制困难,易导致整体结构刚性差。近年来,以上海交通大学为代表的一些研究机构在高温合金大型复杂薄壁构件整体精密铸造开展了大量的研究,取得了一定进展。以往多采取重力铸造的方式来研制加工此类铸件,由于铸件的薄壁面积越来越大,结构越来越复杂,表面质量要求越来越高,重力铸造工艺下的浇注系统设计具有一定的局限性,工艺出品率仅为 20%,且铸件某些复杂结构处极易出现缩松、缩孔、变形和尺寸超差等质量缺陷,浇注系统所用的合金重量约为铸件本身重量的 4 倍,使得铸件制造成本大大提高。亟需开发一种新的工艺和装备来解决这类高温合金构件的铸造成型难题。

8.1.2　调压铸造精密成型技术

调压铸造技术是在传统反重力铸造技术基础上改进形成的复杂薄壁铸件成型技术。1987年,周尧和院士、曾建民等人在反重力差压铸造的基础上针对复杂薄壁铸件成型问题发明了调压铸造方法。调压铸造是传统反重力铸造技术的改进工艺,除具有传统反重力铸造技术的优点以外,还具有自身的独特特点。首先,在充型之前先进行真空除气,并保持一段时间的负压,这有利于金属液中气体的析出,使金属液更加纯净,并能够除去铸型表面吸附的气体与水分,防止产生缺陷。其次,在充型时,进行负压充型,能够避免金属液出现吸气、卷气现象,也不会有腔内气体反压对充型的阻碍作用,既增强了充型能力,又保持了充型的平稳性,而这种平稳充型过程又为铸件的顺序凝固提供了有利条件。最后,充型完成后,金属液在正压下凝固,防止了金属液的回流,有利于金属液的补缩,同时这种正压凝固环境减少了缩松、缩孔的出现,抑制残留气体的析出以减少真空缺陷的形成,明显提高了铸件的致密度,保证铸件的良好性能。调压铸造的种种优点,提升了铸件的强度和塑性,改变了铸件的微观组织和性能,适合于1～5 mm厚度的复杂薄壁铸件成型。

另外,由于真空除气、负压充型的作用,充型过程中铸型的排气量极低,减小了对铸型透气性的要求,而且上下室压差遵循最小压差原则,作用在铸型上的有效压差并不很大,所以不会对铸型的强度有很高的要求。这样,调压铸造对铸型具有了较强的适应性,能够适用于金属型铸造、砂型铸造、熔模铸造等多种铸造方式,生产出用其他方法难以浇注的复杂、薄壁、整体金属铸件,解决复杂薄壁铸件浇注中的充填问题。

调压铸造装置主体部分如图8-3所示,其主要包括两个互相隔离、气体压力可控的压室和对压力进行调控的控制设备。上下两压室均与正压和负压控制系统相连,同时实现对正压和负压的控制。图8-4为调压铸造全过程中压力随时间的变化曲线。

从研究现状来看,调压铸造作为一种用于铝、镁合金复杂薄壁铸件精密铸造的反重力铸造工艺,在解决薄壁铸件成型方面具有较大的优势。目前,随着我国航空发动机、航天飞行器以及地面燃气轮机等重大装备研制的进一步深入,大型复杂超薄壁构件的需求越来越多,采取重力铸造的方式对于壁厚大于1.5 mm的铸件通过浇注系统的特殊设计,可以实现面积小于100 mm×100 mm薄壁区域的成型,如果薄壁面积进一步加大,则会出现疏松、充填不完整、冷隔和其他铸造缺陷。但对于壁厚小于1.5 mm的薄壁铸件,采取重力浇注的工艺方法则很难完成薄壁区域的熔体完整充型,即便是面积略小于100 mm×100 mm的局部区域的完整充型。因此,探索并建立高温合金复杂薄壁铸件调压铸造装置和进行调压工艺研究是非常必

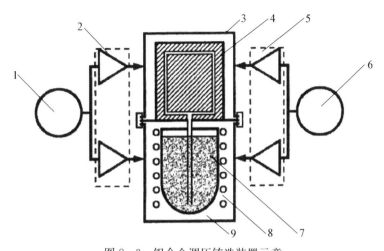

图 8-3 铝合金调压铸造装置示意

1—压力罐；2—正压控制系统；3—上压室；4—铸型；5—负压控制系统；6—真空罐；
7—金属液；8—保温炉；9—下压室

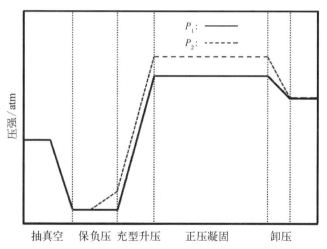

图 8-4 调压铸造过程中压强—时间变化曲线

P_1—铸型环境气压；P_2—金属液环境气压

要的。

基于调压铸造的工艺特点，若将该工艺用于高温合金的精铸成型，必须对高温合金物性、耐火材料、调压压力以及浇注系统等方面予以综合考虑。

（1）高温合金的密度大约是铝合金密度的 3 倍，外加压力下的金属液顺利充填是必须解决的问题。高温合金充型时需要更大的压力，而由于高温合金和铝镁等轻金属物性的差异，在高温合金熔体沿升液管上升时由于拉普拉斯作用产生的反压，以及液态合金对型壳内部的冲击作用，均要从动力学和流体力学两个方面来寻求解决方案。

（2）高温合金浇铸温度约为 1 500℃，远远高于普通铝、镁合金的浇铸温度。这对调压铸造中使用的升液管及其他耐火材料都提出了更高的要求。例如，升液管要使用抗热震性高的特种材料取代传统石墨管或铸铁管，避免液态合金上升过程中对升液管的侵蚀和热冲击。针对高温密封，上下罐之间的啮合采取卡环式，在液压泵的作用下紧固，并利用植入其内的硅胶密封圈密封。

（3）合金的熔炼必须在高真空下进行，这也是区别于铝、镁合金调压铸造的又一重要特征。目前使用的铝合金调压铸造装置，是采取上下罐结构，中间有隔板分离上下压力罐，型壳及升液管都是外置烘箱中焙烧预热后装入上压力罐中，如果高温合金也采取这一设计，在安装升液管及型壳过程中，会对真空度造成较大的影响。要在设计中考虑使用惰性气体保护，以避免铸件的强氧化，从而产生更多的铸造缺陷。

（4）型壳的要求。在普通的熔模精铸中，型壳材料及沾淋工艺的选择对铸件的表面质量和内部质量起着决定性作用。特别是面层、背层浆料及型砂的成分、物理性质等都对铸件质量有至关重要的影响。调压精铸对这些材料的使用更是提出了更高的要求，要求型壳能承受较高的压力，一般调压铸造时的保压压力约为 0.6～1.0 MPa。

（5）浇注系统的特殊设计。调压铸造的关键是获得压差，使得液态金属能顺利达到复杂超薄壁区域并完成充填过程。如何设计合理的浇注系统和选择合适的浇注参数来实现金属的顺利充填和特定的凝固顺序，无疑是十分重要的研究内容。

8.2 高温合金调压铸造装备

早在 20 世纪 80 年代，周尧和、曾建民等就在西北工业大学材料学院建立了调压铸造机的原理样机，并长期在实验室条件下运行和小规模生产。而自动化控制的调压铸造工程化应用装备也早在 2002 年前后就由黄卫东、介万奇、郝启堂等研制成功，并在中航洪都飞机工业公司进行了批量化生产。哈尔滨工业大学孙剑飞也进行了调压/差压/低压一体化装备开发与工艺研究，并为多家研究机构和生产企业研制了各种类型的反重力调压/差压一体化铸造装置。目前，调压铸造技术已成功应用于铝合金、镁合金铸件的工程化生产。基于调压铸造技术的原理通用性和工艺优势，以及近年来航空航天、地面燃气轮机等重点行业领域对于大型复杂薄壁铸件的研制任务需求，上海交通大学在上海汇众电炉有限公司和哈尔滨工业大学孙剑飞教授课题组的协助下设计并制造了应用于高温合金精密铸造的调压装置。

图 8-5 为高温合金调压铸造装置简图。调压铸造装置由上下室真空压力罐、感应加热装置、真空系统、升液管、压力控制装置等主要部件组成。该装置不仅能够实现正压的控制，还可以实现负压的控制。该装置包括两个互相隔离的内部气压独立可控的腔体以及气体压力调节的控制设备。上下腔体之间用隔板

隔离,同时保证两腔体与外界环境的隔离。下压室内安装感应加热线圈和坩埚以熔化盛放高温合金液,通过中频电源和热电偶调节功率以控制合金液温度。上罐内放置型壳,型壳开口一端朝下并与升液管相连,升液管底端插入熔融金属液面。上下压室分别通过管道与压力控制系统相连,通过将气体导入或导出各压室,实现压室内气压从负压到正压的精确控制。图 8-6 为该装置的照片。

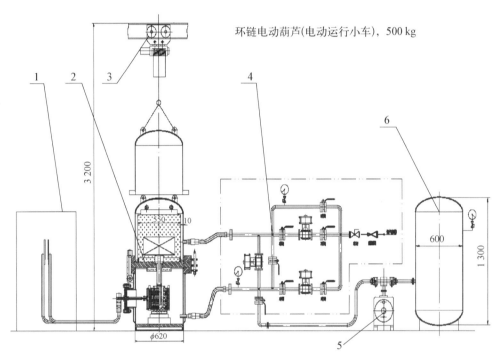

图 8-5 高温合金调压铸造装置简图

1—中频电源;2—调压铸造炉主体;3—吊装小车;4—气路控制系统;5—真空管路;6—真空罐

图 8-6 高温合金复杂薄壁铸件调压精密铸造装置

8.2.1 结构设计

下压力罐为平板夹层型结构,材料选用 16MnR 压力容器专用钢,结构压力均按 1.0 MPa 压力设计制造,下罐内装有电磁感应加热线圈及坩埚。上压力罐为拱顶结构,材料选用 16MnR 压力容器专用钢,结构压力与下压力罐相同,上罐内放置型壳。中间隔板主要起隔离上、下压力罐,放置升液管和型壳的作用,中间隔板材料选用 16MnR 压力容器专用钢,中间隔板中心的升液管孔处有可安装封板法兰的连接螺纹,用于设备调试时的密封。上、下压力罐及中间隔板之间采用活节螺丝杆夹紧。安装铸型及升液管时利用环链电葫芦吊装上罐。

8.2.2　气路控制及密封设计

在调压铸造工艺中,上下罐体的真空度及密封是调压装置的关键控制参数,精确控制上下压力罐中的压差难度较大。针对这一问题,上下密封室分别通过管路与真空压力控制装置和保护气体压力控制装置连接,保护气体压力控制装置的贮气罐上接有传感器,所有的传感器都与控制系统相连接。

经过充分干燥和过滤的惰性气体或压缩空气将金属液平稳地压入型腔。通过气流分配机构,使气体分别进入上、下压力室,下室的压力通过输液管对铸件进行补缩。上室的压力作用于铸型,以保证在较高压力下凝固的同时,型壳本身受力很小,为满足这一要求,对系统内的压力分配应满足:

$$\begin{cases} \mathrm{d}P_1/\mathrm{d}t = \mathrm{d}P_2/\mathrm{d}t \\ P_1 = P_2 + \Delta P \end{cases} \tag{8-1}$$

式中:P_1 为下室的压力,P_2 为上室的压力,ΔP 为充型压力,t 为充型时间。

充型前型腔内的初始压力应根据铸型材料、铸件结构复杂程度和高温合金物性参数综合考虑。如果铸型透气性差,铸件结构复杂,则初始压力应取低值;反之,则取高值。

上下罐体之间的密封采用 O 型密封圈。升液管与中隔板间以及铸型与升液管间的密封靠石墨盘根、耐火棉和铸型本身的密封(压铁)。高温合金密度较大,调压铸造需要的压力大,设备制造难度较大。针对此问题,采取增加大容量贮气罐,短时立体加压的方式。根据流体力学和传热学原理,结合充型工艺参数间的耦合现象,调压铸造条件下的充型方程为

$$\dot{P}(t) = \Delta P \cdot \alpha \left/ \left[R \cdot \rho \cdot C \cdot \ln \frac{T_\rho - T_0}{T_1 - T_0} \right] \right. \tag{8-2}$$

式中:α 为加压速度,$\dot{P}(t) = \mathrm{d}P(t)/\mathrm{d}t$;$P(t)$ 为压力函数;ΔP 为压力差;T_ρ 为浇注温度;T_0 为铸型温度;T_1 为合金液相线温度;C 为合金比热;R 为铸件壁厚的 0.5 倍。

8.2.3　升液管设计

在升液管结构上,首先要保证升液管内金属液的流态为层流,因此要对反重力铸造中的充型速度和充型时间进行合理的选择。充型时间和速度可根据铸件的尺寸形状参数或经验来确定。在充型时间和速度确定的情况下,升液管的半径 R 可

由下式计算确定：

$$R = \sqrt{\frac{V}{t \upsilon \pi}} \qquad (8-3)$$

式中：V 为铸型的体积；υ 为充型速度；t 为充型时间。

在大多数反重力铸造中，为保证充型平稳和升液管的出口与铸型浇口吻合，升液管的出口面积比计算值都要大一些。目前在铝镁合金调压铸造中常用的升液管内径一般为 60～80 mm，出口处的直径一般大于 30 mm。若合金熔点高，则升液管应更粗一些。对于高熔点的高温合金而言，为避免熔体凝固过快而造成堵塞，升液管直径应该比计算值更大。

升液管顶部做成锥形以利于金属液回流。升液管出口面积即为直浇道面积，应大于铸件最大热节面积，保证铸件得到充分补缩。为保证金属液流动平稳，坩埚内金属液面与升液管的加压面积比控制在 20～45 为宜。

在升液管材料选择上，由于高温合金调压铸造的浇注温度高达 1 500℃左右，这就要求升液管具有很好的抗热震性和耐高温腐蚀性。普通的氧化铝刚玉管难以满足工艺要求。因此，高温合金调压铸造装置中采用特种耐材，该材料抗热震性好，高温抗折强度高，耐磨损，并且具有线膨胀率低和导热系数高等一系列优点，具体物理性质如表 8-1 所示。短时使用温度可达 1 600℃。

表 8-1　Si_3N_4 结合 SiC 的特种耐材的性质

产　品　名　称		碳化硅结合氮化硅制品
化学成分/%	SiC	≥72.0
	Si_3N_4	≥22.0
	Fe_2O_3	≤0.3
显气孔率/%		≤16.0
体积密度/(g/cm³)		2.68
常温耐压强度/MPa		≥180.0
抗折强度/MPa	常温	≥45.0
	1 400℃	≥55.0
导热系数/(W/(m·K))	实验温度 650℃	19.5
	实验温度 1 000℃	17.2
导温系数 α/(cm²/s)	实验温度 650℃	0.064
	实验温度 1 000℃	0.053
线膨胀系数 α/K⁻¹	30～1 000℃	4.02×10^{-6}
	30～1 100℃	4.02×10^{-6}

8.2.4　高温合金调压铸造装置主要参数

（1）最高温度为 1 650℃；中频电源功率为 60 kW；中频电压为 375 V；加热频率为约 4 000 Hz；坩埚容量为 20 kg。

（2）多管路进气，充型升液时下罐所需最小压力为 0.05 MPa；充型结束时下罐压力为 1.0 MPa；凝固补缩时的上罐压力为 0.8 MPa。

8.3　调压铸造工艺设计

8.3.1　铸件凝固方式的选择

铸件凝固方式的选择是铸型工艺参数确定的先导，只有在铸件的凝固方式确定之后，浇注系统等才能随之确定下来。铸件凝固方式的选择与许多因素有关，诸如铸件结构（形状、壁厚及其分布复杂程度）、铸型性质（导热系数、蓄热系数、壁厚）、铸造合金性质（结晶温度间隔、导热系数、收缩率）、铸造时的外界环境（铸造方法、压力、重力以及是否有强制冷却）等。

对于反重力调压铸造条件下的高温合金铸件，铸造时金属液是自下而上浇注，所以铸件的凝固方式一般应为自上而下，浇口最后凝固，即顺序凝固方式。

8.3.2　高温合金调压铸造浇注系统设计

在利用反重力调压铸造工艺时，铸件的浇注系统除了满足顺序凝固的要求外，还应保证金属液流动平稳和去除夹渣的要求，并能提高生产效率，节约金属液，浇注后便于切除浇冒口。反重力铸造的浇注系统根据铸件结构的不同主要有 4 种形式：

（1）厚壁及箱体铸件：对于壁较厚或箱体类铸件，常采用几个内浇道，保证充型流程短，还可以起到补缩作用。

（2）筒体铸件：筒体铸件的直径变化较大，对直径小于 400 mm 的铸件可采用一个升液管，而直径大于 400 mm 的筒体常采用两个升液管，合金液由升液管进入浇口套，充填汇流圈，再从缝隙式内浇道进入型腔。

（3）有底面较厚、面积较大铸件的浇注系统：这类铸件放置多个内浇道有困难时，可以采用一个升液管分叉进入铸件的形式。

（4）大型复杂薄壁环套环结构：由于这种结构在航空航天和燃气轮机等重点行业的应用增长迅速，因此近年来对这种大型复杂薄壁环套环结构铸件的研究也越来越多地得到了关注。

8.3.3　调压铸造液面加压工艺参数设计

根据调压铸造的工艺原理与设备的控制要求，需确定升液速度、升液压力、充型速度、充型压力、凝固保压压力、凝固保压时间、浇注温度等参数。

8.3.3.1　升液速度与升液压力

升液速度指合金液在升液管内的流动速度。反重力铸造的重要特点之一就是合金液在升液和充型过程中流动平稳,不易造成湍流。

升液压力指合金液到达升液管出口或者型腔底部位置时的压力。升液开始时,升液管内金属液和坩埚内金属液在同一水平线上,只需在坩埚液面上增加很小的压力即可使升液管内的金属液上升。如图 8-7 所示,随着升液过程的进行,当坩埚内液面下降 ΔH 时,升液管内液面上升高度为

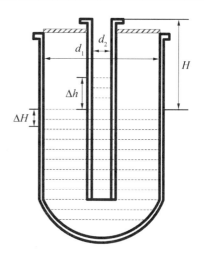

图 8-7 反重力铸造升液压力
计算示意图

$$\Delta h = \left(\frac{d_1}{d_2}\right)^2 \Delta H \qquad (8-4)$$

令

$$H' = \Delta H + \Delta h = \left[1 + \left(\frac{d_1}{d_2}\right)^2\right]\Delta H \qquad (8-5)$$

则由 $P = \rho g h$,可知此时所需的升液压力为

$$P_{升} = K\rho g H' = K\frac{\rho H'}{1\,033.6} \times 0.098 \qquad (8-6)$$

式中:$P_{升}$ 为作用在金属液面上的气体压力(MPa);K 为阻力系数,一般取 1.0~1.5,厚壁铸件取下限,薄壁件取上限;ρ 为金属液的密度(g/cm³);H' 为升液管内金属液面与坩埚内金属液面之间的距离(cm);0.098 为 kg/cm² 与 MPa 的换算系数;1 033.6 为压力换算单位。

阻力系数 K 包括型腔中气体的反压力,合金和铸型内壁面的摩擦力,合金液内的摩擦力,表面氧化膜的阻力,合金的温度降低和黏度逐渐增大的阻力等。因此,阻力系数同铸件高度、壁厚、铸型材料、浇注温度、铸型的排气条件以及合金成分等有关。

由式(8-6)可知,随着升液过程的进行,所需的升液压力不断增大。当升液结束时,坩埚内液面下降,此时所需的升液压力达到最大,为

$$P_{升} = K\rho g\left[1 + \left(\frac{d_1}{d_2}\right)^2\right]H \times \frac{0.098}{1\,033.6} \qquad (8-7)$$

式中:d_1 为坩埚直径(m),d_2 为升液管直径(m),H 为升液管口与坩埚内无压自由液面之间的距离(m)。

8.3.3.2 充型速度

充型速度指金属液在铸型型腔中的上升速度,是反重力铸造的重要工艺参数

之一,它对于铸件质量的影响非常显著。在升液管出口截面积一定的情况下,充型速度就取决于作用在合金液面上的气体压力的增长速度(即加压速度)。加压速度越快,合金液的充型速度也越快;反之,合金液的充型速度也越慢。在调压铸造中,科学地选择充型速度十分关键。充型速度太快,合金液进入型腔时会出现冲击喷溅和翻腾现象,造成铸件有氧化夹渣和气孔缺陷;反之,则又有可能使铸件产生冷隔和欠铸等缺陷。

8.3.3.3 加压速度

加压速度需根据铸件的壁厚大小、铸件的复杂程度和模具的冷却速度等因素来决定。对于厚壁简单件来说,充型稍慢一些也不易产生冷隔和欠铸等缺陷。但对于复杂薄壁铸件,在型壳降温速率较大的情况下,如果充型速度太慢,则易形成铸件冷隔、欠铸等缺陷。

8.3.3.4 充型压力

充型压力是指充型阶段金属液上升至铸型型腔顶部时所需的气体压力。充型压力可按式(8-7)计算,只是此时公式中的"H"对应于铸件顶部与坩埚内无压自由液面之间的距离。

8.3.3.5 凝固保压压力

凝固保压压力是指为使铸件在较大压力下结晶而提供的较大的增压值。结晶增压是为使铸件在较高的压力下凝固,提高补缩能力,增加铸件的组织致密度,减少铸造缺陷。在型壳强度足够高的前提下,凝固保压压力越高,越有利于补缩,浇注的铸件也就越致密。但增大保压压力的方法不是在任何情况下都适用的。结晶压力的确定与铸件种类和铸件结构等因素有关,如湿砂型低压铸造的结晶压力就不能太大,压力过大不仅影响铸件的表面光洁度和几何尺寸,严重的还会造成铸件粘砂和胀箱缺陷。再如浇注金属型薄壁铸件时,由于铸型散热很快,合金液充满型腔后很快就会凝固,这时增大凝固保压压力,补缩作用甚微。

8.3.3.6 保压时间

保压时间是指从金属液的压力达到保压压力最大值到铸件在保持恒定的增压压力作用下完全凝固所需的时间。在此期间内,型腔内的合金液将完成由液态到固态的转变。若保压时间不足,型腔内的铸件凝固将得不到充分的补缩,而出现疏松、缩孔缺陷;或者在铸型和浇口内的合金液尚未全部凝固时,过早的卸除坩埚液面上的压力,未凝固合金液将落回坩埚,造成铸件"中空"而报废。如果保压时间过长,铸件的浇口凝固长度将增长,而致延伸到升液管内,造成回流到坩埚中的金属液减少,并将影响升液管与型壳之间的分离,严重时候会破坏中隔板处的密封环。铸件保压时间的选取要考虑铸件的壁厚、结构、合金的成分、浇注温度和型壳冷却条件等许多因素,而在铸件实际生产中,往往是依靠经验来决定保压时间。

保压时间的计算如式(8-8):

$$\sqrt{t} = K \frac{(t_熔 - t_模)bV}{L + (t_浇 - t_熔)g\gamma S} \qquad (8-8)$$

式中：K 为合金的比热系数；$t_熔$ 为合金的熔化温度(℃)；$t_模$ 为浇注时模具的平均温度(℃)；$t_浇$ 为浇注温度(℃)；b 为铸型的蓄热系数；V 为铸件体积(m^3)；L 为金属的结晶潜热；C 为金属液的热容量$[kJ/(kg \cdot K)]$；γ 为金属凝固后的比重；S 为铸件的表面积(m^2)；t 为保压时间(h)。

当合金材料、铸型材料、浇注温度等各浇注工艺参数确定后，式(8-8)可转换为

$$t = \text{const} \times \left(\frac{V}{S}\right)^2 \qquad (8-9)$$

从式(8-9)可以看出，在浇注工艺确定的条件下，铸件的保压时间仅和铸件本身的结构有关。

8.3.4　浇注温度和铸型温度

合金液的浇注温度与铸型温度对铸件的成型和结晶组织有着直接影响。在保证铸件成型的前提下，浇注温度与铸型温度应尽可能低一点。浇注温度和型温过高，如果在非真空环境下，合金液吸气严重，疏松倾向大，且结晶组织粗大，会降低铸件的力学性能。浇注温度和型温太低，缩松倾向虽趋减小，但合金液流动性能降低，补缩能力也亦降低，在生产中会产生冷隔、欠浇等缺陷，甚至有时出现浇不足等现象。因此应该根据铸件的特点、合金材料和铸型种类及冷却散热条件的不同，选择合理的浇注温度和模具温度。薄壁件的浇注温度和型壳温度要高一些，以便于金属熔体的充填和成型；厚壁件的浇注温度和型温可略低一点，以减少收缩量。

反重力铸造条件下的浇注温度一般比重力铸造要低 10～20℃，而且在保证完整充型的条件下，浇注温度越低越好。

8.4　压力下的熔体充型与凝固

8.4.1　调压铸造方法对合金充型能力的影响

充型能力是指受铸型、浇注温度、浇注速度等因素影响下液态金属的流动性，即液态金属充填铸型、得到形状完整精确的铸件的能力。影响液态金属充型能力因素主要有：① 金属液的流动性；② 浇注条件；③ 铸型填充条件；④ 铸件结构等。液态金属流动性的提升，对减少铸件内缺陷(如浇不足、冷隔、气孔等)具有重要意义。

液态金属的充型能力也受充型速度(浇注速度)的影响[18-20]。充型速度越快，型腔内液态金属散热越少、温度越高、流动性能越好，但过高的充型速度可能会引起液态金属卷气、飞溅等，影响铸件质量。调压铸造方法的充型过程中，液态金属

的流动受可调节的压力控制,可通过不同阶段选取不同的升压速度实时改变液态金属的充型速度,有效地控制液态金属充填型腔。

同时,采用调压铸造方法,充型过程中型壳内反压较低,液态金属充型过程中受到的阻力较小,减少了铸件卷气的可能性,可选取更大的升压速度充填型腔,可以进一步提高液态金属的充型能力,铸件轮廓外形更加完整清晰[21-24]。

Jiang W. M. 等人[25]的研究得到结论,升压速度、浇注温度、气体压强和型腔真空度与液态金属的充型能力呈线性关系。对于 3 mm 厚薄壁片体来说,其充型能力与升压速度、浇注温度、气体压强和型腔真空度的关系如下:

$$L = -192.405 + 0.406T + 3.381Q + 733.333P_V + 450P_g \qquad (8-10)$$

式中:L 表示充型长度,T、Q、P_V、P_g 分别表示浇注温度、升压速度、型腔真空度、气体压强。

但需要注意的是,铸件壁厚也会对充填过程产生一定影响[10]。在压差 ΔP 的作用下,液态金属沿反重力方向逐层充填型腔。由于调压铸造方法一般充型较快,随着壁厚的增大,充填过程出现较明显的反向充填特征,影响充填过程。而高温合金密度相对较高,铸件的质量更易受壁厚的影响。

8.4.2　调压铸造对铸件凝固过程的影响

凝固过程是铸造中最重要的过程之一。凝固过程的改变会对铸件的组织、性能产生不同的影响。对于调压铸造方法来说,不同工艺阶段压力的调整肯定会对凝固过程造成一定的影响,进而起到改变铸件的组织与性能的作用。

常规压力对晶体表面能基本无影响,根据经典形核理论,可以推导出压力对于合金晶体形核率及生长速率的影响[26]:

$$\frac{I(P)}{I(P_0)} = \exp \frac{\Delta G'(P_0) - \Delta G'(P)}{RT} \qquad (8-11)$$

$$\frac{U(P)}{U(P_0)} = \exp \frac{\Delta G''(P_0) - \Delta G''(P)}{RT} \qquad (8-12)$$

式中:$I(P)/I(P_0)$ 代表压力对于合金晶体形核率的影响,$U(P)/U(P_0)$ 代表压力对于合金晶体生长速率的影响。$\Delta G'(P)$,$\Delta G''(P)$ 分别为标准状态下的合金形核激活能及生长激活能,$\Delta G'(P_0)$,$\Delta G''(P_0)$ 分别为压力下合金的晶体生长激活能。

当压力足够大时,压力的存在会减小形核激活能,降低晶体形核的难度,增大晶体形核率;同时,压力的存在会提高液态金属的密度,抑制合金中异质原子的扩散,提高原子的扩散激活能;扩散激活能的提高会降低元素的扩散能力,进而降低晶体的生长速率,达到细化晶粒的目的。同时,元素原子扩散能力的降低会影响合金凝固过程中的溶质再分配现象,减轻元素的偏聚。在压力的作用下,晶粒可能发生弹性或塑性形变,促进熔体在已凝固的枝晶间流动,提升液态金属的补缩能力,改变金属组织的形态和分布[27]。

目前大量实验表明[28-32]，调压铸造铸件组织、性能明显优于重力铸造。对于铝合金[30]来说，调压铸造试样抗拉强度提高 $8\%\sim10\%$，伸长率提高了 50% 以上，显示出调压铸造方法的优越性。

要想达到改善铸件组织，提高形核率的目的，必须研究如何最大限度地提高作用在凝固过程中的压力数值。

8.4.3　调压铸造方法对合金铸造缺陷的影响

对于凝固区间大的合金来说，铸件极易形成显微疏松、缩松、缩孔，严重影响铸件的使用性能，如何有效地控制铸件中的缩松缩孔缺陷一向是人们关心的问题。

对于铸件补缩能力的改善，人们往往从铸件补缩的动力与阻力两方面考虑。铸件补缩的动力主要有液态金属的表面张力、自身重力产生的静压力以及液面受到的附加压力。补缩的阻力主要包括液体流动时受到的黏性摩擦力、晶间通道产生的局部阻力、液态金属自身重力等。

通过对金属液体流动情况进行受力分析，可得出缩松判据[33]：

$$\frac{G_{sc}\sqrt{P_{sc}}}{\sqrt{R_{sc}}} < K_c \tag{8-13}$$

式中：G_{sc}、R_{sc}、P_{sc} 分别对应临界固相率的温度梯度、冷却速度、所受压力；K_c 为缩松判据临界值。当计算得到的数值大于 K_c 时，不容易出现缩松；当计算得到的数值小于 K_c 时，容易出现缩松。

对于同样的工艺条件，铸件各位置温度梯度和冷却速度波动不明显，铸件产生缩松的趋势主要受压力影响，显然提高压力可提高金属液的补缩能力，理论上反映出调压铸造方法在凝固补缩方面的优势。提高保压压力可提高铸件的补缩速度和补缩能力，获得的组织更加致密、均匀，有效地减少铸件中显微缩松的含量。

此外，调压铸造初期压室内保持负压，减少了气体进入液态金属的可能性，降低了铸件中气孔、氧化等缺陷产生的概率，降低了铸件的裂纹倾向，达到提高零件可靠性的目的。

虽然高温合金调压铸造技术在我国提出时间并不长，对于其浇注工艺的设计、理解还需要一个慢慢探索的过程；但我们相信，随着理论、设备的不断发展，高温合金调压铸造技术终将形成一套完整的技术体系，实现低成本、高可靠性和高合格率的铸件的生产。

8.5　高温合金复杂薄壁铸件调压铸造实例

选择镍基高温合金 K4169 为原材料进行高温合金调压精密铸造。由于目前高温合金大型复杂薄壁铸件壁厚多集中于 $1\sim2$ mm，为模拟调压铸造方法对于高温合金大型复杂薄壁铸件的适用性，采用 1 mm、2 mm 厚薄板作为铸件主体设计特征件。

对于未设置补缩冒口的薄板铸件,倾斜浇注有利于降低合金液面波动对于铸件质量的影响,但熔模铸造方法由于使用的 1 mm 蜡模自身强度不够,需采用筋板加强,又倾斜安放易导致蜡模沾浆过程中断裂、变形,故采用竖直安放方式。特征件结构如图 8-8 所示。

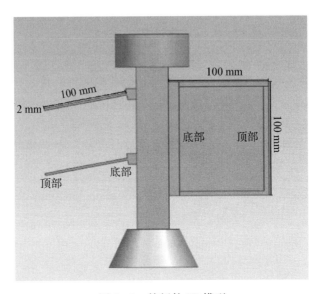

图 8-8　特征件 3D 模型

特征件右侧放置 100 mm×100 mm×1 mm 薄板一片,薄板四周使用 5 mm 蜡片加作为加强筋板,右侧放置倾斜 100 mm×100 mm×2 mm 薄板两片,倾角 15°,通过 10 mm 凸台与浇道连接,并定义薄板距浇道最远处为顶部,靠近浇道处为底部。浇道尺寸为 150 mm×50 mm×30 mm,较大尺寸厚度保证薄板铸件凝固后浇道内液态金属可回流至坩埚中,节省生产成本。蜡模顶端设置暗冒口,用以保存被污染的液态金属,提高薄板铸件的冶金质量。蜡模顶端设置锥形凸台,便于与升液管配合。

铸型材料采用熔融石英型壳,浇注合金为 K4169 合金,铸件与铸型间导热系数按照经验选择铸型散热系数 1 000 W/(m² · K),铸件除升液管部分外采用保温棉严格保温,升液管部分导热方式选择空气冷却(air cooling)。

8.5.1　高温合金特征件调压精密铸造

8.5.1.1　实验方案

根据调压铸造设备实际能力,浇注温度选择 1 560℃,型壳预热温度 955℃,升压速度选择 3 kPa/s、4 kPa/s、5 kPa/s 进行实验,结晶保压压力选择 300 kPa,考察升压速度对于铸件组织、性能的影响。然后在升压速度 5 kPa/s 的基础上选择结晶保压压力 100 kPa、600 kPa 进行实验,研究结晶保压压力对铸件组织和性能的影响。

　　为对比铸造方法下液态金属的充型能力,设置重力对比实验,考虑到型壳的降温情况,重力铸造条件下浇注温度选择 1 560℃,型壳预热温度 850℃,型腔浇满时间 5 s,观察不同厚度薄板的充填情况。

　　调压铸造实验工艺参数选择如表 8-2 所示。

表 8-2　调压铸造实验工艺参数

试验号	升压速度/(kPa/s)	压差/kPa	结晶保压压力/kPa	保压时间/s
1	3	90	300	300
2	4	90	300	300
3	5	90	300	300
4	5	90	100	300
5	5	90	600	300

8.5.1.2　工艺参数对于铸件充型情况的影响

　　图 8-9、图 8-10、图 8-11 所示为不同工艺条件下薄板铸件的充填情况。可以看出,重力铸造方法下 1 mm 薄板充型极差,只有少量金属液流入 1 mm 薄板型腔,2 mm 薄板充填完整;调压铸造方法下升压速度较低时,1 mm 薄板中存在大量冷隔、浇不足缺陷,缺陷随升压速度上升得到有效控制,2 mm 薄板充填完整。

　　对于薄板铸件的充填过程来说,由于表面张力作用产生的拉普拉斯力阻碍着金属液的流动,影响铸件充型质量。同时,金属液散热较快,流动能力下降较快,易导致冷隔、浇不足等缺陷的形成。

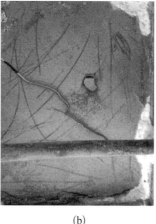

(a)　　　　　　　　　　(b)　　　　　　　　　　(c)

图 8-9　不同升压速度下 1 mm 薄板铸件充填情况

(a) 3 kPa/s　(b) 4 kPa/s　(c) 5 kPa/s

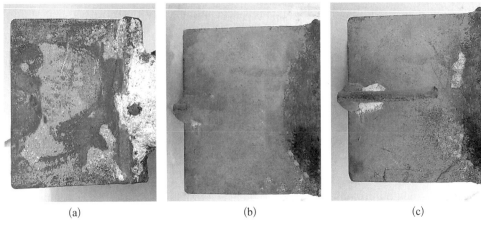

图 8 - 10　不同升压速度下 2 mm 薄板铸件充填情况

(a) 3 kPa/s　(b) 4 kPa/s　(c) 5 kPa/s

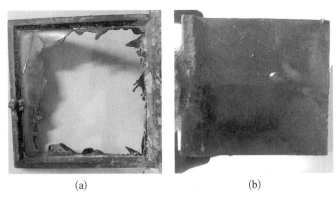

图 8 - 11　重力铸造铸件充填情况

(a) 1 mm　(b) 2 mm

重力条件下,金属液充型驱动力为重力,大小由金属液浇注位置决定;调压铸造方法充型驱动力为气体压力,大小可按需要调节。对于壁厚较薄的 1 mm 薄板来说,重力铸造方法很难提供足够的充型驱动力,导致充填情况较差,而调压铸造方法通过改变升压速度的方式,可有效控制铸件充填过程,保证铸件充填质量。

8.5.1.3　铸件金相组织分析

在高温合金调压精密铸造过程中,不同工艺的选择影响铸件的充型及凝固过程,进而对铸件组织产生一定影响。同时,不同部位间冷却速度和凝固时间各不相同,也将导致不同位置处组织存在差异。

图 8 - 12 为铸件微观组织金相照片。从图中可以清晰地看出,合金基体为白色 γ 相上,基体枝晶间分布着大量黑色“岛状”偏析区,在“岛状”结构的内部存在一定量的细网状结构,可以判断该析出相是 Laves 相。此外,偏析区内还存在着颗粒状

析出物 MC 碳化物。

在铸件组织基体形成后,在合金元素的不断偏析下,如果 Ti、Mo、Nb 等元素的含量大于其在 Laves 相中的饱和溶解度时,过饱和的 Laves 相将随着铸件温度的降低在枝晶间或晶界处析出,形成图中所示的 Laves 脆性相。

图 8-13 所示为 2 mm 厚薄板不同位置宏观组织分布情况。从图中可清晰地看出,薄板顶部位置为细小的等轴晶,中心部分为晶粒度增大的等轴晶,而底部位置由取向一致的柱状晶组成。

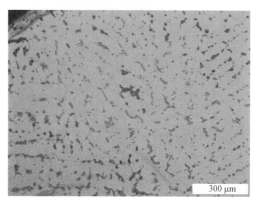

图 8-12 铸件微观组织金相照片

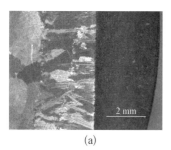  

(a) (b) (c)

图 8-13 2 mm 厚薄板不同位置宏观组织分布情况

(a) 底部 (b) 中部 (c) 顶部

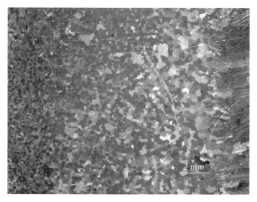

图 8-14 1 mm 厚薄板不同位置宏观组织分布情况

图 8-14 所示为 1 mm 厚薄板沿金属液流动方向宏观组织分布情况。与 2 mm 厚薄板组织分布类似,薄板组织从细小的等轴晶向方向一致的柱状晶过渡,但组织更加细密。

在充型过程中,液态金属流动前沿位置与型壳接触时间较长,温度下降较为明显,凝固时间较短;薄板顶部位置型壳散热较快,温度较低,熔体在型壳较强的激冷作用下大量形核,形成无方向性的细密等轴晶组织。随着凝固层向浇注系统方向推移,液态金属散热能力减弱,温度梯度分布趋于平缓,随着温度的不断降低,熔体内开始形核、长大,因凝固过程中无明显的散热方向,组织由无方向性的等轴晶组成。但由于其过冷度较小,熔体中形核核心较少,晶粒组织较为粗大。而薄板底部位置与厚大的浇道部分连接,冷却速度较慢,凝固时间较长,中心等轴晶区晶体单向延伸生长,生长方向平行于热流方向,朝向浇注系统方向生长。

图 8-15 所示为相同工艺参数下 2 mm 薄板平均晶粒尺寸与其水平高度间的关系。为便于比较,只选取组织中有代表性的中心部位等轴晶组织进行分析。由图可看出,高度对于 2 mm 厚薄板的影响较小,不同高度下薄板件中心组织均为粗大的等轴晶,晶粒尺寸无明显变化。

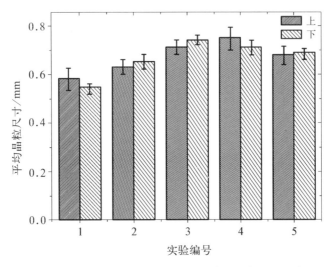

图 8-15　2 mm 薄板平均晶粒尺寸与其水平高度间的关系

图 8-16 所示为 1 mm 厚薄板平均晶粒尺寸随高度变化趋势。与 2 mm 厚薄板组织分布类似,薄板组织较为稳定,无明显晶粒尺寸变化,由较粗大的等轴晶组成。

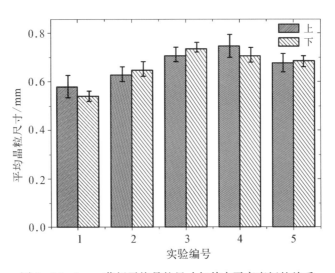

图 8-16　1 mm 薄板平均晶粒尺寸与其水平高度间的关系

调压铸造过程中液态金属流动受压差控制,充型较为平稳,无明显飞溅、湍流现象发生。浇注系统中液态金属温度分布较为均一,无明显温度突变现象,充填不同高度薄板时温度差别不大,对铸件组织影响较小。因此,不同高度下铸件组织无明显变化。

8.5.1.4 调压铸造工艺对铸件组织的影响

晶粒尺寸在很大程度上决定了铸件的性能。晶粒尺寸的增大将降低材料的塑性、韧性,导致铸件中温强度、低周疲劳性能等的降低。而晶粒尺寸过小则会降低铸件的蠕变、断裂性能。因此,研究不同铸造工艺对于铸件晶粒大小尺寸的影响具有重要意义。

(1)壁厚对铸件组织的影响。

图 8-17 所示为 1 mm、2 mm 薄板铸件金相组织照片,取样部位为薄板中心位置,其中调压铸造工艺参数为:升压速度 3 kPa/s,结晶保压压力 300 kPa。可以清楚地看出,不同厚度薄板凝固组织很类似,晶粒由大量十字结构的树枝晶构成。薄板内树枝晶位相各异,无统一的排布方向,与其散热条件相符,其中 2 mm 厚薄板内晶粒尺寸明显大于 1 mm 厚薄板。

图 8-17 薄板铸件金相组织照片

(a) 1 mm (b) 2 mm

对所有实验组不同厚度薄板中心位置处晶粒统计得:2 mm 厚薄板内晶粒平均直径为 1.22 mm,宏观晶粒度为 M-9.5 级,1 mm 厚薄板内晶粒平均直径为 0.64 mm,宏观晶粒度为 M-12 级,晶粒尺寸变化超过 40%。

图 8-18 所示为不同厚度下薄板横截面金相组织,工艺参数、取样位置与图 8-16 一致。图中可明显看出,1 mm 厚薄板内晶粒尺寸较细小,横截面上平均含有 2~3 个晶粒,而 2 mm 厚薄板内晶粒尺寸相对较粗,横截面上晶粒数变为 1~2 个。

随着铸件壁厚的降低,薄板模数不断减小,凝固时间不断减少,薄板处熔体冷却速度变快,固液界面处过冷度增大,形核所需的能量起伏减小,形核核心的形成速度增大,而当形核核心数量增大时晶粒尺寸相应变小。

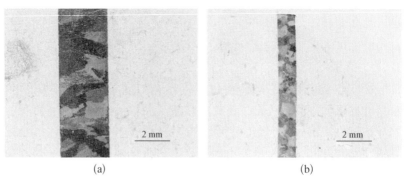

(a)   (b)

图 8-18   不同厚度尺寸的薄板件晶粒组织

(a) 2 mm   (b) 1 mm

（2）升压速度对铸件组织的影响。

图 8-19 所示为不同升压速度下 2 mm 厚薄板金相组织照片，升压速度分别为 3 kPa/s、4 kPa/s、5 kPa/s。由图可知，随着升压速度的上升，铸件中心晶粒仍为等轴晶形态，但尺寸逐渐增大。

(a)   (b)   (c)

图 8-19   不同升压速度下 2 mm 薄板金相组织

(a) 3 kPa/s   (b) 4 kPa/s   (c) 5 kPa/s

测量各试样的晶粒平均大小，并求取平均值，其平均晶粒尺寸随升压速度变化趋势如图 8-20 所示。对于 1 mm 厚薄板来说，升压速度 3 kPa/s 时，晶粒平均直径为 0.58 mm；升压速度 4 kPa/s 时，晶粒平均直径为 0.63 mm；升压速度 5 kPa/s 时，晶粒平均直径为 0.71 mm，晶粒尺寸变化超过 15%。对于 2 mm 厚薄板来说，升压速度 3 kPa/s 时，晶粒平均直径为 1.1 mm；升压速度 4 kPa/s 时，晶粒平均直径为 1.2 mm；升压速度 5 kPa/s 时，晶粒平均直径为 1.42 mm，晶粒尺寸变化约 29%。

在调压铸造方法中，升压速度决定了液态金属充填型腔的速度，升压速度上升，铸件充型过程缩短，液态金属在充型过程中与型壳接触时间减短，温度下降幅度变小，延长了薄板处金属液的凝固时间，导致凝固晶体长时间处于长大阶段，晶粒尺寸变得粗大。对于 1 mm 厚薄板，其冷却速度要明显大于 2 mm 厚薄板，因升

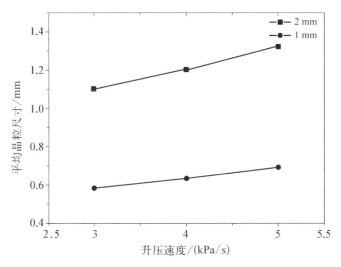

图 8-20　平均晶粒尺寸随升压速度变化趋势

压速度改变导致的凝固时间的改变幅度较小,晶粒粗化程度降低。

（3）结晶保压压力对铸件组织的影响。

图 8-21 和图 8-22 所示为不同结晶保压压力下 2 mm 厚、1 mm 厚薄板金相组织照片,结晶保压压力分别为 100 kPa、300 kPa、600 kPa。由两图可知,随着升压速度的上升,铸件中心晶粒形态未发生变化,但 2 mm 厚薄板中晶粒尺寸逐渐减小,1 mm 厚薄板中晶粒无明显尺寸变化。

(a)　　　　　　　　　　　(b)　　　　　　　　　　　(c)

图 8-21　不同结晶压力下 2 mm 薄板金相组织

(a) 100 kPa　(b) 300 kPa　(c) 600 kPa

不同试样晶粒度随结晶保压压力变化趋势如图 8-23 所示。对于 1 mm 厚薄板来说,曲线基本平直,晶粒尺寸减幅低于 15%。对于 2 mm 厚薄板来说,结晶保压压力从 100 kPa 升至 300 kPa 时,晶粒尺寸变化较明显,减幅达到 30% 以上,而结晶保压压力再向上提升时,晶粒尺寸继续减小,减幅为 30% 左右。

在调压铸造凝固过程中,铸件表面金属液凝固后发生收缩,与型壳之间存在一定的气隙,气隙的传热能力直接影响到铸件的降温速度,进而影响铸件的凝固过

(a)　　　　　　　　　　(b)　　　　　　　　　　(c)

图 8-22　不同结晶压力下 1 mm 薄板金相组织

(a) 100 kPa　(b) 300 kPa　(c) 600 kPa

程。结晶压力的增大导致气隙内气体压强、密度的增大,引起气体导热能力的上升,进而加快铸件的散热速度,导致铸件晶粒尺寸的改变。

由压力导致的金属液的挤滤渗流能力可由式(8-14)表示:

$$\Delta G = \frac{K \Delta P}{\mu \Delta L} F \Delta t \tag{8-14}$$

式中:ΔG 表示压力作用下挤滤渗流到缩孔中的金属容量,ΔP 表示施加在金属液上的压力差,ΔL 代表挤滤深度,Δt 为挤滤时间,K 为渗透系数,μ 代表动力黏度系数,F 为挤滤面积。

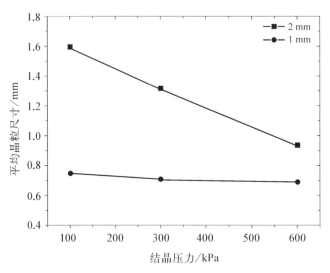

图 8-23　平均晶粒尺寸随结晶压力变化趋势

结晶压力的增加会提高液态金属的挤滤渗流作用,迫使未完全凝固的金属液在枝晶间毛细通道内流动,若已凝固部分的枝晶骨架强度较低,可能被枝晶间的液态金属流动所折断,增加熔体中晶体形核核心的数量,对晶粒进行细化。

此外,在结晶保压压力的作用下会提高合金的凝固温度,增加液态金属凝固时的过冷度,也会引起铸件晶粒的细化。

由于设备加压速度受惰性气源影响,结晶保压压力需要较长时间才能达到预定的压力。对于 1 mm 厚薄板,金属液在压力加载至足够高前已完全凝固,故受结晶保压压力影响较小,晶粒几乎未出现细化情况。

8.5.1.5　铸造工艺对铸件二次枝晶间距的影响

二次枝晶间距(SDAS)指的是二次枝晶臂之间的距离,其大小直接影响铸件的各项力学性能,同时对合金的成分偏析、第二相的分布情况及显微缩孔、缩松的分布也有一定影响,是影响铸件质量的重要因素之一。二次枝晶间距与铸件的冷却速度、局部凝固时间关系可由下式表示:

$$\lambda_2 = at_{\mathrm{f}}^{\frac{1}{2}} = bR^{-\frac{1}{2}} \tag{8-15}$$

式中:R 代表冷却速度,t_{f} 代表局部凝固时间。

由式(8-15)可知,二次枝晶间距随合金冷却速度的增大而减小,随局部凝固时间的减小而减小。

在枝晶的生长过程中,在枝晶臂旁液相中存在着一定程度的溶质富集,溶质浓度随二次枝晶臂半径的改变而改变,枝晶臂越粗大,周围液相内溶质浓度越高。由于二次枝晶臂半径不一,溶质存在着一定的浓度梯度,有沿浓度梯度方向从粗大枝晶臂向细小枝晶臂扩散的趋势,而溶剂有沿反方向扩散的趋势。这种趋势将导致细小枝晶臂溶解,粗大枝晶臂变得更粗大。随着冷却速度的降低,局部凝固时间的增长,合金停留在固液两相区内时间增长,枝晶粗化过程进行得更加充分,二次枝晶间距也随之增大。

(1) 位置对于铸件二次枝晶间距的影响。

图 8-24 所示为 2 mm 厚薄板不同位置枝晶分布情况,该组实验工艺参数为升压速度 5 kPa/s,结晶保压压力 300 kPa。由图可知,枝晶组织沿金属液流动方向逐渐细化,排列方向趋于无序。薄板顶部位置枝晶排列致密,枝晶方向无明显规律。而底部位置枝晶相对粗大,排列方向相近。整体来说,二次枝晶间距沿金属液流动

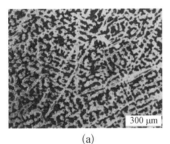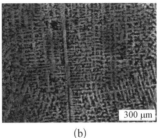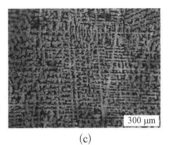

(a)　　　　　　　　　　(b)　　　　　　　　　　(c)

图 8-24　2 mm 薄板不同位置处枝晶形貌

(a) 底部　(b) 中部　(c) 顶部

方向逐渐减小,由于型壳边缘处温度较低,散热速度较快,薄板顶端处二次枝晶间距比中心部分细化。而薄板底部与厚大的浇注系统相连,温度下降较慢,是薄板件最后凝固的部分,二次枝晶间距相对较大。

图 8-25 所示为不同位置二次枝晶间距沿金属液流动方向变化趋势的曲线。由图可知,随着壁厚的减小,铸件中心部位二次枝晶间距呈减小趋势,1 mm 厚薄板处与 2 mm 厚薄板处平均 SDAS 最大相差约 50%,不同壁厚处 SDAS 差距随升压速度的增大而减小。而不同高度下二次枝晶间距分布较为接近,不同升压速度下二次枝晶间距有一定变化。

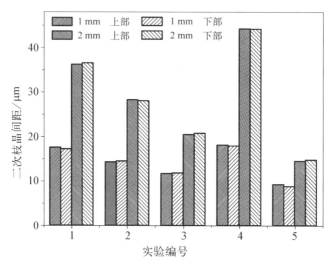

图 8-25　二次枝晶间距随高度变化趋势

对于铸件来说,壁厚越厚,其单位体积散热面积越小,冷却速度越慢,合金凝固过程中枝晶粗化现象进行得越彻底,细小枝晶随之大量熔化,粗大枝晶存在变粗趋势,进而导致二次枝晶间距变大。

但升压速度的上升将提高金属液进入薄板型腔时的温度,降低不同厚度薄板间凝固时间的差异,一定程度上缓解由于冷却速度不同导致的 SDAS 不同的问题。

由于同一铸件不同薄板间高度差较小,金属液充型速度较快,不同高度充填时间间隔较小,同时浇道厚度较大,对金属液有较好的保温作用,金属液到达不同高度薄板入口处时温度相差不大,不同高度对应位置处散热条件基本一致,冷却速度相近,故二次枝晶间距随高度变化较小。

(2) 升压速度对铸件二次枝晶间距的影响。

图 8-26 所示为二次枝晶间距随升压速度变化的趋势曲线,可以看出:二次枝晶间距随升压速度的上升而减小。

当升压速度改变时,金属液到达型腔时间发生改变,金属液温度与型壳温度随之变动,导致金属液的冷却、凝固过程发生变化,影响其冷却速度及温度梯度,进而

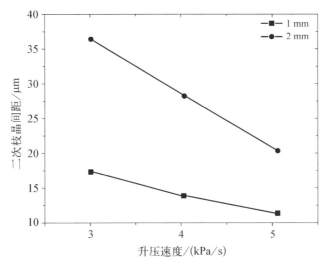

图 8-26　二次枝晶间距随升压速度变化情况

导致二次枝晶间距发生改变。

　　由于型壳浇注前冷却时间较长,升压速度导致的充型时间的变化相对较短,型壳温度改变量相对较小,而薄板型腔充填中金属液温度受充填时间的影响很大。故升压速度增大时,金属液温度提高量要大于型壳温度提高量,两者之间温度梯度增大,有利于铸件二次枝晶间距的细化。

　　(3) 结晶保压压力对铸件二次枝晶间距的影响。

　　图 8-27 所示为二次枝晶间距随结晶保压压力变化的情况。从图中可以看出:当结晶压力增加时,二次枝晶间距出现减小的趋势。

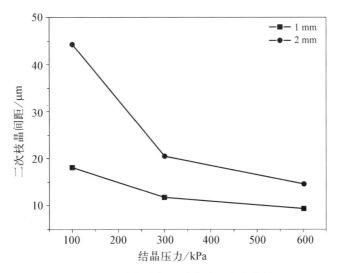

图 8-27　二次枝晶间距随结晶压力变化情况

结晶压力的增大导致气隙内气体压强、密度的增大,引起气体导热能力的上升,进而加快了铸件的冷却速度。由式(8-15)可知,冷却速度的加快将导致铸件二次枝晶间距的减小。

由式(8-14)可知,结晶压力的存在将迫使金属液进行补缩流动,降低液相内溶质的浓度梯度,改变枝晶生长液相前沿的溶质分布情况,影响枝晶的生长速度,促进二次枝晶臂的生长,导致二次枝晶的细化。

同时,结晶压力的增加将导致金属液的挤滤渗流能力增强,促使合金液沿枝晶间毛细通道流动。这种流动将对二次枝晶臂产生一定的剪切力,若二次枝晶臂强度不够,将发生塑性变形、弯曲,甚至断裂,进而增大二次枝晶间距。此外,结晶过程结晶潜热的释放可能会引起细小的枝晶臂的熔断,一定程度上增大二次枝晶间距。枝晶最终二次枝晶间距的变化是由这些作用相互叠加产生的。由于结晶压力对铸件冷却速度的影响占主要地位,最终铸件二次枝晶间距随结晶压力增大呈减小的趋势。

但由于设备受惰性气源影响,结晶保压压力加压速度有限,需要较长时间才能达到预定的压力。因此压力增大至 600 kPa 时 2 mm 厚薄板二次枝晶间距细化现象不明显。而对于 1 mm 厚薄板,金属液在压力加载至足够高前已完全凝固,故受结晶保压压力影响较小,二次枝晶间距细化程度较低。

8.5.1.6　铸造工艺对铸件硬度的影响

力学性能是铸件质量的最终体现和最重要的考核标准,在分析铸造工艺对铸件组织的影响关系后,进一步研究铸造工艺与铸件力学性能间的关系。由于薄板件本身较薄,在清理过程中易发生变形现象,不易加工得到拉伸试样,故考察薄板铸件的硬度性能。硬度值是考察合金性能的一个重要标准,同时测量方法简易,且可与材料的强度等力学性能进行一定的简单换算。表 8-3 为铸态合金不同位置处测得的硬度平均值。

表 8-3　铸件不同位置硬度平均值(H_v)

试验号	壁厚/mm	垂直位置	水平位置(金属液流动方向)		
			底部硬度	中心位置硬度	顶部硬度
1	1		328	348	359
	2	上部	307	319	337
	2	下部	304	320	342
2	1		335	378	393
	2	上部	316	338	362
	2	下部	318	330	367
3	1		348	392	409
	2	上部	330	347	375

（续表）

试验号	壁厚/mm	垂直位置	水平位置（金属液流动方向）		
			底部硬度	中心位置硬度	顶部硬度
4	2	下部	325	344	369
	1		370	409	432
	2	上部	360	374	394
5	2	下部	363	380	410
	1		334	357	376
	2	上部	316	328	365
	2	下部	318	324	357

（1）铸件不同位置处的硬度研究。

图 8-28 所示为不同位置处铸件硬度分布情况，工艺参数为升压速度 3 kPa/s，结晶保压压力 500 kPa。由图中可看出，硬度受竖直高度变化的影响较小，沿金属液流动方向硬度不断升高，且不同工艺参数下升高趋势类似；1 mm 厚薄板硬度明显高于 2 mm 厚薄板，且不同工艺参数均反映出此情况。

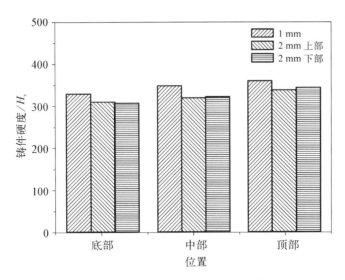

图 8-28 铸件硬度随位置变化趋势

由于铸件竖直高度差异不大，同时金属液充型速度较快，金属液到达不同高度薄板时温度、元素分布等情况相差不大，而不同位置处型壳温度基本一致，使得金属液在其中散热环境、元素分布等情况无较大差异，故硬度受竖直高度变化影响较小。

而沿金属液流动方向型壳散热条件不同，铸件平均晶粒尺寸与二次枝晶间距等微观组织参数减小，导致其硬度产生一定变化，呈现沿金属液流动方向增大的趋势。

　　不同厚度铸件热条件不同,1 mm 厚薄板明显具有较小的平均晶粒尺寸与二次枝晶间距,导致其硬度上升。而 2 mm 厚薄板凝固时间相对较长,元素偏析、氧化程度较严重,使其力学性能有一定程度降低。

　　(2) 升压速度对铸件硬度的影响。

　　图 8-29 所示为不同升压速度下铸件硬度分布的情况,由图中可看出,铸件硬度随升压速度上升而上升,且不同厚度铸件的上升趋势类似。由之前分析可知,升压速度上升会降低铸件二次枝晶间距,而二次枝晶间距的减低将提高铸件的力学性能,使得铸件硬度上升。

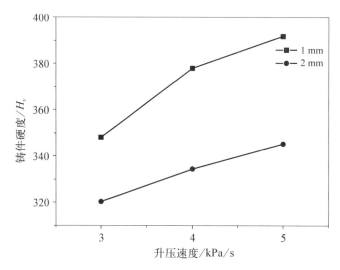

图 8-29　铸件硬度随升压速度变化趋势

　　(3) 结晶保压压力对铸件硬度的影响。

　　图 8-30 所示为不同保压压力下铸件硬度分布情况,由图中可看出,铸件硬度随保压压力上升而上升。由之前分析可知,保压压力上升会降低铸件平均晶粒尺寸及二次枝晶间距,从而提高铸件的各项力学性能。

8.5.2　高温合金浮动壁瓦片调压铸造模拟研究

8.5.2.1　浮动壁火焰筒

　　随着航空工业不断发展,对航空发动机性能的要求也越来越高。航空发动机的一个最为重要的性能指标为推重比,而增加发动机燃烧室温度是提高推重比的一个主要措施。在发动机燃烧室推重比从 8～10 级的突破中,燃烧室温度提高 200℃,主要是采用火焰筒头部气动雾化、壁面复合冷却及浮动壁结构设计技术。浮动壁结构火焰筒最早由普惠公司研发出来,并先后用于 V2500 发动机、F119 军用发动机以及 PW4000、PW6000、PW8000 等民用发动机,罗罗公司也在多款民用发动机上采用了浮动壁结构设计。目前浮动壁火焰筒结构设计已经成为欧美先进发动机火焰筒的主流设计。

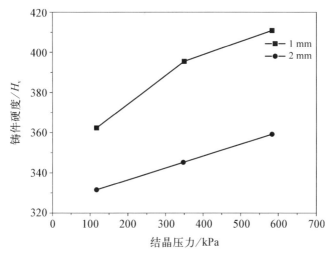

图 8-30　铸件硬度随结晶压力变化趋势

浮动壁火焰筒的主要设计特点是将火焰筒的承力部件和承热部件分开,形成双层壁结构,内部为浮动壁(承热部件),浮动壁一般采取在周向和径向进行网格式的划分,由一定数量的浮动瓦块拼接组成,并固定在外层承力部件上,分块式的结构允许瓦块之间存在适当的空隙,使得瓦块在受热时能够有一定的膨胀空间,减小高温下的热应力,火焰筒结构及瓦片如图 8-31 所示。

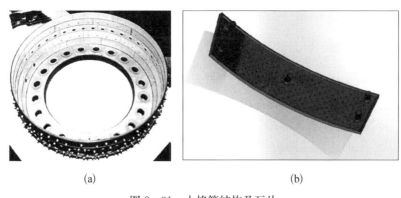

(a)　　　　　　　　　　　　　　(b)

图 8-31　火焰筒结构及瓦片
(a) 燃烧室浮动壁　(b) 瓦块单元

在这一结构基础上,由于具体采用的冷却方式的不同,浮动壁瓦块有着多种结构设计。目前主流的是冲击+致密孔发散气膜冷却结构,或称之为完全覆盖气膜冷却,就是在弧形的浮动壁瓦块面上设计大量规则排布的致密微孔,这些微孔在沿着气流方向有一定角度的倾斜,这样一方面浮动壁外的冷空气可以直接通过冲击的方式冷却浮动壁,并可以流入微孔,在浮动壁内壁形成一层连续的保护气模。这一结构设计的浮动壁具有质量更轻,冷却效率更高等优势,在当前的先进发动机燃烧室中有着非常广泛的应用。

浮动壁瓦块的形状是由火焰筒的曲面通过周向和径向的切割划分得到的,由于火焰筒曲面是一个近似圆锥面,这样得到的瓦块具有一定的弧度,为弧形长条状,但弧形长条的上下侧弧度并不相同,长度也略有差别,这样弧形长条的四个角也并非直角。浮动壁瓦块本身不承担负载,出于减重等要求,其壁面厚度较薄,便

图 8 - 32　优化后的铸造系统模型

于挂靠在承力部件上,在其薄壁面上有 5 个柱体螺栓,起到与承力部件连接和定位的作用,中间的螺栓主要起到定位作用。浮动壁瓦块冲击+致密孔发散气膜冷却结构,其为尺寸约150 mm× 60 mm 的弧形长条,5 个柱体螺栓呈对角线式分布,瓦块壁面厚度要求为 1.2 mm,密布致密微孔,微孔数量为 200,微孔直径为 1 mm,靠近上下侧边缘处凹侧有高度为 1 mm 的长条形凸起。

8.5.2.2　充型过程模拟分析

图 8 - 32 给出了优化后的浮动壁瓦块铸造系统模型。铸造系统设有放置内浇口的凸台,总高度约为 220 mm,估算的充型时间为3.5 s。充型时,最大压力参数设置为 25 kPa,充型时升压速度的特点为铸件增加。

图 8 - 33 为铸件充型过程模拟结果。

(1)进入直浇道。金属液进入直浇道后保持平稳上升,基本上没有湍流,在到达支撑圆棒处,有少量的金属液进入了圆棒中。

(2)到达内浇口。金属液到达内浇口,在重力和充型压力的共同作用下,进入铸件的上部厚边框。从下部圆棒进入型腔的金属液则由于重力作用,仅聚集在下边缘厚边框中,向边框的两边流动,并没有进入铸件薄壁型腔,成功避免了金属液流在铸件内部汇聚。

(3)薄壁充型。进入内浇口后,金属液在厚边框处稍作停留,就在充型驱动力的作用下进入铸件薄壁区域,从内浇口处呈扇形向外流动,液流比较平稳。下边缘的金属液依然聚集在厚边框中向两边流动,并没有进入铸件型腔。

(4)侧边框引流。扇形金属液流继续向下流动,在经过柱体时会有一定的阻碍作用,上部边框中的金属液流在到达侧边时,开始向下流动,其速度快于薄壁型腔中液流流动速度,对其起到补充作用。下边框中金属液则变化不大。

(5)上下部分金属液流汇合。2.642 3 s 时,上部扇形液流中间部分与下部液流在铸件薄壁区域的下边缘处汇合,该处位于所需铸件的外部。两侧的液流此时也到达底部,侧边缘的金属在略微进入薄壁区域后,与扇形液流汇合,由于在新的

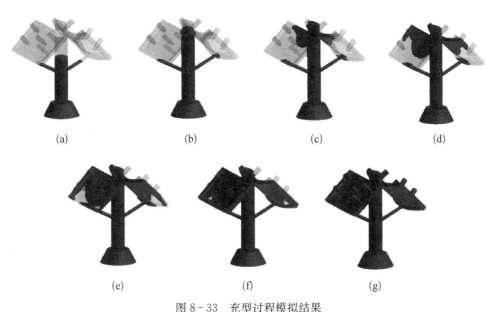

图 8-33　充型过程模拟结果

(a) 2.016 9 s　(b) 2.284 3 s　(c) 2.402 5 s　(d) 2.512 9 s　(e) 2.642 3 s
(f) 2.716 2 s　(g) 2.905 5 s

铸造系统设计时将薄壁区域向外扩展了,实际上汇合区域基本上仍然在所需铸件之外。

(6) 薄壁型腔中液流最后汇合点。位于铸件外,此时只有柱体和冒口未充型。

(7) 充型完成。2.905 5 s 时完成了充型。

8.5.2.3　凝固过程模拟分析

充型完成后,经过一段时间,铸造系统开始凝固。图 8-34 是铸造系统的凝固过程模拟结果。

图 8-34　凝固过程模拟结果

(a) 6.045 7 s　(b) 46.000 0 s　(c) 281.000 0 s　(d) 2 996.000 0 s

充型完成后 6.045 7 s 时,铸件薄壁区域的一些部分出现了固相分数部位 0 的点,说明在这些部位,金属液已经开始凝固。铸件开始凝固的地方呈随机的点状分布在薄壁区域内,这些部位可以得到周围厚大部位的补缩。

充型完成后 46.000 0 s 时铸件薄壁部分基本凝固完毕,图中全部呈现为灰白色,此时铸件四周的厚边框和冒口的固相分数均为 50% 左右,直浇道和浇口部分还没有开始凝固。

充型完成后 281.000 0 s 时,铸件除了内浇口部分已经完全凝固,内浇口部分凝固时间与铸件相比很慢,可能会使铸件在靠近内浇口处出现较多的缩松缩孔等缺陷。

充型完成后 2 996.000 0 s 时,铸造系统完全凝固。

模拟得到的凝固过程表明该铸造系统同样也能满足顺序凝固的要求,铸件薄壁最先凝固且凝固点随机分布,整个薄壁几乎同时开始凝固,也差不多同时完成凝固。与重力的凝固过程相比,反重力凝固时主要的作用力是外加的压力,金属液凝固时受到的作用力比较均匀,所以薄壁区域开始凝固的岛状区域几乎是随机分布的,之后整个薄壁区域也是几乎同时凝固的,这样的薄壁部分晶粒度和二次枝晶间距有较大可能得到比较均匀的结果。重力铸造的薄壁区域上下部分凝固时有着明显的差别。

8.5.2.4　缺陷模拟分析

图 8-35 为缩松分布图,图中缩松主要集中于柱体冒口和厚边框的角部与金属液进入的部位,相比较而言铸件本身并没有很多的缩松缺陷。图 8-36 为热节分布图,热节的分布与缩松分布基本一致,大部分集中在浇注系统上。图 8-37 是根据 $Niyama$ 判据得到的显微缩松概率分布图,相比于铸造系统的其他部位,铸件部分的 $Niyama$ 判据值较低,说明仍然有较大的可能出现显微缩松。

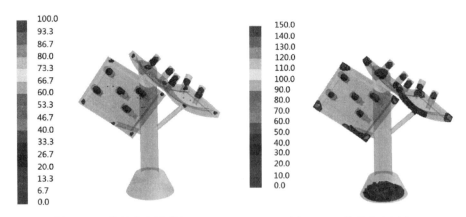

图 8-35　缩松分布图/%　　　　　图 8-36　热节分布图/s

根据有关的文献研究表明,对于壁厚差异较大的薄壁铸件,薄壁区域与其他区域的 $Niyama$ 判据的临界值并不相同,并且目前并没有可靠的统一的该临界值的判断方法。实际上由于枝晶间流动补缩的存在,$Niyama$ 判据预测出来的薄壁区域的显微缩松很可能被后凝固的厚大部位金属液补缩,从而转移到厚大的部位。

从反重力铸造的缩松分布图来看,浇注系统确实起到了对铸件薄壁部分的显微缩松的补缩作用,并且相比于重力铸造的缩松高发生率,反重力铸造的缩松发生率有着明显的下降,基本上在0.2以下。

8.5.2.5　宏观偏析模拟分析

在M951合金中,除了基体Ni元素之外,最主要的元素有Cr、Co和Al,其成分分别为9wt%、5wt%和5.9wt%,其中Cr、Co是主要的强化合金高温抗氧化能力的元素,Al则是

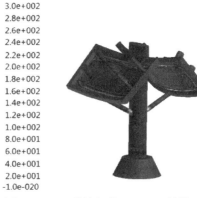

图8-37　显微缩松的 *Niyama* 判据分布图/$((℃ \cdot s)^{\frac{1}{2}}/cm)$

合金高温力学性能的主要强化元素。M951作为高温合金,其温度凝固范围较宽,比较容易出现成分偏析现象。

图8-38为3种元素在模拟中得到的宏观偏析情况。图中看出,这3种元素在合金中的溶质分配系数均小于1,在最先凝固区域合金中所含的该元素含量极为贫乏,后凝固的部分则出现元素富集。在铸件薄壁区域,由于凝固非常快,溶质几乎只能在薄壁区域有一定的扩散,来不及与厚边框和浇道有成分交流,所以铸件薄壁凝固时一部分区域溶质元素很少,而另外的区域即图中的红色部分则有较多的元素富集。这一情况明显将所需的铸件部分分成了两部分,且两部分的组成有较大的差异,可能会对铸件有较大的影响。与重力浇注的宏观偏析相比,反重力浇注的薄壁由于受到的作用力较为均匀且几乎是同时凝固的,元素未及扩散,在薄壁处既有元素富集区又有元素贫乏区,而重力浇注的这些元素几乎都富集到了浇注系统中。

另外发现Cr和Al在宏观偏析的行为上有一致性,在铸件上分布几乎相同,Co

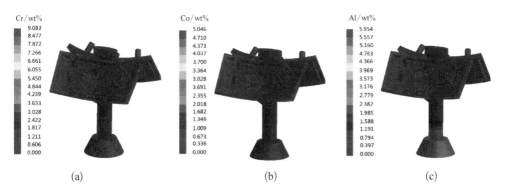

图8-38　Cr、Co和Al宏观偏析

(a) Cr/wt%　(b) Co/wt%　(c) Al/wt%

的分布则与前者有相似性。

8.5.2.6 微观组织模拟分析

铸件的微观组织对铸件的性能有着直接的影响,数值模拟分析给出了该铸造系统各部分的晶粒大小和二次枝晶间距分布图。

图 8-39 为铸造系统的晶粒尺寸分布图。由图可知,铸件薄壁部分和厚边框的晶粒尺寸大小截然不同,在薄壁中间有两条带状区域,其晶粒尺寸约为 1 600 μm,在靠近边缘处,晶粒尺寸达到了 2 000 μm,而到了厚边框和浇道部分,晶粒尺寸均超过了 3 000 μm,晶粒十分粗大。晶粒尺寸从细小到粗大基本和铸造系统凝固顺序相符。总体上看,反重力铸造的晶粒尺寸比重力铸造的晶粒尺寸要细小,在铸件薄壁区域内分布也更为均匀。

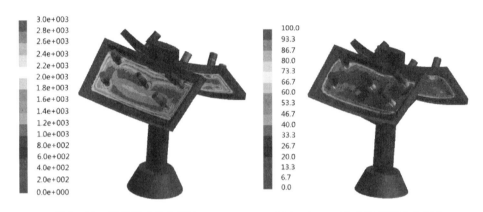

图 8-39 晶粒尺寸分布图/μm 图 8-40 二次枝晶间距分布图/μm

图 8-40 为二次枝晶间距分布图。从图中可以看出,铸件薄壁处的二次枝晶间距远远小于厚边框和浇道。在薄壁区域中间,二次枝晶间距最低达到了 26 μm,之后越靠近边缘,二次枝晶间距越大,几乎整个薄壁区域二次枝晶间距的值不超过 50 μm。在薄壁区域边缘,二次枝晶间距的值急剧增大,厚边框和浇道的二次枝晶间距则全部大于 100 μm。相比于重力浇注条件下,重力浇注得到的铸件二次枝晶间距明显减小了许多,略超过其一半左右。

模拟分析表明,利用调压精铸技术成型高温合金浮动壁瓦片,相比重力铸造具有明显的优势。

参考文献

[1] 陈忠伟,郝启堂,介万奇. A357 铝合金复杂薄壁铸件的反重力铸造研究[J]. 铸造,2004,12:988-991.

[2] Mondal B, Kundu S, Lohar A K, et al. Net-shape manufacturing of intricate components of A356/SiC composite through rapid-prototyping-integrated investment casting [J].

Materials Science and Engineering A，2008，498(1)：37 - 41.

[3] 洪润洲.复杂薄壁铝合金精铸件浇铸工艺研究[J].材料工程,2000,08：47 - 48.

[4] 吕宜振,尉胤红,曾小勤,等.镁合金铸造成型技术的发展[J].铸造,2000,07：383 - 387.

[5] 熊守美.镁合金压铸成型技术研究进展[J].航空制造技术,2006,02：32 - 35.

[6] 刘正.镁合金铸造成型最新研究进展[J].中国材料进展,2011,02：10 - 15.

[7] 周义刚,曾卫东,李晓芹,等.钛合金高温形变强韧化机理[J].金属学报,1999,01：45 - 48.

[8] Xue X，Xu L. Numerical simulation and prediction of solidification structure and mechanical property of a superalloy turbine blade[J]. Materials Science and Engineering A，2009，499(1)：69 - 73.

[9] Wang S，Guo P，Yang L. Centrifugal precision cast TiAl turbocharger wheel using ceramic mold[J]. Journal of Materials Processing Technology，2008，204(1)：492 - 497.

[10] Wood J R，Russo P A，Welter M F，et al. Thermomechanical processing and heat treatment of Ti - 6Al - 2Sn - 2Zr - 2Cr - 2Mo - Si for structural applications[J]. Materials Science and Engineering A，1998，243(1)：109 - 118.

[11] 肖树龙,陈玉勇,朱洪艳,等.大型复杂薄壁钛合金铸件熔模精密铸造研究现状及发展[J].稀有金属材料与工程,2006,35(5)：678 - 681.

[12] Noda T. Application of cast gamma TiAl for automobiles[J]. Intermetallics，1998，6(7)：709 - 713.

[13] 刘卫强.TA15 合金底注式真空吸铸成型工艺研究[D].哈尔滨：哈尔滨工业大学,2010.

[14] 叶喜葱.小型薄壁 TiAl 基合金件底注式真空吸铸技术基础研究[D].哈尔滨：哈尔滨工业大学,2010.

[15] Mishra S，Ranjana R. Reverse solidification path methodology for dewaxing ceramic shells in investment casting process[J]. Materials and Manufacturing Processes，2010，25(12)：1385 - 1388.

[16] 张津,章宗和.镁合金及应用[M].北京：化学工业出版社,2004.

[17] 陈婉华,陈荣章.宇航熔模铸造技术的发展[J].航空材料学报,1992,01：57 - 69.

[18] Yu X F，Zhang G Z，Wang X Y，et al. Non-equilibrium microstructure of hyper-eutectic Al-Si alloy solidified under superhigh pressure[J]. Journal of Materials Science，1999，34：4149 - 4152.

[19] 刘正,王中光,王越,等.镁合金压力充型与凝固过程的研究[J].材料研究学报,1999,13(6)：641 - 644.

[20] 张大付,樊自田,吴和保,等.镁合金真空低压消失模铸造充型能力的研究[J].特种铸造及有色合金,2005,25(2)：115 - 117.

[21] 严力,王猛,单志发,等.镁合金调压铸造充型能力的研究[J].铸造技术,2005,26(10)：914 - 915.

[22] 周中波,李金山,寇宏超,等.工艺参数对低压铸造薄壁件充型能力的影响[J].特种铸造及有色合金,2008,28(1)：23 - 25.

[23] Dong Xuanpu，Huang Naiyu，Wu Shushen. Newly developed vacuum differential pressure casting of thin-walled complicated Al-alloy castings[J]. China Foundry，2005，2(2)：102 - 107.

[24] 王振岭.型腔中气体对薄壁铝合金铸件充型能力的影响[J].铸造,2012,61(7)：768 - 773.

[25] Jiang W M，Fan Z T，Liu D J. Influence of process parameters on filling ability of A356

aluminium alloy in expendable-pattern shell casting with vacuum and low pressure[J]. International Journal of Cast Metals Research, 2012, 25(1): 47 - 52.

[26] 梁国宪, 王尔德, 何绍元, 等. 铝合金压力凝固组织特征[J]. 兵器材料科学与工程, 1992, 15 (1): 1 - 5.

[27] 唐波, 樊自田, 赵忠, 等. 压力场对 ZL101 铝合金消失模铸造性能的影响[J]. 特种铸造及有色合金, 2009, 29(7): 629 - 641.

[28] Mi Guofa, Xin Pu, Zeng Songyan. Effect of solidification condition on secondary dendrite arm spacing of the A357 alloy under counter-pressure casting[J]. Journal of Wuhan University of Technology-Mater, 2009: 119 - 122.

[29] Gregorutti R W, Grau J E, Elsner C I. Microstructural, mechanical and electrochemical characterisation of biomaterial ASTM F745 cast by vacuum[J]. Materials Science and Technology, 2012, 28(6): 742 - 747.

[30] Yan Q, Yua H, Xua Z. Effect of holding pressure on the microstructure of vacuum counter-pressure casting aluminum alloy[J]. Journal of Alloys and Compounds, 2010, 501: 351 - 357.

[31] Shendye S, King B, McQuay P. Mechanical Properties of Counter gravity Cast IN718[J]. TMS, 2005: 124 - 133.

[32] Xiong B W, Zhao Q. Effects of sample thickness on microstructures and mechanical properties of A357 alloy[J]. International Journal of Cast Metals Research, 2012, 25(6): 374 - 378.

[33] 王英杰. 铝合金反重力铸造技术[J]. 铸造技术, 2004, 25(5): 361 - 362.

缩 略 语

缩略语	英文全称	中文翻译
SLA	Stereo Lithgraphy Apparatus	光敏液相固化法
FDM	Fused Deposition Modeling	熔融堆积成型法
SLS	Selective Laser Sintering	激光选区烧结法
LOM	Laminated Object Manufacturing	分层实体制造
SGC	Solid Ground Curing	光掩膜法
GCM	Globally Convergent Method	全局收敛法
美国 FSC 公司	Foundry Service Company	美国铸造服务公司
英国 AE 公司	Associated Engineering Developments Ltd.	英国联合工程发展有限公司
美国 PCC 公司	Precision Castparts Corporation	美国精密机件公司
VIDP	Vacuum Induction Degassing and Pouring furnace	真空感应脱气浇注炉
ESRF	European Synchrotron Radiation Facility	欧洲同步辐射装置
APS	Advanced Photon Source	美国阿贡国家实验室先进光子源
PCC(公司名)	参见美国 PCC 公司	
RR(公司名)	Rolls-Royce	英国罗尔斯·罗伊斯公司
PW(公司名)	Pratt & Whitney	美国普拉特·惠特尼公司
CT	Computer Tomography	计算机断层成像
JEEP	Joint Engineering, Environmental, and Processing Beamline	工程、环境与加工联合线站
CLI	Countergravity Low-pressure Inert gas process	反重力低压惰性气体保护铸造工艺
SSRL	Stanford Synchrotron Radiation Lightsource	美国斯坦福同步辐射光源
NSLS	National Synchrotron Light Source	美国布鲁克海文国家实验室国家同步辐射光源
CAD	Computer Aided Design	计算机辅助设计

（续表）

缩略语	英 文 全 称	中 文 翻 译
CAE	Computer Aided Engineering	计算机辅助工程
CAM	computer Aided Manufacturing	计算机辅助制造
DSPC	Direct Shell Production Casting	直接制造铸造型壳
PEG	Polyethylene Glycol	聚乙二醇
PVA	Polyvinyl Alcohol	聚乙烯醇
PAA	Polyacrylic Acid	聚丙烯酸
PVP	Polyvinyl Pyrrolidone	聚乙烯吡咯烷酮
PEOX	Polyethylene Oxide	聚氧化乙烯
VOC	Volatile Organic Compounds	挥发性有机物
3D-P	3D Printing	三维打印法
TCS	Thermally Controlled Solidification	热控凝固工艺
DSC	Differential Scanning calorimeter	差示扫描量热法
MC	Metallic Carbide	金属碳化物
HAZ	Heat Affected Zone	热影响区
PMZ	Partially Melted Zone	部分熔化区
WM	Weld Metal	焊缝金属
TIG	Tungsten Inert Gas Welding	非熔化极惰性气体钨极保护焊
HIP	Hot Isostatic Pressing	热等静压
VSA	Variation Analysis	偏差分析软件
ASTM	American Society for Testing and Materials	美国材料与试验协会
SDAS	Secondary Dendrite Arm Spacing	二次枝晶间距
UG	Unigraphics	计算机辅助设计软件
3D-FEM	3D Finite Element Method	三维有限元法
EDS	Energy Dispersive Spectrometer	能谱仪

索　引

大飞机出版工程

书　目

一期书目（已出版）

《超声速飞机空气动力学和飞行力学》（俄译中）

《大型客机计算流体力学应用与发展》

《民用飞机总体设计》

《飞机飞行手册》（英译中）

《运输类飞机的空气动力设计》（英译中）

《雅克-42M 和雅克-242 飞机草图设计》（俄译中）

《飞机气动弹性力学和载荷导论》（英译中）

《飞机推进》（英译中）

《飞机燃油系统》（英译中）

《全球航空业》（英译中）

《航空发展的历程与真相》（英译中）

二期书目（已出版）

《大型客机设计制造与使用经济性研究》

《飞机电气和电子系统——原理、维护和使用》（英译中）

《民用飞机航空电子系统》

《非线性有限元及其在飞机结构设计中的应用》

《民用飞机复合材料结构设计与验证》

《飞机复合材料结构设计与分析》（英译中）

《飞机复合材料结构强度分析》

《复合材料飞机结构强度设计与验证概论》

《复合材料连接》

《飞机结构设计与强度计算》

三期书目（已出版）

《适航理念与原则》

《适航性：航空器合格审定导论》（译著）

《民用飞机系统安全性设计与评估技术概论》

《民用航空器噪声合格审定概论》

《机载软件研制流程最佳实践》

《民用飞机金属结构耐久性与损伤容限设计》

《机载软件适航标准 DO－178B/C 研究》

《运输类飞机合格审定飞行试验指南》(编译)

《民用飞机复合材料结构适航验证概论》

《民用运输类飞机驾驶舱人为因素设计原则》

四期书目(已出版)

《航空燃气涡轮发动机工作原理及性能》

《航空发动机结构强度设计问题》

《航空燃气轮机涡轮气体动力学：流动机理及气动设计》

《先进燃气轮机燃烧室设计研发》

《航空燃气涡轮发动机控制》

《航空涡轮风扇发动机试验技术与方法》

《航空压气机气动热力学理论与应用》

《燃气涡轮发动机性能》(译著)

《航空发动机进排气系统气动热力学》

《燃气涡轮推进系统》(译著)

五期书目(已出版)

《民机飞行控制系统设计的理论与方法》

《现代飞机飞行控制系统工程》

《民机导航系统》

《民机液压系统》

《民机供电系统》

《民机传感器系统》

《飞行仿真技术》

《民机飞控系统适航性设计与验证》

《大型运输机飞行控制系统试验技术》

《飞控系统设计和实现中的问题》(译著)

六期书目(已出版)

《航空发动机高温合金大型铸件精密成型技术》

《民用飞机构件先进成形技术》

《民用飞机构件数控加工技术》

《民用飞机热表特种工艺技术》

《民用飞机自动化装配系统与装备》

《飞机材料与结构检测技术》

《民用飞机复合材料结构制造技术》

《复合材料连接技术》

《先进复合材料的制造工艺》(译著)

《聚合物基复合材料：结构材料表征指南(国际同步版)》(译著)

《聚合物基复合材料：材料性能(国际同步版)》(译著)

《聚合物基复合材料：材料应用、设计和分析(国际同步版)》(译著)

《金属基复合材料(国际同步版)》(译著)

《复合材料夹层结构(国际同步版)》(译著)

《夹层结构手册》(译著)

《ASTM D30 复合材料试验标准》(译著)

《飞机喷管的理论与实践》(译著)

《大飞机飞行控制律的原理与应用》(译著)

七期书目

《民机航空电子系统综合化原理与技术》

《民用飞机飞行管理系统》

《民用飞机驾驶舱显示与控制系统》

《民用飞机机载总线与网络》

《航空电子软件工程》

《航空电子硬件工程技术》

《民用飞机无线电通信导航监视系统》

《综合环境监视系统》

《民用飞机维护与健康管理系统》

《航空电子适航性设计技术与管理》

《民用飞机客舱与信息系统》